Robotik und Künstliche Intelligenz

●

Dr. Günter Spanner

LEARN DESIGN SHARE

1. Auflage 2019

Umschlaggestaltung: Elektor, Aachen

Satz und Aufmachung: D-Vision, Julian van den Berg | Oss (NL)
Druck: WILCO, Amersfoort, Niederlande
Printed in the Netherlands

● **ISBN 978-3-89576-345-8**

Elektor-Verlag GmbH, Aachen
www.elektor.de

Warnhinweise

1. Für den Betrieb der in diesem Buch vorgestellten Schaltungen dürfen nur geprüfte doppelt-isolierte Sicherheitsnetzgeräte verwendet werden, da bei einem Isolationsfehler eines einfachen Netzteils lebensgefährliche Spannungen an nicht-isolierten Bauelementen anliegen können.

2. Autor und Verlag übernehmen keinerlei Haftung für Schäden, die durch den Aufbau der beschriebenen Projekte entstehen.

3. Elektronische Schaltungen können elektromagnetische Störstrahlung aussenden. Verlag und Autor haben keinen Einfluss auf die technische Ausführung der in diesem Buch vorgestellten Schaltungen. Der Anwender der Schaltung ist daher selbst für die Einhaltung der relevanten Emissionsgrenzwerte verantwortlich.

4. Durch Roboter können mechanische Beschädigungen entstehen und sogar Menschen verletzt werden. Beim Betrieb ist daher stets auf ausreichende Sicherheitsmaßnahmen zu achten. Roboterarme können z. T. erhebliche Kräfte entwickeln. Es ist daher auf ausreichende Sicherheitsabstände zu achten

5. Bei der Arbeit mit höheren elektrischen Strömen besteht Brandgefahr. Insbesondere beim Einsatz von Akkumulatoren sind daher geeignete Sicherungen vorzusehen.

Programmdownload

Alle Programme aus diesem Buch können unter

www.elektor.de/robotik-und-ki

herunter geladen werden. Falls ein Programm nicht identisch mit dem im Buch beschriebenen sein sollte, dann sollte die Version aus dem Download verwendet werden, da diese aktueller ist.

Kapitel 1 • Einführung

Beim Begriff "Roboter" denken viele Menschen noch immer an Science-Fiction und utopische Romane. Seit vielen Jahren sind sogenannte "Androiden" in der Literatur und in Filmen zu finden. Die Geschichte der fantasievollen Roboterwesen reicht weit zurück. Bereits seit der Antike wurde versucht, verschiedenste Tätigkeiten auf rein mechanischen Wegen zu erledigen. So entstanden erste automatische Theater und Maschinen, die in der Lage waren, einfache Musik zu erzeugen. Als die antiken Hochkulturen verschwanden, ging mit ihnen auch das wissenschaftlich-technische Wissen dazu verloren.

Heute führen die meisten Roboter Arbeiten aus, die für Menschen zu mühsam oder sogar zu gefährlich wären. Seit mehreren Jahren sind Robots in nahezu allen Industriebereichen zu finden. Weder in der Chemieproduktion noch in der Elektro- oder Automobilfertigung kommt man ohne sie aus. Kaum ein technische Gerät entsteht heute ohne ihre Mitwirkung. Smartphones, Autos oder Laptops wären unbezahlbar, wenn sie ohne Verwendung von Montagerobotern produziert werden müssten. Von der Raumfahrt bis hin zur Medizintechnik, in allen Bereichen sind die Universalmaschinen im Vormarsch. Sie eroberten in den letzten Jahren zudem auch ganz eigene Aufgabenbereiche. So erforschen bionische Unterwasserroboter die Ozeane, während der Mars Rover den roten Planeten unter die Lupe nimmt. Damit werden auch Gebiete der Forschung zugänglich, die für Menschen nur sehr schwer oder gar nicht erreichbar wären.

Seit der tschechische Schriftsteller Karel Čapek den Begriff "Roboter" geprägt hat, steht er für universell einsetzbare Automaten. Das Wort "Robota" stammt aus dem slawischen und steht für Fronarbeit bzw. ursprünglich Arbeit allgemein. Es wird erstmals im Jahr 1920 im Drama "R.U.R." verwendet. Der Name dieses Stücks steht für Rossum's Universal Robots, einer Firma, die künstliche Menschen erzeugt. Der Name "Rossum" ist zudem eine ironische Anspielung des Autors: Das tschechische Wort rozum bedeutet Vernunft, Verstand. Der Begriff Roboter wurde nach dem Erscheinen des Theaterstückes in zahlreiche Sprachen übernommen.

Im vorliegenden Buch soll eine Einführung in das hochaktuelle Gebiet der Robotik gegeben werden. Dabei soll es nicht nur bei theoretischen Betrachtungen bleiben. Vielmehr werden auch praktische Anwendungsbeispiele im Vordergrund stehen. Neben den technischen und mechanischen Grundlagen werden auch die elektronischen Komponenten und Module erläutert. Eine zentrale Rolle spielt dabei der Mikrocontroller.

Die Mikrocontrollertechnologie ist nach wie vor eines der faszinierendsten Gebiete der modernen Elektronik. Mikrocontroller haben in sich den letzten Jahren in praktisch allen Bereiche der modernen Technik etabliert. In zunehmendem Maße dringen sie auch in die Gebiete der Künstlichen Intelligenz und der Robotertechnik vor. Für die Programmierung kommen die Sprachen "C" und Python zum Einsatz. Diese nehmen auf dem Gebiet der Firmwareentwicklung eine dominierende Stellung ein. Die bei weitem überwiegende Mehrheit der professionellen Entwicklungsarbeit wird in den beiden Hochsprachen ausgeführt. Neben dem Arduino wird auch das Raspberry Pi-System eingesetzt. Bei Arduino-Anwendungen kommen stets C-Programme bzw. das speziellere Processing zum Einsatz. Bei der

Programmierung des Raspberry Pi wären prinzipiell sowohl C- als Python-Programme einsetzbar. Allerdings wird hier, dem allgemeinen Trend folgend, Python der Vorzug gegeben. Die Forschungsgebiete "Robotik" und "Künstliche Intelligenz" (KI oder AI für engl. Artificial Intelligence) waren ursprünglich zwei vollständig getrennte Fachbereiche. Allerdings zeigt sich seit einigen Jahren eine immer enger werdende Verflechtung der beiden Gebiete. Prinzipiell kann KI zwar vollkommen ohne Robotik-Elemente auskommen. Beispiele hierfür sind Spracherkennungssysteme oder die Gesichtserkennung. Universell einsetzbare Roboter sind dagegen kaum ohne KI vorstellbar. Mit lediglich regelbasierten Algorithmen werden Roboter niemals in der Lage sein, wirklich anspruchsvolle Aufgaben zu übernehmen. Dies wird bereits bei den aktuellen Forschungen zum autonom fahrenden Auto immer deutlicher. Immer wieder hat sich gezeigt, dass die reale Welt so komplex ist, dass klassische Automaten ohne Lernfähigkeit schnell an ihre Grenzen stoßen.

Im vorliegenden Buch soll die Philosophie des "Learning by doing" im Vordergrund stehen. Damit eignet es sich hervorragend als praktische Ergänzung für Unterricht, Seminare und Vorlesungen in

- FabLabs und Maker-Clubs
- Weiterführenden Schulen
- Technischen Berufsschulen und Fachakademien
- Hochschulen und Universitäten

Auch ambitionierte, nichtprofessionelle Anwender können sich mit dem Lernmaterial einen Überblick über den neuesten Stand der Robotertechnik und KI verschaffen.
Für praktische Anwendungen können sowohl komplette Bausätze als auch einzelne Komponenten verwendet werden. Dabei wurde stets darauf geachtet, dass die Hardware möglichst universell einsetzbar ist, so dass sowohl Bausätze als auch einzelne Komponenten in verschiedenen Projekten immer wieder verwendet werden können. Das Bezugsquellenverzeichnis am Ende des Buches erleichtert die Beschaffung der benötigten Bauteile und Komponenten.

1.1 Voraussetzungen

Um dieses Buch erfolgreich durcharbeiten zu können, sind folgende Voraussetzungen erforderlich:

1. Sicherer Umgang mit dem Betriebssystem Windows oder Linux wird vorausgesetzt. Grundkenntnisse einer beliebigen Programmiersprache sind natürlich von Nutzen, aber nicht unbedingt erforderlich.

2. Spezielle Erfahrungen im Bereich Elektronik und Elektrotechnik sind nicht notwendig. Zum Verständnis der Übungen werden aber grundlegende Kenntnisse zu den Themen "Strom – Spannung – Widerstand" vorausgesetzt. Vorteilhaft sind auch elementares Wissen im Bereich der elektronischen Messtechnik. Im Bedarfsfall sind die entsprechenden Informationen dazu in der entsprechenden Fachliteratur nachzulesen (s. Literaturverzeichnis).

3. Grundkenntnisse in C und Python sollten vorhanden sein, wenn man die Programmbeispiele im Detail analysieren möchte. Hierzu steht umfangreiche Fachliteratur zur Verfügung (s. Literaturverzeichnis).

Um die Praxisbeispiele in diesem Buch durcharbeiten zu können, ist das folgende Grundmaterial erforderlich:

- PC oder Laptop mit USB-Schnittstelle
- Internetzugang

Die einzelnen Hardware- und Roboterkomponenten werden in den jeweiligen Projekten ausführlich beschrieben. Häufig wird auch auf komplette Material- oder Bausätze verwiesen, da der Kauf eines kompletten Bausatzes häufig deutlich günstiger ist als die Bestellung einzelner Komponenten.

Um den maximalen Nutzen aus den Bauteilen ziehen zu können, wurde stets darauf geachtet, dass diese möglichst universell einsetzbar sind. So können die meisten beschriebenen Sensoren und Motortreiber usw. sowohl an einem Arduino als auch am Raspberry Pi betrieben werden. Neben der Verwendung von Einzelkomponenten kommen auch immer wieder komplette Module zum Einsatz. Diese finden sich sowohl in den angegebenen Bausätzen als auch in den diversen Online-Shops wie Amazon oder Alibaba, so dass deren Beschaffung keine Probleme bereiten sollte.

1.2 Die Programmier- und Entwicklungsumgebungen

Für Robotik-Anwendungen haben sich zwei Controller-Boards besonders etabliert:

- Arduino, insbesondere Arduino UNO, NANO und Leonardo
- Raspberry Pi

Beim den ersteren handelt es sich um ein reine Controller-Boards. Diese benötigen zur Programmierung stets einen Laptop oder PC. Über eine USB-Verbindung werden die fertig kompilierten Programm dann zum Board übertragen. Die Arduino-Boards werden über eine spezielle, anfängerfreundliche Benutzeroberfläche (IDE = Integrated Design Environment = Integrierte Entwicklungsoberfläche) programmiert. Der große Vorteil im Vergleich zu einer klassischen "Tool-Chain" liegt darin, dass sie sehr intuitiv bedient werden kann. Neben dem Arduino-Board selbst ist diese spezielle Entwicklungsumgebung sicher einer der Hauptfaktoren für den großen Erfolg des Arduino-Konzeptes.

Der Raspberry Pi dagegen ist ein vollständiges kleines Motherboard. Zusammen mit

- SD-Karte als Massenspeicher
- USB-Tastatur
- USB-Maus
- HDMI-Monitor
- Netzteil

wird daraus ein kompletter und leistungsfähiger Linux-Rechner. Ein zusätzlicher PC oder Laptop ist dann nicht mehr erforderlich.

Kapitel 2 • Grundelemente der Robotik

Der besondere Reiz, aber auch die Problematik bei der Beschäftigung mit der Robotik liegt darin, dass eine Vielzahl von technischen Disziplinen erforderlich sind, um einen vollständigen Roboter aufzubauen. So sind mehr oder weniger detaillierte Kenntnisse in den folgenden Technologiebereichen notwendig:

- Mikrocontrollertechnik
- Programmierung
- Elektrotechnik und Elektronik
- Sensortechnik
- Mechanik

Die folgenden Kapitel geben jeweils Einführungen in diese Gebiete. Natürlich können die einzelnen Bereiche nicht immer in ihrem vollen Umfang dargelegt werden. Insbesondere für Einsteiger in ein bestimmtes Gebiet kann es daher sinnvoll sein, weitere Literatur zu Rate zu ziehen. Das Literaturverzeichnis am Ende des Buches kann dabei Hilfestellung leisten.

Kapitel 3 • Controller und Prozessoren: Die "Gehirne" der Roboter

Moderne Roboter kommen praktisch nicht mehr ohne einen eigenen Controller oder Prozessor aus. Diese Komponenten ist daher eine der zentralen Einheiten in der Robotik geworden. Der Controller/Prozessor stellt sozusagen das "Gehirn" der Maschine dar. Hier erfolgt die Erfassung von Sensorwerten oder die Ausgabe von Steuerbefehlen für die mechanischen Einheiten des Robots.

Prinzipiell könnten Roboter zwar auch ohne programmierbare Komponenten auskommen. So existieren etwa Konzepte und Bausätze, die Konstruktionen ermöglichen, welche auf rein analoger Basis arbeiten. Eine Hinderniserkennung und -umfahrung kann beispielsweise allein mit optischen Sensoren und Operationsverstärkern umgesetzt werden. Allerdings findet diese Technik auch rasch ihre Grenzen. Komplexere Algorithmen wie etwa kontrolliertes Zurücksetzen oder aber die Erkennung verschiedener Hindernisse lassen sich kaum mehr mit rein analog-elektronischen Schaltungen realisieren.

Andere Aufgaben wie etwa Bild- oder Mustererkennung sind mit rein analogen Mitteln ohnehin kaum lösbar. Spätestens hier muss man auf digitale Komponenten zurückgreifen. Neben der Digitalisierung spielt auch die Programmierbarkeit eine wesentliche Rolle. Fest verdrahtete System können nur noch mit erheblichem Aufwand verändert und verbessert werden. Ein mit Software umgesetzter Algorithmus kann dagegen problemlos kontinuierlich angepasst, modifiziert und optimiert werden. Auf diese Art und Weise können einem Roboter immer wieder neu Lösungswege "beigebracht" werden. Im Rahmen dieses Buches werden vor allem die beiden bereits in der Einleitung angesprochenen Systeme "Arduino" und "Raspberry Pi" eingesetzt, um den Robotern maximale Flexibilität zu verleihen. Die nächsten Kapitel beschäftigen sich daher eingehender mit den beiden beliebten Boards.

3.1 Arduino als programmierbare Steuerzentrale

Das System "Arduino" stellt eine Open-Source-Plattform für den Bau von Mikrocontroller- und Elektronikprojekten dar. Es besteht aus einer Platine mit einem programmierbaren ATmega328 Mikrocontroller und einer Software, der sogenannten IDE (**I**ntegrated **D**evelopment **E**nvironment), die auf einem PC oder Laptop ausgeführt wird. Mit Hilfe der IDE werden Programme, auch als "Sketches" bezeichnet, entwickelt und anschließend auf den Controller hochgeladen.

Die Arduino-Plattform erfreut sich bei Elektronikeinsteigern seit über zehn Jahren größter Beliebtheit. Neben einer Vielzahl von Sensoren können auch Aktoren wie Servos oder Motoren mit dem Arduino problemlos angesteuert werden. Dies macht ihn auch für Robotik-Anwendungen zum Mittel der Wahl.

Im Gegensatz zu früheren Mikrocontroller-Systemen benötigt der Arduino keine separate Hardware wie etwa Programmiergeräte oder EEPROM-Brenner, um neuen Code auf den Controller zu laden. Ein einfaches USB-Kabel genügt, um den Arduino zu programmieren. Darüber hinaus verwendet die Arduino IDE eine vereinfachte Version von C++, um das Programmieren zu erleichtern.

Arduinos sind inzwischen in einer nahezu unüberschaubaren Anzahl von Varianten verfügbar. Neben dem klassischen Arduino sind die verschiedensten Größen und Formen erhältlich. Genannt sei hier der Arduino MEGA, der mit einem ATmega1280 oder ATmega2560 bestückt ist. Diese Prozessoren weisen einen erheblich erweiterten Funktionsumfang auf und auch die Anzahl der verfügbaren Pins ist deutlich größer. Wegen der großen Anzahl von I/O Pins haben die Boards auch etwa die doppelte Größe eines klassischen Arduinos.

Wenn man dagegen möglichst kleine und kompakte Geräte aufbauen möchte, kann man auf die Mikro- oder Nano-Versionen zurückgreifen. Diese Boards haben nur noch die Größe einer Briefmarke. Anstelle der Kontaktbuchsen weisen sie lediglich Lötpunkte auf. Diese können direkt mit Kabeln verlötet werden. Alternativ sind hier auch Stiftleisten einlötbar, sodass diese kompakten Boards direkt in ein sogenanntes Breadboard oder aber in eine IC-Fassung eingesetzt werden können.

Als Goldstandard hat sich allerdings der Arduino UNO herauskristallisiert. Wird gemeinhin von einem Arduino gesprochen, so ist meist der "UNO" gemeint (s. Abb.).

Abbildung 3.1: Arduino Uno

Die folgende Tabelle fasst die Technischen Daten des UNOs zusammen:

Mikrocontroller	ATmega328P
Betriebsspannung	5 V
Digitale I/O Pins	14
PWM Kanäle	6
Analoge Eingänge	6
Serielle Ports (USART)	1
I^2C-Ports	1
SPI-Ports	1
Timer	3

Der Vollständigkeit halber hier noch auf die unterschiedlichen Pin-Abstände der Arduino-Buchsen hingewiesen. Bei der Entwicklung der klassischen Arduino-Variante wurden nicht alle Buchsen im gängigen Rastermaß von 1/10 Zoll bzw. 2,54 mm angeordnet. So weisen die beiden oberen Buchsenleisten einen Abstand von nur 1/20 Zoll auf. Damit lassen sich Lochrasterplatinen mit Standardrastermaß nicht direkt über Stiftleisten mit allen Buchsen verbinden. Hier muss man also immer auf Sonderlösungen zurückgreifen.

3.2 Arduino-IDE

Das für die Programmierung des Arduinos erforderliche Programmpaket kann unter

www.arduino.cc/en/Main/Software

kostenlos aus dem Internet geladen werden. In dieser "Arduino-Programmierumgebung" werden die Programme erstellt, die der Mikrocontroller des Arduinos später ausführt. Im Arduino-Umfeld sind diese Programme auch unter dem Namen "Sketch" bekannt. Für den Download der Software stehen zwei Optionen zur Verfügung:

1. ein Installationspaket
2. eine ZIP-Datei

Im ersten Fall wird die Programmieroberfläche durch den Aufruf einer Installationsdatei auf dem Rechner installiert. Im zweiten Fall muss man die gepackte Datei herunterladen und in ein eigenes Verzeichnis entpacken.

Ist die Installation abgeschlossen, öffnet man den Softwareordner und startet das Programm mit der Datei arduino.exe. Zunächst sind nun zwei wichtige Einstellungen vorzunehmen:

Als erstes muss das richtige Board ausgewählt werden. Im Fall des Arduino UNO wird der Board-Typ "Arduino UNO" verwendet. Die entsprechende Auswahl kann unter

Werkzeuge → Board

getroffen werden.

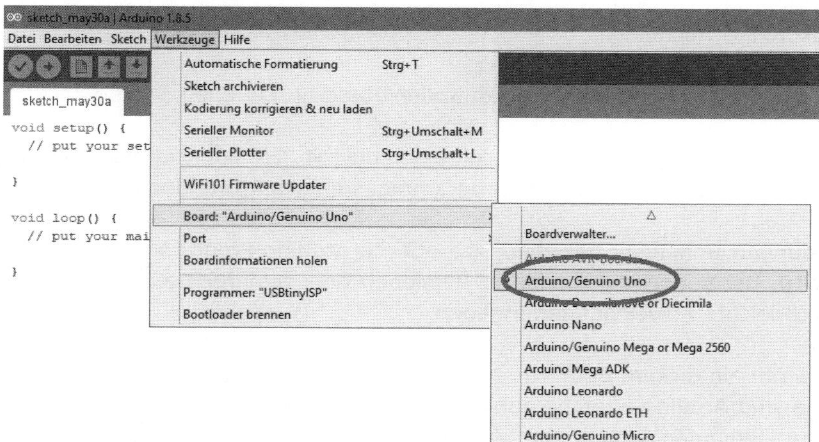

Abbildung 3.2: Auswahl des richtigen Boardtyps

Als Nächstes ist die korrekte Schnittstelle auszuwählen. Auf diese Weise wird dem PC mitgeteilt, an welchem Port-Anschluss das aktuelle Arduino-Board angeschlossen ist. Ist der Arduino mit dem Rechner verbunden, erscheint in der Port-Auswahlliste ein neuer Menüpunkt, z. B.

COM4

Diese Schnittstelle muss nun aktiviert werden. Damit ist die Verbindung fertiggestellt.

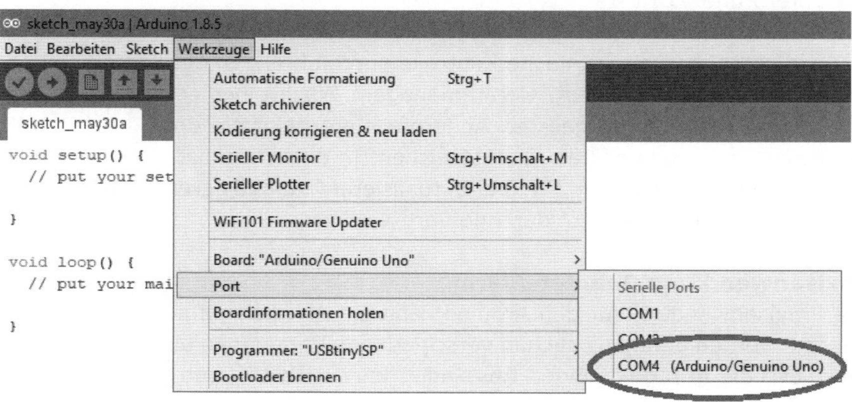

Abbildung 3.3: Auswahl des COM-Ports

Nun ist das Board mit dem Rechner verbunden und das erste Programm kann auf den Controller geladen werden. Unter

Datei → Beispiel → 01.Basics → Blink

kann ein einfacher Sketch geöffnet werden, der eine LED blinken lässt. Mit

Sketch → Hochladen

wird dieses erste Programm auf das Controller-Board geschrieben.

Wenn alles korrekt ausgeführt wurde, sollte nun die mit "13" oder "L" bezeichnete LED blinken. Damit wurde bereits eine erste programmgesteuerte Anwendung realisiert!

Die Abbildungen und Tests beziehen sich auf die Arduino-Programm-Version 1.8.5 unter Windows 10. Bei Verwendung anderer Versionen oder anderer Betriebssystem-Varianten können sich leichte Abweichungen ergeben.

Alle Programme in diesem Buch wurden mit dieser Konfiguration erstellt und geprüft. Üblicherweise sind Arduino-Sketche aufwärtskompatibel, d. h. Sketche, die auf älteren Programmierumgebungen erstellt wurden, laufen auch auf den neuen Versionen. Allerdings gibt es auch immer wieder Ausnahmen von dieser Regel. Falls es also zu Problemen kommen sollte, ist es empfehlenswert, die betreffenden Sketche mit der Version 1.8.5 zu verarbeiten.

In der hier vorgestellten Konfiguration ist keine aktive Installation von USB-Treibern mehr erforderlich. Bei älteren Betriebssystem-Versionen kann es allerdings erforderlich sein, solche Treiber manuell zu installieren. In diesem Fall meldet der PC, dass zwar das angeschlossene Board erkannt wurde, aber dennoch eine Treiberinstallation erforderlich ist. Häufig wird der erforderliche Treiber nicht automatisch geladen. Man muss diesen dann im Verlauf der Installation selber auswählen. Er befindet sich in dem Arduino-Programmordner und dort Unterordner "Drivers".

Abschließend sollte man eine einfache Kontrolle durchführen: In der Systemsteuerung des Computers findet man u. A. den "Gerätemanager". Nach einer erfolgreichen Installation ist das Arduino-Board hier aufgelistet. Andernfalls erscheint ein unbekanntes USB-Gerät, gekennzeichnet mit einem gelben Ausrufezeichen. In diesen Fall ist das unbekannte Gerät anzuklicken und auf die Auswahl "Treiber aktualisieren" zu aktivieren. Nun kann der Ablauf der manuellen Installation erneut durchgeführt werden.

3.3 Praxisanwendung: Roboter-Alarm

Als erste Praxisanwendung für den Arduino kann ein Alarmsignal aufgebaut werden. Derartige Geräte werden durchaus auch in verschiedenen Variationen eingesetzt. Sie bestehen aus einer LED, die in regelmäßigen Abständen kurz aufblitzt, und werden an geeigneter Stelle, beispielsweise in einem Fahrzeug, eingebaut. Sie sind von einer scharf geschalteten Alarmanlage nicht zu unterscheiden und zumindest Gelegenheitsdiebe lassen sich damit von einem Einbruch abschrecken. Im Robotik-Bereich finden entsprechende Blinklichter als Warn- oder Positionsleuchten ihren Einsatz. In industriellen Anwendungen kann damit beispielsweise die Betriebsbereitschaft eines Roboterarms signalisiert werden. Das Wartungspersonal sollte sich dann aus Sicherheitsgründen nicht mehr im Zugriffsbereich des Roboterarms aufhalten. Das zugehörige Programm sieht so aus und findet sich auch im Downloadpaket zu diesem Buch:

```
// Alarm_simulator.ino
// IDE 1.8.5

int led = 13;

void setup()
{ pinMode(led, OUTPUT);
}

void loop() {
  digitalWrite(led, HIGH);
  delay(100);
  digitalWrite(led, LOW);
  delay(3000);
}
```

Die Unterschiede zum Blink-Sketch bestehen in den folgenden Änderungen:

- Die Kommentarzeilen, welche mit "//" beginnen, wurden angepasst
- Die Werte in der Funktion "delay" wurden von jeweils 1000 auf 100 bzw. 3000 geändert. Damit wird aus dem regelmäßigen Blinken ein kurzes Aufblitzen.

Wenn der neue Sketch geladen wird, blitzt die angeschlossene LED nun im Abstand von jeweils 3 Sekunden kurz auf. Damit ist der Warnblitzer einsatzbereit.

Für eine reale Anwendung könnte man nun eine externe LED über einen Vorwiderstand und etwas längere Drähte mit dem Board verbinden und diese an geeigneter Stelle an einem Roboter anbringen. Damit wäre dieser auch bei ungünstigen Lichtverhältnissen nicht mehr zu übersehen.

3.4 C und "Processing" – Ein Vergleich

Die Processing-Programme der Arduino-IDE sind auch für Einsteiger leicht zu lesen. Dennoch basiert Processing auf der klassischen Programmiersprache "C". Die in C so beliebten Abkürzungen werden hier jedoch vermieden und durch wesentlich leichter verständliche Anweisungen ersetzt. Man kann ohne große Vorkenntnisse schon vermuten, dass eine Leuchtdiode (LED) in einem bestimmten Rhythmus geschaltet wird.

Ein entsprechendes Standard-C-Programm ist wesentlich schwieriger zu durchschauen:

```
// Blink_C.ino
// UNO @ IDE 1.8.5

#define F_CPU  16e6
#include <avr/io.h>
#include <util/delay.h>
```

```
int main(void)
{ DDRB = 0b00100000;
  while (1)
  { PORTB|=(1<<5);
    _delay_ms(1000);
    PORTB&=~(1<<5);
    _delay_ms(1000);
  }
  return 0;
}
```

Bitmanipulationen und logische Operatoren (|, &, ~, << etc.) lassen den embedded C-Code schwer lesbar erscheinen. Dennoch ist hier auch die enge Verwandtschaft zwischen Arduino-Processing und C erkennbar.

Bei den einfachen Anweisungen wie "digitalWrite()" handelt es sich lediglich um vorgefertigte Funktionen und Unterprogramme, die den Einstieg in die Programmierung erleichtern. Deutliche Unterschiede zeigen sich auch in der Programmgröße im .hex-Format, also den vom Prozessor lesbaren Code:

Blink_1s.ino:	940 Bytes
Blink_C.ino:	178 Bytes

Der auf C basierende Code benötigt also weniger als 20% des Speicherplatzes im Vergleich zum von Processing erzeugten Programm. Auch in der Ablaufgeschwindigkeit ist der reine C-Code der Processing-Version deutlich überlegen. Dies zeigt sich in den maximal erreichbaren Blinkfrequenzen (ohne delay):

C:	2.667 MHz = 16 MHz / 6 Taktzyklen
Processing:	0.145 MHz = 16 MHz / 110 Taktzyklen

Bei geschwindigkeitskritischen Roboter-Steuerungen kann es also durchaus vorteilhaft sein, wenn man die Arduino-Anweisungen durch klassische C-Befehle ersetzt.

3.5 Raspberry Pi

Der Raspberry Pi ist ein Mini-Computer-Motherboard mit ARM-Prozessor. Ursprünglich war der "RasPi" oder "Pi" dafür gedacht, Kindern und Jugendlichen die moderne Computertechnik und Programmierung wieder näher zu bringen. Allerdings hat sich die Platine schnell auch zum Liebling erwachsener Elektronik-Enthusiasten entwickelt. Darüber hinaus eignet sich die Platine auch bestens für Robotik-Anwendungen, da sie sowohl über ein Kamera-Interface als auch über eine Reihe von frei programmierbaren Eingabe/Ausgabe-Pins verfügt. Das Herz der Raspberry Pi ist ein Ein-Chip-System von Broadcom. Die Abmessungen des RasPi entsprechen etwa denen einer Kreditkarte. Der Raspberry Pi kam Anfang 2012 auf den Markt und bis Ende 2018 wurden weit über 20 Millionen Einheiten verkauft. Das meistverkaufte Modell ist aktuell der Pi 3B(+), der rund 50 Prozent der Verkaufszahlen ausmacht.

Inzwischen existiert ein umfangreiches Zubehör- und Softwareangebot für zahlreiche Anwendungsbereiche. Als Betriebssystem kommen vor allem speziell adaptierte Linux-Distributionen mit grafischer Benutzeroberfläche zum Einsatz.

Als Massenspeicher dient eine auswechselbare SD-Speicherkarte. Zusätzliche Speichermedien können per USB-Schnittstelle angeschlossen werden. So arbeitet der Pi auch problemlos mit externen Festplatten oder USB-Speichersticks zusammen. Neuere Modelle (ab Version 3) können zudem drahtlos via Bluetooth oder WLAN kommunizieren.
Die wichtigsten Leistungsmerkmale des RasPi sind:

- die geringen Abmessungen (85,6 mm x 56,0 mm)
- der günstige Preis (unter 40 Euro)
- die einfache Erweiterbarkeit

Zum Anschluss von Peripheriegeräten, Sensoren und elektronischen Bauelementen stehen 21 GPIO-Pins zur Verfügung. Für die Verbindung mit einem Monitor ist eine HDMI-Schnittstelle vorgesehen. Über diese lassen sich Bildinhalte mit Full-HD-Auflösung von bis zu 1080p wiedergeben.

Das Betriebssystem startet der Rechner von einer Speicherkarte, die in den vorhandenen SD-/MMC-Karten-Slot eingesteckt wird. Das System kann u. A. mit verschiedene Linux-Versionen betrieben werden.

Typische Anwendungen für den Raspberry Pi Minicomputer sind Mediaplayer, Spielekonsolen, NAS- und Cloud-Server, VPN-Server oder intelligente Steuerungen für das Internet of Things (IoT) und Smart Home. Darüber hinaus hat sich der Pi aber auch als zentrale Steuereinheit für Robotik-Systeme etabliert. Insbesondere die Möglichkeit, über die GPIO-Schnittstelle mit elektronischen Komponenten aller Art zu kommunizieren, macht den Pi für Robotikanwendungen so attraktiv. Damit ist der Pi bestens für die Erfassung, Auswertung von Sensorwerten oder zur Ansteuerung von Motortreibern etc. geeignet.

Zusammen mit der Programmiersprache Python bietet der Raspberry eine optimale Umgebung für die Umsetzung verschiedenster Robotik-Projekte. Vor allem im Bereich der Sensortechnik verfügt der Pi über Möglichkeiten, die früher nur teuren und aufwändigen Spezialsystemen vorbehalten waren.

Von besonderem Vorteil ist die Option, den Pi mit Kameras auszurüsten. Damit werden in der Robotik auch hochinteressante Anwendungen im Bereich der Maschinellen Sehens möglich. Zusammen mit der CV (**C**omputer**V**ision)-Bibliothek für Python können damit Projekte wie die Erkennung oder sogar Verfolgung von Objekten umgesetzt werden.

Für den Anschluss von Kameras stehen zwei Optionen zur Verfügung:

- Raspberry-Pi-Cam
- WebCams via USB

Beide Varianten werden in späteren Kapiteln vorgestellt. Im Rahmen praktischer Anwendungsbeispiele wird auf die Vor- und Nachteile der beiden Möglichkeiten eingegangen.

Allerdings weist die Platine auch einige Nachteile auf:

- Die I/O-Ports sind direkt mit dem Prozessoreingängen verbunden. Dies bedeutet, dass sie vollkommen ungeschützt sind. Zu hohe Eingangsspannungen können daher leicht den Prozessor und damit den gesamten Raspberry Pi zerstören.

- Die Pins sind nicht 5-Volt-tolerant

- Es stehen keine ADCs / DACs zur Verfügung. Für die Auswertung analoger Spannungen ist daher immer ein zusätzlicher Baustein erforderlich.

Die folgende Abbildung zeigt den Raspberry Pi mit seinen verschiedenen Funktionseinheiten und Schnittstellen. Die GPIO-Pinleiste ist in diesem Bild links oben zu erkennen.

Abbildung 3.4: Das Raspberry Pi Board

Der Raspberry Pi und die SD-Karte mit dem Betriebssystem werden meist nicht als fertiges Komplettsystem geliefert. Um mit dem Pi arbeiten zu können, muss das aktuelle Betriebssystem auf die die SD-Karte geladen werden. Damit lassen sich dann alle Funktionen der Platine einschließlich der Pin-Leiste des WLAN-Interfaces und der Bluetooth-Schnittstelle etc. ansteuern. Die folgende Abbildung liefert einen Überblick über diese einzelnen Funktionseinheiten eines Raspberry Pi:

Abbildung 3.5: Funktionseinheiten auf dem Raspberry Pi

Das folgende Kapitel beschreibt, wie das Raspbian-System installiert wird. Alternativ können auch komplette Systeme mit vorinstalliertem Betriebssystem erworben werden. Diese liegen allerdings im Preis meist etwas höher.

3.6 Installation des Betriebssystems mit NOOBS

Für die Installation des Betriebssystems steht ein NOOBS-Lite-Programmpaket als ZIP-Archiv unter

https://www.raspberrypi.org/downloads/noobs/

im Internet zur Verfügung. Die Bezeichnung "NOOBS" steht dabei für **N**ew **O**ut **o**f the **B**ox **S**oftware-Paket. Nach dem Download ist das Archiv zu entpacken. Nun kann man die Dateien auf eine neue oder neu formatierte SD-Karte kopieren. Anschließend wird nur noch die Karte in den Pi gesteckt. Nach dem Anschließen der Versorgungsspannung bootet das System automatisch. Dann wird das neue Betriebssystem vollständig installiert. Voraussetzung für diese weitgehend automatische Installation ist, dass der Pi über ein LAN-Kabel mit dem Internet verbunden ist. Diese Art der Installation kann eine Stunde oder auch länger in Anspruch nehmen.

Alternativ kann auch das vollständige NOOBS-Programmpaket von der gleichen Internetseite geladen werden. Diese muss ebenfalls entpackt werden und kann dann mittels eines Kopierprogramms wie etwa dem Diskmanager direkt auf eine SD-Karte geschrieben werden.

3.7 Raspi-Config

Über die Anweisung

```
sudo raspi-config
```

kann im LXTerminal (s. Abb. 8.1) das sogenannte Konfigurationsmenü aufgerufen werden.

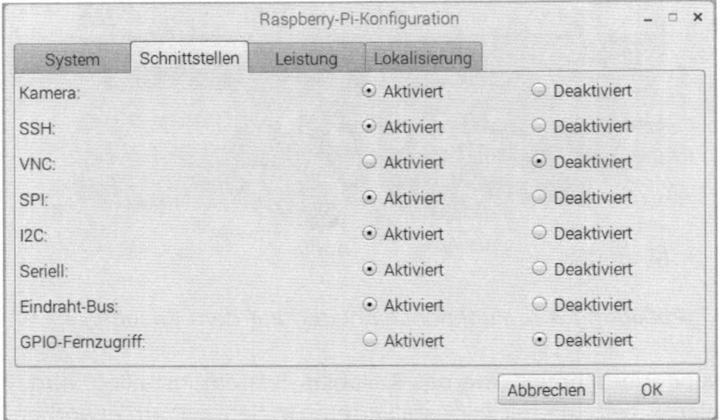

Abbildung 3.6: Der Konfigurationsbildschirm des Pi

In diesem Konfigurationstool (raspi-config) kann man verschiedene Grundeinstellungen vornehmen. Unter anderem kann man die folgenden Optionen einstellen:

- Deutsche Tastatur
- Zeitzone: Europe - Berlin
- Freigabe von Schnittstellen
- Freigabe der Kameraschnittstelle

Abschließend wird mit "OK " der Konfigurationsvorgang beendet.

Das Konfigurationsmenü kann jederzeit über das Startmenü oder durch Eingabe von sudo raspi-config in einer Kommandozeile aufgerufen werden.

3.8 Die Kommandozeile

Im Allgemeinen bootet der Raspberry direkt in eine graphische Oberfläche. Nur in Ausnahmefällen bleibt er mit einer Eingabeaufforderung (englisch: Prompt) stehen, die wie folgt aussieht:

```
pi@raspberrypi ~ $
```

Dabei ist pi der User und raspberrypi der Name des Raspberry Pi. Die Eingabeaufforderung besagt, dass man nun als User "pi" auf dem Raspberry mit dem Namen "raspberrypi" eingeloggt ist.

Es folgt die Anzeige des aktuellen Verzeichnisses. Die Tilde (~) steht für das User-Verzeichnis des aktuellen Users (hier: /home/pi).

Das Dollarzeichen zeigt an, dass es sich um einen Prompt handelt, hinter dem nun Linux-Befehle eingegeben werden können. Dabei ist immer auf Groß-/Kleinschreibung zu achten

Als Beispiel könnte der Befehl date eingegeben werden, welcher das Betriebssystem dazu bringt, das aktuelle Systemdatum und die Uhrzeit anzuzeigen.

Dieses Terminal kann jederzeit auch über die grafische Benutzeroberfläche gestartet werden (Terminal ">_" in der Taskleiste).

Wie in jedem Linux-System können sich auch beim RasPi verschiedene User anmelden. Der Standarduser ist allerdings:

```
pi
```

Das zugehörige Standardpasswort lautet:

```
raspberry
```

Sollte man sich einmal versehentlich ausgeloggt haben, kann man damit wieder die gewohnte Umgebung zurückholen.

3.9 Das Linux-Dateisystem

Das für den Raspberry maßgeschneiderte Betriebssystem Raspbian ist eine spezielle Linux-Version. Bei Linux wird fast alles als Datei dargestellt. Dateien werden in Ordnern in einer baumartigen Struktur gespeichert:

```
/
bin
boot
dev
etc
home
        - pi
                - desktop
                - python_games
                - sonstiges_Verzeichnis
usr
var
```

Diese Struktur ist zunächst nicht von großer Bedeutung. Später wird sie allerdings wichtig, insbesondere wenn verschiedene Dateien gesucht oder abgelegt werden müssen. In diesem Fall kann man sich am oben angegebenen Dateibaum orientieren.

3.10 Die wichtigsten Linux-Befehle

Bei der Arbeit mit dem Pi ist zu beachten, dass bei Linux zwischen Groß- und Kleinschreibung unterschieden wird. Die folgende Tabelle zeigt eine Übersicht zu den wichtigsten Linux-Befehlen. Diese werden benötigt, wenn man mit dem sogenannten Terminal arbeitet:

```
ls                Dateien auflisten
ls-l bzw. ls-lh   Dateien übersichtlich inkl. Zugriffsrechten auflisten

startx            grafische Oberfläche starten

shutdown -h now   Raspberry Pi herunterfahren (-h = halt)
shutdown -r now   Raspberry Pi neu starten (-r = restart)

cd xyz            in Verzeichnis xyz wechseln
cd ..             ein Verzeichnis höher gehen

mkdir xyz         Verzeichnis erstellen (make directory)
rmdir xyz         Verzeichnis löschen (remove directory)

nano datei        Datei editieren (im Editor: Strg-o für Speichern Strg-x
                  für Exit)
rm datei          Datei löschen

pcw               aktuelles Verzeichnis (print current workingdir), z. B.  /
                  home/pi
whoami            aktuellen Benutzernamen anzeigen, z. B. pi

date              Datum und Uhrzeit anzeigen

ifconfig          IP-Adresse usw. anzeigen

whatis befehl     Grobbeschreibung von befehl, z. B. whatis ls
man befehl        ausführliche Beschreibung von befehl, z. B. man ls

df / -h           Speicherkartengröße anzeigen
lsusb             angeschlossene USB-Geräte anzeigen
mv datA datB      Datei verschieben oder umbenennen
```

3.11 Der Desktop des Pi

Will man mit dem Raspberry Pi so arbeiten, wie man es von einem PC her gewohnt ist, muss man die graphische Benutzeroberfläche starten. Damit ist der RasPi einem Windows-PC von der Bedienung her praktisch gleichwertig. Standardmäßig wird diese Oberfläche bereits beim Booten aktiviert. Sollte dies einmal nicht der Fall sein oder wurde die grafische Oberfläche beendet, sein kann sie mit dem Befehl

```
sudo startx
```

in der Kommandozeile neu aktiviert werden.

Praktisch alle Arbeiten können auch über die grafische Oberfläche erledigt werden. Auch der Internetzugriff über LAN oder WLAN ist problemlos möglich. Dies hat den Vorteil, dass man sich so alle nötigen Informationen, Treiber oder Programme etc. direkt aus dem Internet auf den Pi laden kann.

Kapitel 4 • Mechanische Bauelemente

Für den Bau von Robotern sind immer auch mechanische Teile erforderlich. Die Robotik erfordert daher neben Kenntnissen in der Elektrotechnik und Elektronik auch Fertigkeiten im mechanischen und konstruktiven Bereichen. Möchte man nicht immer auf vorgefertigte Bauteile zurückgreifen, kommt man um gewisse Methoden der Materialbe- und -verarbeitung nicht herum. Zumindest Bohren und Sägen sollten für den engagierten Roboter-Konstrukteur keine Fremdworte sein. Bei aufwändigeren Projekten wird man auch um Schleifen oder Fräsen nicht herum kommen. Aber auch hier wächst man mit seinen Aufgaben.

Eine der einfachsten Möglichkeiten für den Aufbau von mechanischen Elementen wie Fahrgestellen oder Chassis ist die Verwendung von Pappe und Heißkleber. Mit diesen Materialien lassen sich durchaus erste "Prototypen" aufbauen (s. Abb.). Der Hauptnachteil solcher Konstruktionen liegt natürlich in der begrenzten Stabilität und Lebensdauer. Roboter sind ja keine statischen Gebilde, sondern sie werden mit Motoren oder anderen Aktoren bewegt und zum "Leben erweckt". Dies führt bei Pappmaterial zu hohem Verschleiß der belasteten Teile. Bis zu einem gewissen Maß kann man diesem durch Verwendung hochwertiger Pappe entgegenwirken. Ist dann aber tatsächlich die Grenze der Beanspruchung erreicht, kann man immer noch auf stabilere Materialien umsteigen. Häufig sind dabei die ersten Erfahrungen aus dem Pappmodell sehr hilfreich und erste konstruktive Verbesserungen führen oftmals bereits zu recht brauchbaren mechanischen Aufbauten.

Abbildung 4.1: Roboterprototyp aus Pappe und Kunststoffteilen

4.1 Schrauben, Muttern und Bolzen

Ohne Schrauben, Muttern und Bolzen kommt man im Roboterbau nicht aus. Hier ist es sinnvoll, sich einen gewissen Grundstock zuzulegen. Meist ist in Baumärkten ein umfangreiches Sortiment vorrätig. Allerdings ist der Kauf von einzelnen Schrauben oder Muttern meist nicht der günstigste Weg. Vielmehr sollte man auf auf fertige Sortimente zurückgreifen. Diese sind auch häufig bei verschiedenen Discountern im Angebot. Dort ist die Qualität zwar eventuell nicht ganz so hervorragend, für den Hobbyeinsatz aber meist vollkommen ausreichend.

Abbildung 4.2: Mechanische Verbindungselemente

Die Abbildung zeigt eine Auswahl von Schrauben, die im Roboterbau immer wieder benötigt werden. Vor allem die Größe M3 oder M4 wird häufig eingesetzt. Auch eine ausreichende Mengen an Muttern und Beilagscheiben sollte nicht fehlen. Weitere wichtige Bauelemente sind die sogenannte Abstandshalter. Sie dienen beispielsweise dazu, Platinen auf einem Chassis zu montieren. Abstandshalter gibt es in verschiedenen Ausführungen. Die folgende Abbildung zeigt eine kleine Auswahl der wichtigsten Varianten.

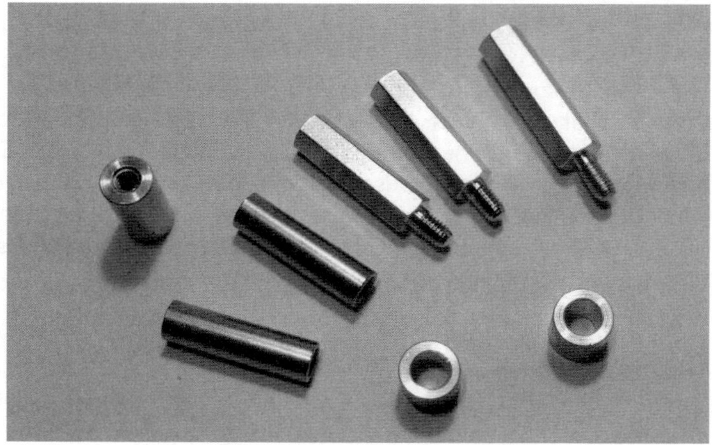

Abbildung 4.3: Abstandshalter

Viele Teile kann man auch aus alten Geräten ausbauen. Insbesondere Schrauben und Muttern, aber auch Distanzhülsen, Metallschienen etc. finden sich in ausgedienten Druckern, Computern, Radios usw. Wenn man hier die nötige Geduld aufbringt, kann man sich im Laufe der Zeit einen recht brauchbaren Mechanikteile-Grundstock aufbauen.

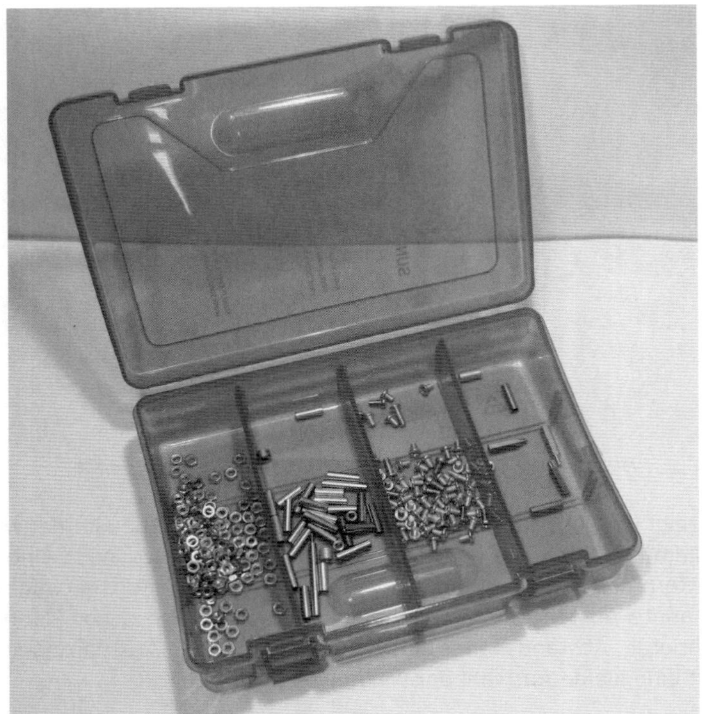

Abbildung 4.4: Mechanik-Teile Fundus in einem Sortimentkasten

Neben den finanziellen Einsparungen hat dieses Vorgehen sogar noch den Vorteil, dass man auf diese Weise sogar der Umwelt Gutes tut, da die Teile nicht auf den Schrott wandern. Zudem kann es sogar einen besonderen Reiz haben, ganze Roboter oder auch nur einzelne Teil davon so zu konstruieren, dass man mit möglichst vielen Recycling-Komponenten auskommt. Diese Philosophie der "Schrott mach' Flott"-Bewegung findet in letzter Zeit immer mehr Zulauf. Auch Repair-Cafés oder Maker-Spaces und FabLabs setzen immer häufiger auf die Wiederverwendung von alten Geräten oder Teilen.

4.2 Metalle, Holz und Kunststoffe

Neben Verbindungselementen werden auch immer Grundplatten oder andere größere mechanisch belastbare Elemente benötigt. Diese können in den meisten Fällen nicht fertig gekauft werden. Entsprechende Bauteile müssen also selbst gefertigt oder zumindest bearbeitet oder modifiziert werden.

Als geeignete Materialien stehen für diesen Zweck verschiedene Kunststoffe zur Verfügung. Für besonders elegante Konstruktionen kann man Polycarbonat oder "Plexiglas" einsetzen.

Diese Material ist in den meisten Baumärkten in den verschiedensten Größen und Stärken erhältlich. Es lässt sich leicht bearbeiten und ist sehr stabil.

Auch Hartschaumplatten sind ein geeignetes Baumaterial für die Robotik. Gute Beschaffbarkeit und leichte Bearbeitung machen Hartschaum häufig zum Mittel der Wahl. Zudem ist Hartschaum sehr preisgünstig, leicht und unter Wärmeeinwirkung formbar.

Auch Holz kann als Baumaterial für Roboter eingesetzt werden. Grundplatten aus Sperrholz sind durchaus auch für anspruchsvollere Anwendungen geeignet. Falls der "rustikale Look" als störend empfunden wird, kann man dem Robot mit entsprechenden Lacken auch ein modernes Aussehen verleihen.

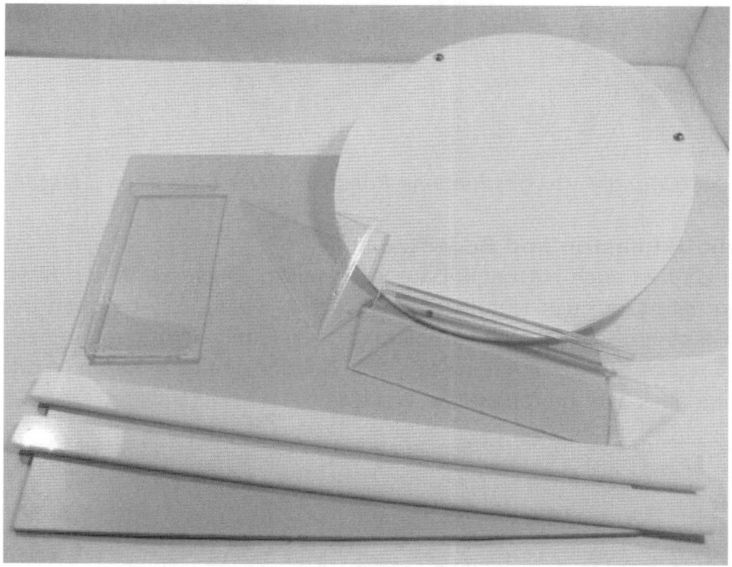

Abbildung 4.5: Auswahl verschiedener Kunststoffe

Bei besonders beanspruchten Teilen kann man auf Metalle zurückgreifen. Vor allem Motorträger oder Winkel etc. sind oftmals hohen Belastungen ausgesetzt. In diesem Fall kann insbesondere Aluminium gute Dienste leisten. Dieses Metall ist sehr leicht, gut verformbar und einfach zu bearbeiten. Allerdings ist bereits eine gewisse Erfahrung in der Materialbearbeitung erforderlich, wenn man anspruchsvollere Elemente selbst fertigen will. Man sollte daher nicht mit größeren Alu-Konstruktionen beginnen, bevor man nicht mit anderen Materialien Erfahrungen gesammelt hat.

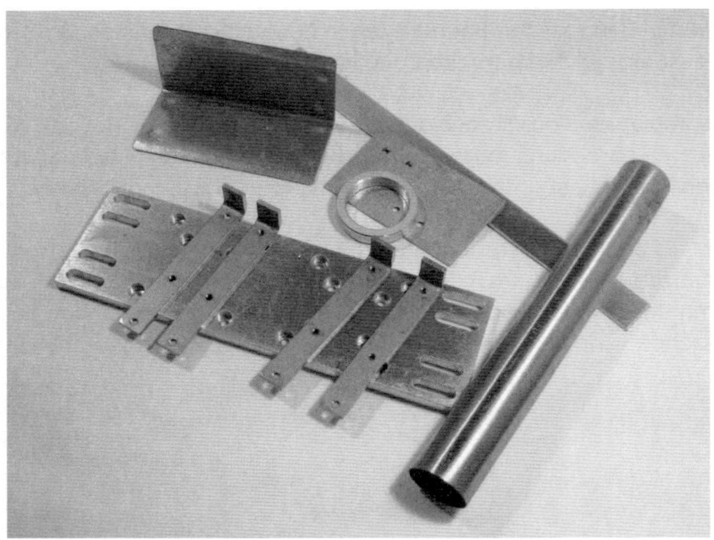

Abbildung 4.6: Verschiedene Konstruktionselemente aus Metall

4.3 Mechanik-Baukästen und Bausätze

Gute Dienste können auch Mechanik-Baukästen leiten. Diese enthalten neben passenden Schrauben und Muttern auch Metallelemente, die in vielen Roboterkonstruktionen eingesetzt werden können. Die folgende Abbildung zeigt einige Komponenten aus einem bekannten Baukastensystem. Damit lassen sich bereits einfache Rahmen oder Fahrwerke aufbauen, ohne dass eine umfangreiche Werkstatt erforderlich wäre.

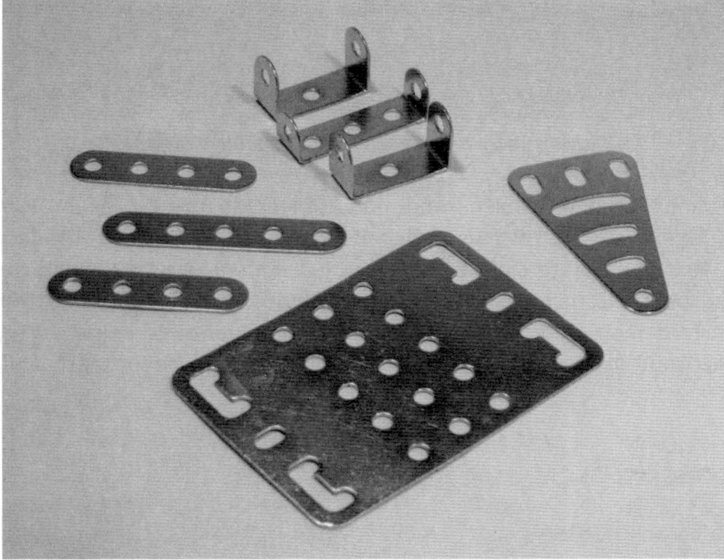

Abbildung 4.7: Komponenten aus einem Mechanik-Baukasten

4.4 Räder

Räder für fahrende Roboter sind vergleichsweise schwierig zu beschaffen. Während mechanische Standardelemente wie Schrauben und Muttern in jedem Baumarkt erhältlich sind, findet man geeignete Räder nur recht selten. Im Internet sind zwar einige Spezialshops zu finden, allerdings sind deren Angebote meist im oberen Preissegment angesiedelt.

Eine Lösung bieten hier wieder Komplettbausätze. Diese enthalten neben den Motoren selbst auch die passenden Räder, inklusive der Radbefestigungen. Die folgende Abbildung zeigt verschiedene Räder, die z. T. aus Roboter-Kits stammen.

Alternativ kann man Räder auch im Eigenbau herstellen. Relativ einfach geht das mit einer sogenannten Lochsäge. Diese wird in eine Bohrmaschine eingespannt und erlaubt dann das einfache Aussägen kreisrunder Holzteile, praktischerweise gleich mit einem Loch für die Motorachse (s. Abb. unten Mitte).

Häufig werden auch sogenannte Stützräder benötigt. Diese bestehen aus einem Rad, das zusätzlich über eine senkrechte Achse verfügt (s. Abb. unten links). Dadurch kann sich das Rad in alle Richtungen ausrichten. Meist sind zweirädrige Roboter mit einem solchen Stützrad ausgerüstet. Als Einzelteile finden sich derartige Komponenten wieder in Bausätzen oder in Onlineshops (s. Bezugsquellenverzeichnis)

Abbildung 4.8: Räder

Kapitel 5 • Elektronische Komponenten und Module

Auch in der Robotik benötigt man immer wieder einzelne elektronische Bauelemente. In zunehmendem Maße werden zwar in Bausätzen und Robotik-Kits komplette Module verwendet. Möchte man allerdings eigene Ideen umsetzen oder die Kits modifizieren oder ergänzen, dann kommt man um den Einsatz von elektronischen Einzelkomponenten nicht herum. In den folgenden Abschnitten werden daher zunächst die wichtigsten Bauteile und ihre Eigenschaften kurz beschrieben. Für detaillierter Informationen sei an dieser Stelle auf die umfangreiche Fachliteratur zu diesem Thema verwiesen (s. Literaturverzeichnis).

Im Anschluss werden einige der wichtigsten Robotik-Module vorgestellt. Sie sollen einen Überblick über die verfügbaren Hardwarekomponenten liefern. Insbesondere im Bereich der Motortreiber steht eine Vielzahl von Varianten zur Verfügung. Einige Versionen sollen etwas genauer betrachtet werden. Für den Raspberry Pi sind verschieden "HATs" verfügbar. Diese ergänzen die Platine um Servo-Steuerungen oder auch analoge Eingänge. Sie sind daher bestens als Robotik-Erweiterungen für den Pi geeignet.

Um kleinere Schaltungen aufzubauen, sind sogenannte Breadboards gut geeignet. Sie gestatten es, Sensoren, ICs oder andere Komponenten ohne Löten mit einem Controller zu Verbinden. Nachteilig ist allerdings, dass Breadboard-Aufbauten keine besonders hohe elektro-mechanische Stabilität aufweisen. Dies ist insbesondere bei mobilen Roboter-Einheiten problematisch. Aufgrund von mechanischen Belastungen und Vibrationen kann es hier schnell zu Fehlfunktionen kommen. Für einen dauerhaften Betrieb empfiehlt sich hier also das Erstellen einer Platine mit verlöteten Komponenten.

5.1 Für Experimente und Prototypen: Breadboards

Sogenannten Steckplatinen, auch unter der Bezeichnung "Breadboards" bekannt, erlauben den Aufbau kleinerer Schaltungen ganz ohne Lötarbeiten. Spezielle Federn aus Metall im Inneren dieser Boards sorgen für elektrisch leitende Verbindungen zwischen den elektronischen Bauelementen. Die nachfolgende Abbildung zeigt einige Varianten dieser lötfreien Aufbausysteme. Elektrisch leitende Verbindungen sind durch schwarze Linien gekennzeichnet.

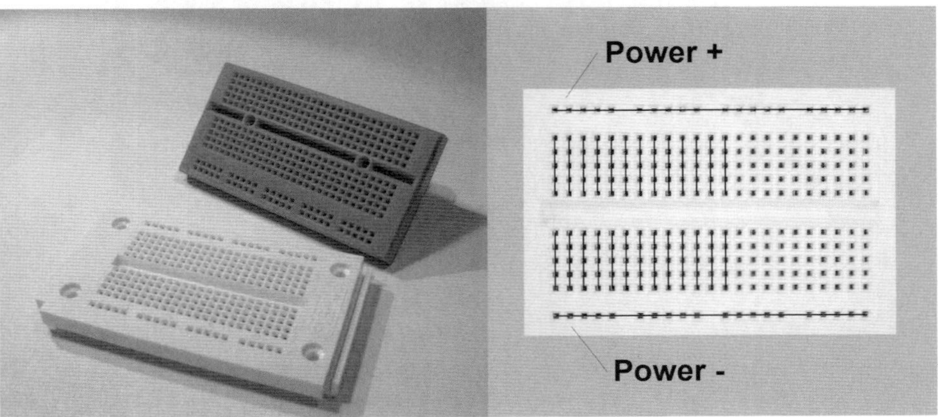

Abbildung 5.1: Breadboards

Sorgfältig aufgebaute Schaltungen auf hochwertigen Breadboards können sehr zuverlässig funktionieren. Bei mobilen Robotern oder in autonomen Fahrzeugen sind Breadboard-Aufbauten dagegen keine optimale Dauerlösung. Vibrationen, Lageänderungen oder mechanische Belastungen führen leicht zu Kontaktproblemen. Für dauerhafte und robuste Aufbauten sollte man daher Lochrasterplatinen oder besser noch geätzte Platinen in Betracht zeihen.

5.2 Lochrasterplatinen für einfache Aufbauten

Ist die Funktion einer bestimmten Baugruppe sichergestellt, kann man diese auf einer Lochrasterplatine aufbauen. Hierfür stehen zwei Varianten zur Verfügung. Bei Verwendung von Streifenrasterplatinen kommt man meist mit wenigen Drahtverbindungen aus, allerdings muss man hier häufiger Leiterbahnen mechanisch durchtrennen. Bei den Platinen mit einzelnen Lötaugen werden Verbindungen einzeln mit Drahtstücken erstellt, dafür ist keine mechanische Bearbeitung der Leiterplatte erforderlich.

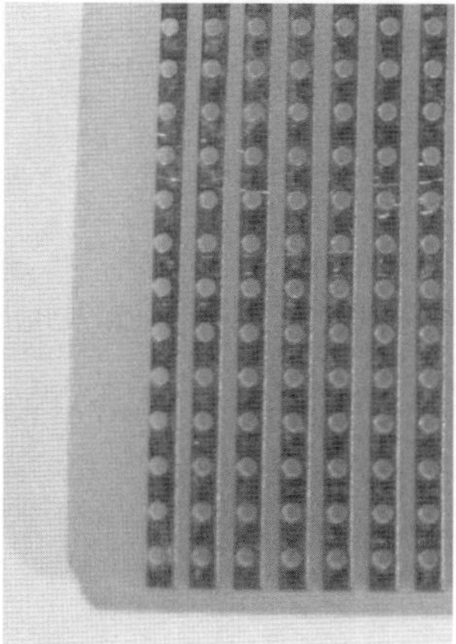

Abbildung 5.2: Streifenrasterplatine

Abbildung 5.3: Leiterplatte mit einzelnen Lötaugen

Mit sorgfältig aufgebauten Lochrasterplatinen erreichen auch mobile Roboter eine hohe Betriebszuverlässigkeit.

Abbildung 5.4: Lochrasterschaltung

Die Erstellung geätzter Leiterplatte ist im nicht-professionellen Roboterbau kaum erforderlich. Hier kann meist auf komplette Module zurückgegriffen werden. Damit lassen sich praktisch alle erforderlichen Aufgaben wie Sensordatenerfassung oder Motorsteuerungen abdecken.

5.3 Widerstände

Auch im Roboterbau werden immer wieder einzelne elektronische Komponenten benötigt. Widerstände kommen beispielsweise zur Strombegrenzung von Leuchtdioden in Spannungsteilern oder als Arbeitswiderstände bei verschiedenen Sensoren zum Einsatz.

Widerstände mit 5 % Toleranz werden mit vier Farbringen codiert. Drei davon geben den Widerstandswert an, der Vierte ist goldfarben, für eine Toleranz von 5 %. Für Metallschichtwiderstände mit 1 % Toleranz sind fünf Farbringe erforderlich, hier gibt der braune fünfte Ring die Toleranz von 1 % an. Den Ring für die Toleranzangabe erkennt man daran, dass er etwas breiter ist als die anderen.

Für den Einstieg in die Robotik kommt man mit vergleichsweise wenigen Werten aus. Als Vorwiderstände für LEDs oder LED-basierte Displays werden oft 220-Ohm-Widerstände benötigt. Auch 1 Kiloohm und 10 Kiloohm sind häufig erforderlich. Von diesen Werten kann man einen größeren Vorrat anlegen. Für einfache Roboter-Anwendungen sind ca. 10 Exemplare pro Wert ausreichend. Auch 100 Kilo-Ohm sind noch gebräuchlich, beispielsweise in Spannungsteilern für Opto- oder Thermo-Sensoren. Die folgende Tabelle listet die Farbkombinationen für die gebräuchlichsten Widerstandswerte auf:

Wert	Farbringkombination für 5 % Toleranz	Farbringkombination für 1 % Toleranz
220 Ω	rot-rot-braun	rot-rot-schwarz-schwarz
1 kOhm	braun-schwarz-rot	braun-schwarz-schwarz-braun
10 kOhm	braun-schwarz-orange	braun-schwarz-schwarz-rot
100 kOhm	braun-schwarz-gelb	braun-schwarz-schwarz-orange

5.4 Kondensatoren

Kondensatoren werden in der Robotik meist zum Entstören von Motoren oder Servos etc. benötigt. Die folgenden Werte sind für die meisten Anwendungen ausreichend:

Wert	Beschriftung
100 Nanofarad	104 oder 100n
10 Mikrofarad, 16V	10µ
100 Mikrofarad, 16V	100µ

Bei Kondensatoren kommt es in der Robotertechnik meist nicht auf genaue Werte an. Allerdings sollte beim Einsatz von Motoren immer auf eine ausreichende Entstörung geachtet werden. Die genauen Kapazitätswerte sind aber recht unkritisch. Neben 10 µF-Typen können auch 33 µF- oder 100 µF-Werte eingesetzt werden.

5.5 Potentiometer

Mit Potentiometern können verschiedene Widerstandswerte eingestellt werden. Bei der Beschaffung sollte darauf geachtet werden, dass eine Bauform gewählt wird, die direkt in ein Breadboard eingesteckt werden kann. Hierzu ist es vorteilhaft, wenn die Anschlüsse mit einer Zange parallel zu den Steckfedern ausgerichtet werden. Das schont das Board und das Potentiometer kann mit geringerem Kraftaufwand eingesteckt werden. Für die Anwendungen in diesem Buch können für Potentiometer mit 10 bis 100 Kiloohm verwendet werden.

Abbildung 5.5: Potentiometer für den Einbau in ein Breadboard

5.6 Leuchtdioden (LEDs)

Im Roboterbau werden Leuchtdioden zur Anzeige von Betriebszuständen verwendet. Aber auch als "Scheinwerfer" oder für Sensorik-Anwendungn sind LEDs gut geeignet. Moderne LEDs kommen mit einer Stromaufnahme von 2 mA aus. Damit werden die Port-Pins eines Controllers kaum belastet.

Leuchtet eine LED wider Erwarten nicht, sollte man ihre Polarität prüfen. Die Kathode einer LED ist mit einer Abflachung am Kunststoffgehäuse versehen. Sie muss mit dem negativeren Spannungspotential verbunden werden. Oft ist die Kathode auch am kürzeren Anschlussdraht erkennbar.

Zunehmend werden in der Robotik 5V-LEDs eingesetzt. Diese besitzen einen eingebauten Vorwiderstand. Damit können die ansonsten erforderlichen externen Vorwiderstände entfallen. Diese LED-Typen sind bei Verwendung eines Arduinos oder Raspberry Pi praktisch "unzerstörbar", da hier keine Spannungen größer als 5 V vorhanden und 5V-LEDs daher nicht überlastet werden können. Bei Verwendung von normalen LEDs sollte dagegen der folgende Hinweis stets beachtet werden:

Beim Anschluss von Standard-LEDs an eine Spannungsquelle ist immer ein Vorwiderstand erforderlich!

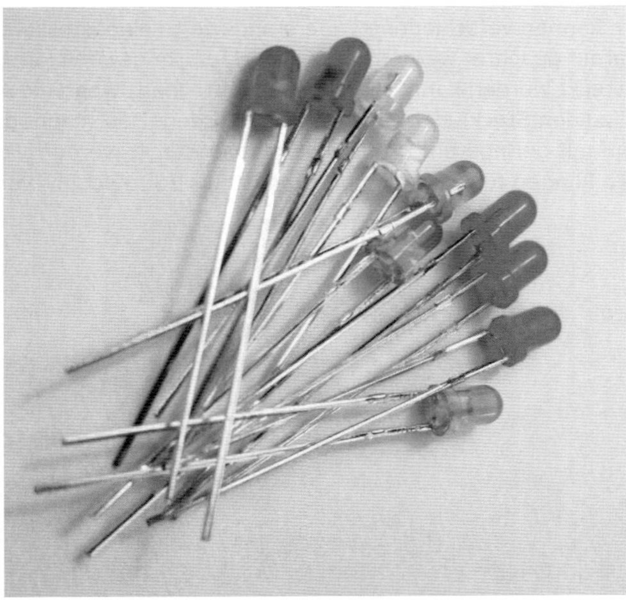

Abbildung 5.6: LEDs

5.7 Dioden und Transistoren

Dioden werden bei Roboter-Anwendungen meist zum Schutz von Motortreibern verwendet (s. Abschnitt 35). Standarddioden (z. B. 1N4148) können mit bis zu 50 mA belastet werden. Die Kathode einer Diode ist üblicherweise mit einem Ring gekennzeichnet. Die Diode leitet, wenn die Anode mit positivem Potential und die Kathode mit negativem Potential verbunden wird.

Ein normaler Prozessor-Pin kann maximal einige 10 mA liefern. Dabei sind aber auch noch andere Limitierungen zu beachten. So darf bei vielen Controllertypen der gesamte Strom, den der Controller liefert, einen festen Wert (z. B. 200 mA) nicht überschreiten. Bei gleichzeitiger Verwendung mehrerer Pins kann dieser Wert schnell erreicht werden. Sobald also größere Ströme geschaltet werden müssen, sollte man über den Einsatz von Transistoren nachdenken. Die wichtigste Eigenschaft von Transistoren ist, dass sie Ströme verstärken können. Mit kleinen Basisströmen sind so große Kollektorströme steuerbar.

Der Kollektor (C) muss dabei mit positivem und der Emitter (E) mit negativem Potential verbunden werden. Sobald ein ausreichender Basisstrom (B) fließt, beginnt der Transistor zu leiten. Sowohl der Kollektor- als auch der Basisstromkreis müssen mit geeigneten Widerständen vor Überlastung geschützt werden.

In der Robotik werden einzelne Transistoren nur noch relativ selten verwendet. Meist kommen hier fertige Module wie etwa komplette Motortreiber zum Einsatz. Diese enthalten entweder Einzeltransistoren oder bereits komplette integrierte Treiberbausteine.

5.8 Motortreiber, Freilaufdioden und Abblockkondensatoren

Bereits kleinere Elektromotoren ziehen mehr Strom, als die Pins eines Mikrocontrollers liefern können. Daher benötigt man einen Motortreiber, welcher entsprechend leistungsfähige Transistoren enthält, um den vom Motor benötigten Strom zu schalten. Prinzipiell könnten Motortreiber auch aus Einzelkomponenten aufgebaut werden. Diese Variante kommt jedoch nur in speziellen Anwendungsfällen zum Einsatz. Üblicherweise werden hierfür spezielle ICs verwendet. Diese stellen häufig nicht nur einfache Treiber, sondern komplette H-Brücken zur Verfügung. Damit können die Motoren nicht nur ein- und ausgeschaltet, sondern auch noch in beiden Laufrichtungen betrieben werden.

Sobald sich ein Motor dreht, arbeitet er auch als Generator. Somit wird eine Spannung an den Motoranschlüssen erzeugt, die sogenannte **e**lektro**m**otorische **K**raft (EMK). Die Höhe dieser Generatorspannung ist abhängig von der Drehzahl des Motors. Im Leerlaufbetrieb, d. h. bei maximaler Drehzahl, ist EMK etwa gleich groß ist wie die angelegte Motorspannung. Wird der Motorstrom jedoch abgeschaltet, muss die in den Motorspule gespeicherte Energie abgebaut werden. Das führt dazu, dass die Spannung an den Motoranschlüssen stark ansteigt. Die Spannung ist abhängig vom Motorstrom durch die Spulen, der Induktivität der Spulen und der Zeit, in der der Strom vom ursprünglichen Wert auf null abfällt. So können kurzzeitig hohe Spannungen induziert werden, welche die Transistoren im Motortreiber zerstören können.

Durch eine zur Motorspannung in Sperrrichtung parallel geschaltete Diode wird die Induktionsspannung begrenzt. Die Spannung an den Treibertransistoren kann dann nur maximal bis zur Betriebsspannung plus der Schwellspannung an der Diode ansteigen. Deshalb werden diese Dioden auch als Schutz- oder Freilaufdioden bezeichnet. In einigen integrierten Treibern sind diese Dioden bereits enthalten. Falls dies nicht der Fall ist, müssen die Dioden zusätzlich eingebaut werden.

Neben den Freilaufdioden sollten auch immer Kondensatoren zum Abblocken von Induktionsspitzen vorgesehen werden. Ein Kondensator kann Energie speichern und sie sehr schnell wieder abgeben, wenn plötzlich ein größerer Motorstrom benötigt wird. Dadurch wird die Spannung im Rest der Schaltung stabiler gehalten. Als Abblockkondensator werden üblicherweise keramische Kondensatoren (Kerkos) verwendet. Elkos größerer Kapazität sorgen zusätzlich für lokale Energiereserven. Die genaue Kapazitätswerte sind unkritisch. Standardwerte von 100 nF für die Kerkos und 10 bis 100 µF für Elkos sind meist ausreichend. Damit die Abblockkondensatoren optimal arbeiten, sollten sie so nahe wie möglich am Motortreiber platziert werden.

5.9 Für kleinere Motoren: der L293D

Einer der am meisten verwendeten Motortreiber-ICs für kleinere Roboter ist der L293D. Dieses IC enthält zwei H-Brücken. Somit können so pro IC zwei Gleichstrommotoren angesteuert werden. Die folgende Tabelle zeigt die Kenndaten des Controllers:

- Spannungsbereich: 4,5 ... 36V
- Maximaler Ausgangsstrom: 500 mA pro Kanal
- Kurzeitiger Spitzenstrom: bis zu 1,2 A je Kanal
- Ruhestrom: ca. 40 mA
- integrierte Freilaufdioden
- separate Spannungsversorgung für Eingangs-Logik
- Interner ESD-Schutz
- automatische Abschaltung bei Übertemperatur

Die Beschaltung des Treibers ist sehr einfach. Da bereits Freilaufdioden und die nötige Logik im Treiber enthalten sind, werden lediglich Elkos und Kondensatoren an der Versorgungsspannung benötigt.

Aufgrund des relativ kleinen Maximalstroms ist dieser Treiber nur für kleinere Motoren mit entsprechend geringen Leistungsaufnahmen einsetzbar. Die folgende Abbildung zeigt, wie der Treiber mit einem Arduino verbunden wird.

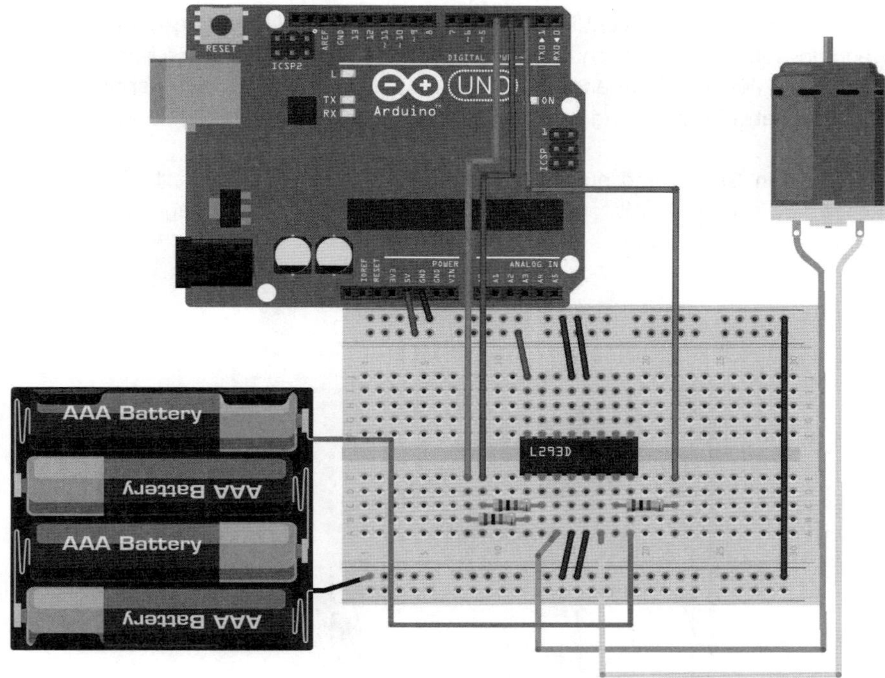

Abbildung 5.7: Anschluss des L293D an den Arduino

5.10 Das Kraftpaket: L298

Der Motortreiber L298 ist der große Bruder des L293D. Er enthält ebenfalls zwei komplette H-Brücken und kann somit auch zwei Motoren ansteuern. Die Pinbelegung ist dem L293D sehr ähnlich, jedoch verfügt er über eine andere Bauform ("MULTIWATT-15"):

Versorgungsspannung:	4,7 ... 46 VDC
Eingangsspannung:	2,3 ... 7 VDC
Maximaler Motorstrom:	2 A
Maximale Verlustleistung:	25 W

Der wichtigste Unterschied besteht darin, dass jede H-Brücke beim L298 bis zu 2 A belastet werden kann. Damit lassen sich also wesentlich größere Motoren ansteuern. Ein weiterer Vorzug sind die sogenannten SENSE-Ausgänge, über die der komplette Motorstrom fließt. Über einen hier angeschlossenen Hochlastwiderstand kann über die abfallende Spannung der Motorstrom bestimmt werden. Wird die Strommessung nicht benötigt, werden die Sense-Ausgänge direkt mit GND verbunden. Anders als beim L293D werden hier jedoch externe Freilaufdioden benötigt.

Bei einer Stromstärke von 2A ist auf eine ausreichende Wärmeabfuhr durch Kühlkörper zu achten. Laut Datenblatt kann bei einem Strom von 2 A in einer Brücke eine Spannung von bis zu 5 V abfallen. Die Verlustleistung beträgt dann bereits 10 W pro Brücke.

Aufgrund der besseren Übersichtlichkeit wurden im Schaltplan einige Kondensatoren und Elkos weggelassen. Es sollte noch ein Keramikkondensator 100 nF zwischen +5 V und GND sowie ein 100 nF-Keramikkondensator und parallel dazu ein Elko mit ausreichender Kapazität zwischen Betriebsspannung und GND eingebaut werden.

Aus dem gleichen Grund sind nur zwei Freilaufdioden gezeigt. Die restlichen Dioden sind entsprechend zwischen den Motorausgängen und der positiven und negativen Motorversorgungsspannung einzubauen.

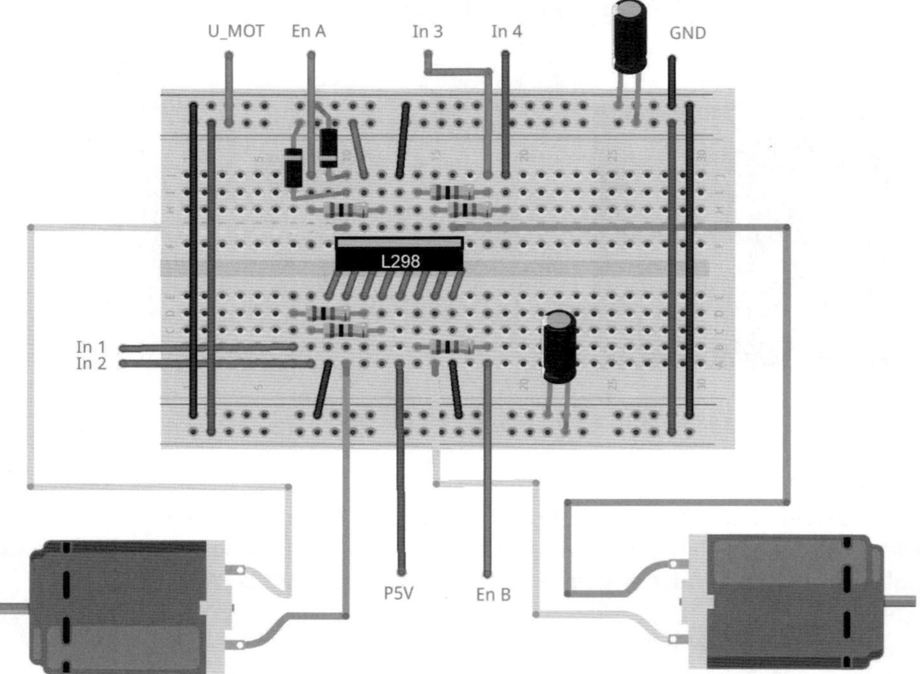

Abbildung 5.8: Diskreter Aufbau mit L298 in einem Breadboard

Die folgende Abbildung zeigt noch einen Aufbauvorschlag zu diesem Treiber auf einem kleinen Breadboard:

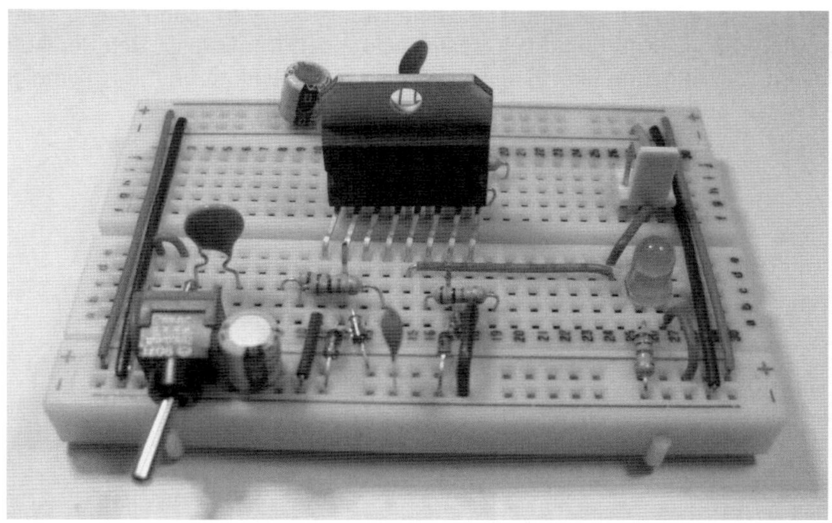

Abbildung 5.9: L298 in einem Breadboard

Alternativ können auch fertige Module eingesetzt werden (s. Bezugsquellenverzeichnis). Den Anschluss eines solchen Komplettbausteins an den Arduino zeigt die folgende Abbildung:

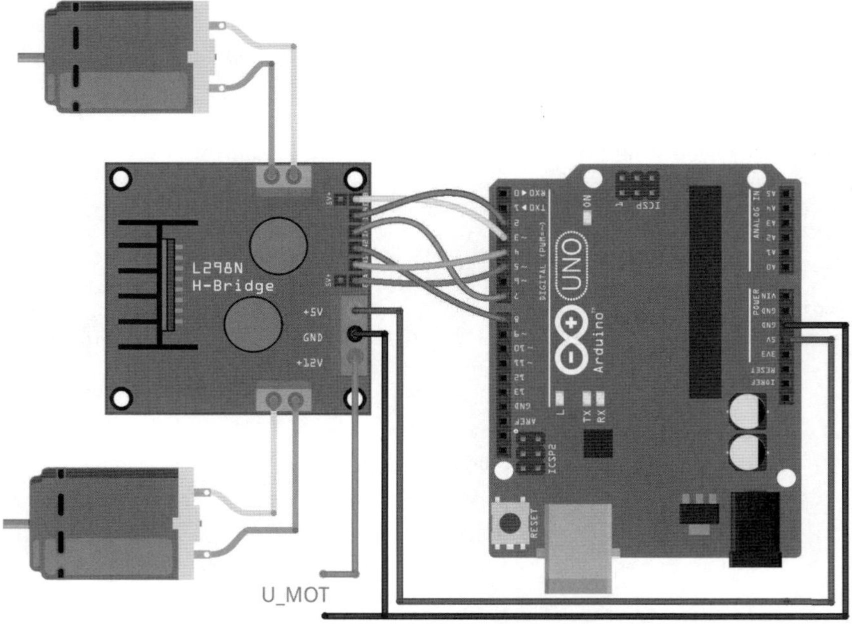

Abbildung 5.10: L298D-Modul am Arduino

Für die softwareseitige Ansteuerung steht eine Library zur Verfügung (siehe z. B. https://github.com/kurimawxx00/arduino-self-balancing-robot). Damit lässt sich der Aufbau sehr einfach testen. Der folgende Sketch sorgt dafür, dass beide Motoren mit Maximalgeschwindigkeit vorwärts laufen:

```
// L298_test.ino
// UNO @ IDE 1.8.5

#include <LMotorController.h>

// MOTOR CONTROLLER

#define MIN_ABS_SPEED 20

#define ENA 5
#define IN1 6
#define IN2 7
#define ENB 10
#define IN3 8
#define IN4 9

double motorSpeedFactorLeft = 1.0;      // default: 1.0
double motorSpeedFactorRight = 0.8;     // default: 1.0

LMotorController motorController(ENA, IN1, IN2, ENB, IN3, IN4,
motorSpeedFactorLeft, motorSpeedFactorRight);

int leftSpeed, rightSpeed;

void setup()
{ }

void loop()
{ motorController.move(255, 255, MIN_ABS_SPEED);       // speed: -255...255

    /*
    void move(int speed);
    void turnLeft(int speed, bool kick);
    void turnRight(int speed, bool kick);
    void stopMoving();
    */
}
```

Die Anweisung

```
motorController.move(255, 255, MIN_ABS_SPEED);      // speed: -255...255
```

sorgt dafür, dass jeweils die volle Akkuspannung an die Motoranschlüsse gelegt wird. Positive Werte (1...255) lassen den jeweiligen Motor vorwärts, negative Werte (-1...-255) rückwärts laufen. Der Wert Null sorgt dafür, dass der betreffende Motor stehen bleibt. Die übrigen Anweisungen:

```
void move(int speed);
void turnLeft(int speed, bool kick);
void turnRight(int speed, bool kick);
void stopMoving();
```

erlauben das simultane Steuern beider Motoren, Links- bzw. Rechtsdrehungen oder einen expliziten Motorstop.

5.11 Motortreiber ULN2003

Wird keine H-Brücke benötigt, kann der Motortreiber ULN2003 eingesetzt werden. Diese enthält vier einzelne Treiber, die jeweils einen Getriebemotor steuern können. Für den IC ist ein komplettes Modul erforderlich, das den Motoranschluss erheblich vereinfacht. Die folgende Abbildung zeigt den Betrieb des ULN2003 an einem Arduino:

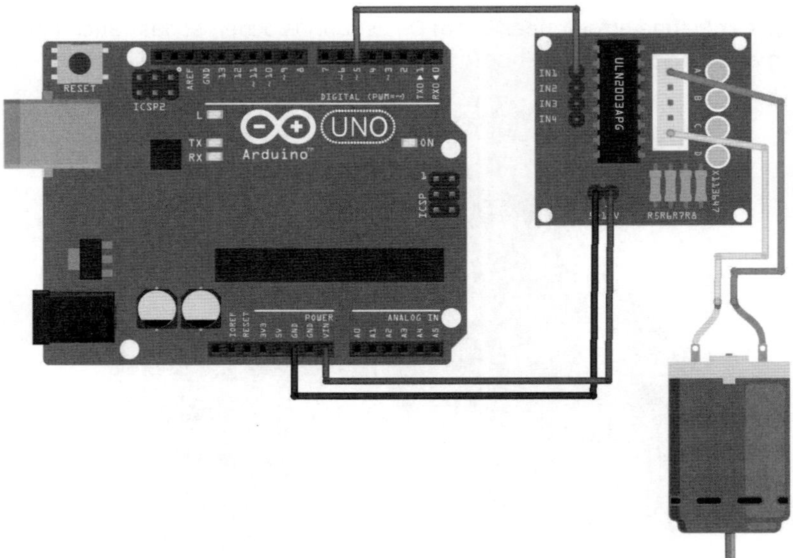

Abbildung 5.11: ULN2003-Modul am Arduino

Um den Motor anzusteuern, muss lediglich der betreffende Pin (in Abb. 5.11 Pin D5) auf High gesetzt werden. Alternativ kann die Motorgeschwindigkeit auch über PWM gesteuert werden (s. Abschnitt 46).

5.12 Motortreiber-Modul TBB6612

Das TB6612-Motortreibermodul basiert auf dem TB6612FNG als Treiberchip. Dieser ermöglicht es, auch Motoren mit einem größeren Strombedarf von bis zu 1,2 A Dauerstrom anzusteuern. Der Chip stellt zwei Ausgänge mit jeweils einer MOSFET-H-Brückenstruktur zur Verfügung. Somit können mit einem Modul wieder bis zu zwei Motoren betrieben werden. Die Motorspannung und die Arbeitsspannung des Moduls sind getrennt. Das Modul kann mit den folgenden Spannungen betrieben werden:

VCC für das Modul:	2,7 V bis 5,5 V
VM für den Motor:	max. 15 V

Die optimale Arbeitsspannung der meisten Motors liegt zwischen 2,5 V und 13,5 V, sodass die Platine für die meisten Motorvarianten geeignet ist.

Die Motoren können sowohl in Vorwärts- als auch in Rückwärtsrichtung betrieben werden. Hierzu sind die beiden Signaleingänge MA und MB mit High- oder Low-Pegel anzusteuern. Über die Eingänge PWMA und PWMB wird die Drehzahl der Motoren gesteuert. Für die vollständige Motorsteuerung sind also 4 I/O-Pins erforderlich.

Verpolungssichere Stecker für Motoranschluss und Signaleingänge sorgen für eine sicheren Betrieb. Niederspannungserkennung und thermischer Abschaltung innerhalb des Chips schützen das Modul weitgehend vor Beschädigungen.

Die Montage der Platine erfolgt über 3 mm Befestigungslöcher, sodass auch ein mechanisch stabiler Aufbau ermöglicht wird.

Abbildung 5.12: Motortreiber-Modul TBB6612

5.13 PWM und Servo-Modul

Für die Ansteuerung einer größeren Anzahl von Servos steht das PCA9685-Modul zur Verfügung. Das Herz des Moduls ist ein 16-Kanal-12-Bit-I2C-Bus-PWM-Treiber. Es unterstützt die unabhängige Steuerung von bis zu sechzehn PWM-Ausgängen über einen 4-Draht-I^2C-Port. Über farbig codierte Ports können Standardservos oder andere PWM-codierte Geräte angesteuert werden. Folgende Schnittstellen stehen zur Verfügung:

- PWM-Ausgangsanschlüsse: 3-farbig codiert:
  - schwarz: GND
  - rot: +5V
  - gelb: Signal

- I2C-Port: 4-Draht-I2C-Port
  - Parallele Verwendung möglich
  - Kompatibel mit 3,3 V / 5,5 V

- PWM-Leistungseingang: Eingangsspannung max. 12 V

- LED-Betriebsanzeige für den Chip und für die PWM-Leistungsaufnahme

Abbildung 5.13: 16-Kanal PWM-Treiber-Module

Jeder PWM-Ausgang verfügt über einen eigenen PWM-Controller mit fester Frequenz und 12 Bit Auflösung (4096 Schritte). Die frei programmierbare PWM-Frequenz kann zwischen 24 Hz bis 1526 Hz eingestellt werden. Das Taktverhältnis ist für jeden Kanal individuell auf Werte zwischen 0 % bis 100 % wählbar. Die PWM-Grundfrequenz ist für alle Ausgänge identisch. Da die Servosteuerung mit einer Auflösung von bis zu 12 Bit für jeden Ausgang erfolgt, können die Servos mit einer Aktualisierungsrate von 60 Hz und mit Zeitauflösungen von etwa 4 µs angesteuert werden. Dadurch ist eine sehr präzise Positionierung möglich. Zudem wird Servoflattern aufgrund von Signaljitter weitestgehend vermieden.

Durch den Einsatz des PCA9685 können mit nur 2 Pins bis zu 16 Servos betrieben werden. Dadurch kann die Anzahl der belegten I/O-Pins am verwendeten Controller erheblich reduziert werden. Über die Einstellung der I^2C-Adressen sind bis zu 62 Treiberplatinen parallel anschließbar. Insgesamt wären damit bis zu 992 Servos ansteuerbar. Die Einstellung erfolgt über einzelne Lötbrücken (sog. Wischverbinder):

Abbildung 5.14: Einstellung der I^2C-Adresse

In den meisten Fällen wird mit nur einer Platine pro Roboter gearbeitet. Daher ist eine Veränderung an den Wischverbindern nicht erforderlich. Gegebenenfalls kann die Adresse aber über das Schließen einzelnen Verbindungen angepasst werden.

Die Platine kann mit max. 12 V über eine externe Stromversorgung betrieben werden. Die folgende Tabelle fasst abschließend die technischen Daten des Moduls zusammen:

- Frequenz: 40-1000Hz
- Kanalnummer: 16 Kanal
- Auflösung: 12 Bit
- Spannung: DC 12 V (max.)
- Größe: 74 x 32 mm

5.14 Das Robot-HATs-Modul für den Raspberry Pi

Das Robot-HATS-Modul ist ein spezieller HAT für alle Raspberry Pi-Versionen mit einer 40-Pin I/O-Steckerleiste, d. h. für Raspberry Pi:

- Modell B+,
- 2 Modell B
- 3 Modell B

Das Modul ist in der Lage, den Raspberry Pi über die GPIO-Anschlüsse mit Strom zu versorgen. Durch eine eingebaute Schutzdiode kann der Raspberry Pi sowohl über die USB-Buchse als auch über den DC-Anschluss des Moduls versorgt werden. Bei gleichzeitigem Anschluss beider Spannungsquellen ist die SD-Karte zudem vor Beschädigung aufgrund nachlassender Akkuspannung geschützt.

Abbildung 5.15: Das Robot-HATS-Modul

Als zentralen Steuerchip verwendet dass Modul den PCF8591. Dieser stellt auch ADC-Kanäle zur Verfügung. Die Kommunikation zwischen dem HATS-Modul und dem Raspberry Pi erfolgt über den I²C-Bus mit der Adresse 0x48. Das Modul stellt die folgenden Anschlüsse zur Verfügung:

- Digitale Anschlüsse:
  - 3-Draht-Digitalsensoranschlüsse,
  - Signalspannung: 3,3 V - VCC-Spannung: 3,3 V

- Analoge Anschlüsse:
  - 3-Draht 4-Kanal 8-Bit-ADC-Sensoranschluss
  - Referenzspannung: 3,3 V - VCC-Spannung: 3,3 V

- I2C-Ports: 3,3 V I2C-Busport

- 5 V Ausgangsspannung für PWM-Treiber.

- UART-Anschluss: 4-Draht-UART-Anschluss, 5 V VCC

- TB6612-Motorsteueranschlüsse:
  - einschließlich 3,3 V für den TB6612-Chip,
  - 5 V für Motoren und Richtungssteuerung der Motoren MA und MB
  - Direkter Anschluss für die TB6612-Motortreibereinheit

- Schiebeschalter als Hauptschalter für die Stromversorgung

- Betriebsanzeigen:
  - Anzeige der Spannung: 2 LEDS an: U_batt > 7,9 V
  - 1 LED an: U_batt = 7,9 V ~ 7,4 V;
  - keine LED an: u_batt <7,4 V.

- Stromanschluss: 5,5 / 2,1-mm-Standard-DC-Anschluss,
  - Eingangsspannung: 8,4 ~ 7,4 V

Um angeschlossene Akkus vor Tiefentladung zu schützen, wird empfohlen, diese zum Laden herauszunehmen, sobald keine der beiden Betriebsanzeige-LEDS mehr dauerhaft leuchtet. Allerdings wird die Akkuspannung nur über einfache Komparatorschaltungen gemessen. Die erkannte Spannung kann abhängig von der Akkubelastung allerdings kurzfristig einbrechen, sodass die Anzeige nur als grobe Referenz dient.

Kapitel 6 • Elektrische Einheiten und Aktoren

Zu den grundlegenden Funktionen in der Robotik gehört die mechanische Bewegung, insbesondere auch die Fortbewegung. Hier kommt überwiegend elektrische Antriebstechnik zum Einsatz. Diese kann in die folgenden Technologien eingeteilt werden:

1. Gleichstrom oder DC-Motoren (für engl. Direct Current)
    a. mit Kohlenbürsten
    b. bürstenlose DC-Motoren
2. Schrittmotoren
3. Servo-Motoren

Bürstenlose DC-Motoren haben vielfältige Anwendungen gefunden. Genau betrachtet, handelt es sich dabei jedoch nicht um Gleichstrommotoren. Da die Gleichspannung für den Betrieb von bürstenlosen Motoren in drei phasenverschobene Wechselspannungen zerlegt wird, gehört diese Variante eigentlich zu den Drehstromantrieben. Aus diesem Grunde ist hier auch ein ganz spezieller Motorcontroller erforderlich. Diese Technik ist zwar im Modellbau bereits weit verbreitet, findet aber bei Roboterantrieben im Eigenbaubereich kaum Verwendung. Deshalb wird sie hier nicht weiter betrachtet. Die anderen Motorarten sollen im Folgenden näher betrachtet werden.

6.1 Gleichstrom- und Getriebemotoren

Die einfachste elektrische Motorvariante ist der klassische Gleichstrommotor. Dieser Typ ist gut als Antrieb geeignet, weil seine Drehzahl über die anliegende Spannung eingestellt werden kann. Die Drehzahlen liegen im Bereich von mehreren 1000 Umdrehungen pro Minute. DC-Antriebsmotoren werden daher in der Robotik meist in Form von Getriebemotoren eingesetzt. Typische Untersetzungsverhältnisse sind 1:50 bis 1:100. Damit ergeben sich Nutzdrehzahlen von ca. 100 bis 200 Upm (Umdrehungen pro Minute). Ein wichtiger Vorteil der Untersetzung ist zudem, dass sich das Drehmoment entscheidend verbessert.

Ein weit verbreiteter Getriebemotor ist der Typ F130SA. Seine technischen Daten sind in der folgenden Tabelle zusammengefasst:

Nennspannung:	4,5 ... 6 V
Leerlaufstrom:	ca. 80 mA
Leerlaufdrehzahl:	ca. 10000 Upm (Motor ohne Getriebe)
Getriebeübersetzung:	1:48
Leerlaufdrehzahl	ca. 200 Upm (an der Achse)
Stromaufnahme:	180 mA (unter Belastung)
Maximalstrom:	ca. 250 mA

Abbildung 6.1: Getriebemotor

6.2 PWM-Steuerung

Die Drehzahlkontrolle über die Versorgungsspannung eines DC-Motors erfolgt meist mit Hilfe einer Pulsweitensteuerung bzw. Pulsweitenmodulation. An den digitalen Ausgängen eines Mikrocontrollers können nur entweder ein High-Pegel (in der Regel 5 oder 3,3 V) oder ein Low-Pegel mit 0 Volt anliegen. Echte integrierten D/A-Wandler mit analogen Ausgängen sind bei den meisten Controllern nicht vorhanden. Zudem wären echte Analogspannungen ohnehin nicht gut für eine Motorsteuerung geeignet. Die erforderlichen Treiber würden bei kleinen Drehzahlen hohe Verluste aufweisen, da die dort abfallenden Leistungen in Wärme umgewandelt werden.

Die Pulsweitenmodulation vermeidet diesen Nachteil. Viele elektrische Verbraucher wie eben auch Gleichstrommotoren reagieren so träge, dass ein schnelles Ein- und Ausschalten einer Spannung für sie die gleichen Effekt hat wie eine reduzierte Konstantspannung. Die folgende Abbildung verdeutlicht das Prinzip.

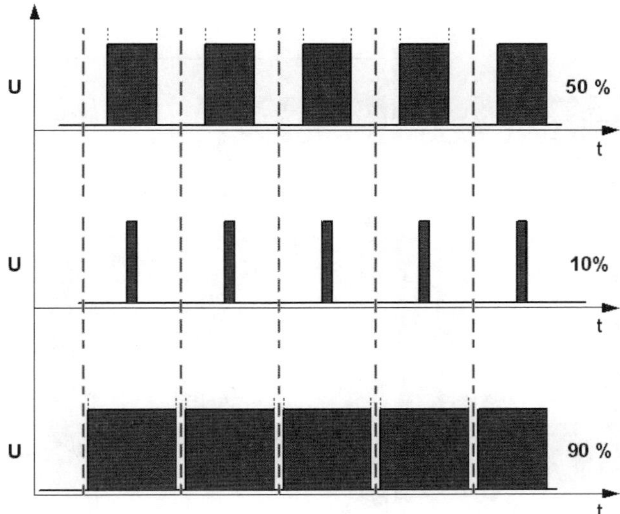

Abbildung 6.2: Pulsweitenmodulation

Ist die Versorgungsspannung nur zu 50 % der Betriebszeit eingeschaltet, bedeutet dies, dass am Motor nur die halbe elektrische Leistung umgesetzt wird. Der Motor läuft entsprechend langsamer. Gleiches gilt für andere Taktverhältnisse. Neben der geringen Verlustleistung in den Treibern hat die PWM den weiteren Vorteil, dass die angesteuerten Motoren auch bei niedrigen Drehzahlen ein hohes Drehmoment entwickeln, da für kurze Zeit immer die volle Versorgungsspannung zur Verfügung steht.

Leistungstreiber wie der L293, der L298 oder das Robot-HATs-Modul können daher sehr effektiv mit PWM-Signalen angesteuert und insbesondere Getriebemotoren auf diese Weise sehr präzise und exakt betrieben werden.

6.3 Stepper

Schrittmotoren lassen sich sehr präzise positionieren und eignen sich so hervorragend für Einsätze im Bereich der Robotertechnik. Sowohl bei der Positionierung von Sensoren, in Roboterarmen als auch in Fahrzeugantrieben kommen sie häufig zum Einsatz. Die Ansteuerung von Schrittmotoren bzw. "Steppern" ist allerdings etwas aufwändiger als der Betrieb eines DC-Motors. Schrittmotoren weisen mindestens vier Anschlüsse auf. Die Anzahl der Anschlüsse hängt von der Bauart ab. Grundsätzlich kann man zwei Motortypen unterscheiden:

- bipolare Motoren
- unipolare Motoren

Unipolare Motoren haben bis zu sechs Anschlüsse. Bipolare Schrittmotoren dagegen besitzen zwei Spulen mit jeweils zwei getrennten Anschlüssen. Dazu kommt eventuell noch eine Mittelanzapfung pro Spule. Damit ergeben sich insgesamt vier oder fünf Anschlüsse. Die folgende Abbildung zeigt den internen Aufbau eines solchen Motors.

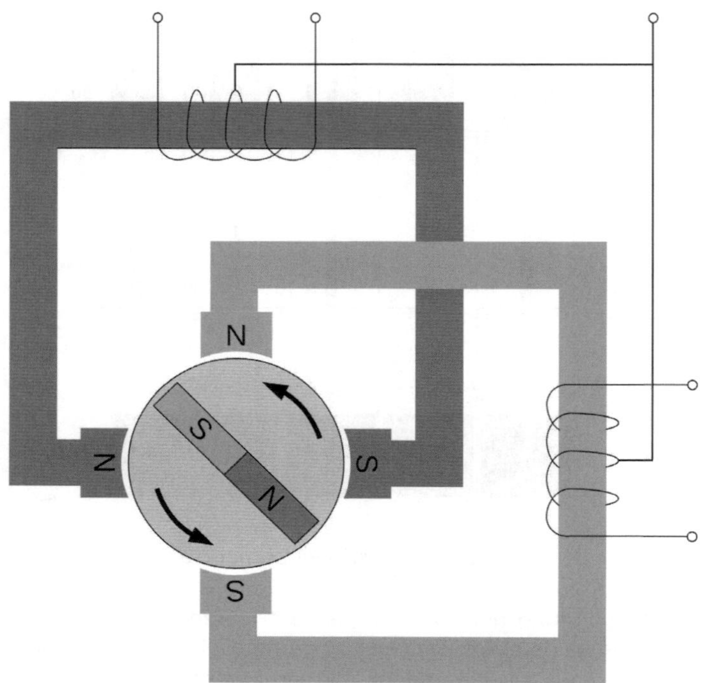

Abbildung 6.3: Aufbau eines Schrittmotors

Für den Betrieb des Motors werden die einzelnen Spulen sequentiell angesteuert. Auf diese Weise wird ein sogenanntes Drehfeld erzeugt. Diese Aufgabe kann problemlos von einen Mikrocontroller übernommen werden. Die elektrische Leistung eines Mikrocontroller-Ausgangs reicht bei größeren Motoren allerdings nicht aus, um die Spulen direkt anzusteuern. Die Stromaufnahme eines Schrittmotors liegt typischerweise bei mehreren 100 mA. Daher ist ein sogenannter Stepper-Treiber erforderlich. Für kleinere Leistungen wird häufig der Baustein ULN2003 APG eingesetzt.

Für die Ansteuerung des Schrittmotors muss der Mikrocontroller eine 4-stellige Bitfolge ausgeben, um den Motor an seinen 4 Anschlüssen kontinuierlich mit einem elektrischen Drehfeld zu versorgen. Die erforderliche Signalabfolge sieht so aus:

Schritt	**A**	**B**	**C**	**D**
1	1	0	1	0
2	0	1	1	0
3	0	1	0	1
4	1	0	0	1

Bei jeder Änderung der Portzustände bewegt sich der Schrittmotor um einen Schritt vorwärts. Für eine kontinuierliche Motordrehung wird diese Schrittabfolge in eine Schleife eingebunden. Der Schleifenindex gibt dann die Zahl der Schritte an. Mit dieser Methode kann mit hoher Präzision festgelegt werden, wie weit sich ein Schrittmotor dreht. Da die Anzahl der Schritte für eine volle Umdrehung bekannt ist, kann so natürlich auch berechnet werden, wie viele Schritte eine Programmschleife enthalten muss, um eine bestimme Anzahl von Motorumdrehungen zu erreichen.

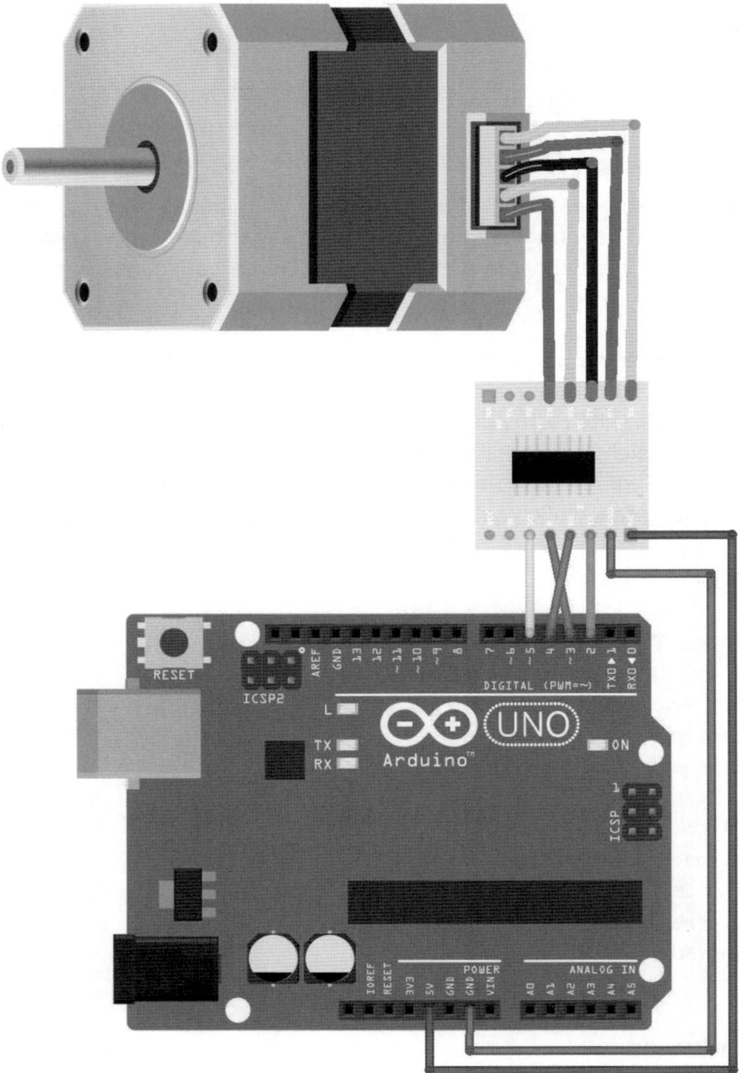

Abbildung 6.4: Schrittmotor am Arduino

Ein Schrittmotor bewegt sich nur, wenn sich die das Bitmuster an den Steuerports ändert, ansonsten sorgt das Haltemoment dafür, dass er sich nicht weiter bewegt.

Die folgende Tabelle zeigt, wie ein ULN-Motortreiber-Modul mit dem Arduino zu verbinden ist.

Arduino-Pin	Modul-Pin	Bemerkung
5V	"+"	Externe Spannung bis maximal 12 V möglich
GND	"-"	Extern GND
D02	IN4	
D03	IN2	
D04	IN3	
D05	IN1	

Schrittmotoren mit Getriebe entwickeln bereits bei 5 V ein hohes Drehmoment. Durch Anschluss einer höheren Spannung kann die Motorkraft sogar noch weiter gesteigert werden. An die mit "+" und "-" bezeichneten Anschlüsse des Treiberbausteins dürfen bis zu 12 Volt angelegt werden.

Das Getriebe erlaubt zudem sehr feine Schritte. Eine volle Umdrehung der Antriebswelle kann bis zu 2048 Einzelschritte oder mehr erfordern. Daraus ergibt sich natürlich der Nachteil, dass man nur eine relativ geringe maximale Drehgeschwindigkeit erreichen kann. In einem ersten Beispiel-Sketch soll der Motor genau 2048 Schritte in eine Richtung und anschließend in die Gegenrichtung ausführen. Man kann sich so davon überzeugen, dass eine volle Umdrehung tatsächlich aus 2048 Schritten besteht.

```
// Stepper_test.ino

#include <Stepper.h>
const int stepsPerRev = 32;
Stepper myStepper(stepsPerRev, 2, 3, 4, 5);
void setup()
{ myStepper.setSpeed(500);
}
void loop()
{ myStepper.step(2048);
  delay(500);
  myStepper.step(-2048);
  delay(500);
}
```

6.4 Einzelschrittmodus

Gleichstrommotoren sind nicht sehr präzise steuerbar. Soll z. B. eine Modellbahn-Lokomotive vorbildgetreu anfahren, ist erheblicher Aufwand erforderlich. Auch in der Robotertechnik müssen Motoren oftmals langsam und ohne Ruckeln arbeiten. Hier können Schrittmotoren ihre Vorteile ausspielen, da sie problemlos auch mit sehr geringen Rotationsgeschwindigkeiten arbeiten. Im folgenden Sketch werden die verschiedenen Drehzahlbereiche eines Schrittmotors demonstriert:

```
// Stepper_speed.ino

#include <Stepper.h>
const int stepsPerRev = 32;
Stepper myStepper(stepsPerRev, 2, 3, 4, 5);
int motorSpeed;

void setup() {}

void loop()
{ motorSpeed = 1000;    // Range: 1...1000 - slow...fast
  myStepper.setSpeed(motorSpeed);
  myStepper.step(2048);
  delay(500);

  motorSpeed = 300;     // Range: 1...1000 - slow...fast
  myStepper.setSpeed(motorSpeed);
  myStepper.step(2048);
  delay(500);

  motorSpeed = 10;      // Range: 1...1000 - slow...fast
  myStepper.setSpeed(motorSpeed);
  myStepper.step(30);
  delay(500);

  motorSpeed = 1;       // Range: 1...1000 - slow...fast
  myStepper.setSpeed(motorSpeed);
  myStepper.step(10);
  delay(500);
}
```

Der Stepper startet mit hoher Drehzahl und führt eine volle Umdrehung aus. Dann wird die Drehzahl auf ca. 30 % reduziert. Schließlich wird die Drehzahl auf 1/100 des Maximalwerts gesetzt. Der Motor bewegt sich nun etwa mit der Geschwindigkeit eines Sekundenzeigers. Im letzten Modus wird die Geschwindigkeit nochmals um eine Faktor 10 reduziert. Die Bewegung des Motors ist kaum mehr erkennbar. Trotzdem wird präzise ein Schritt nach dem andern ausgeführt.

In Abschnitt 12.10 wird ein Roboter mit Stepper-Motorantrieb vorgestellt. Dort wird auch gezeigt, wie man durch das präzise Abzählen der Einzelschritte sehr exakt ein vorgegebenes Muster abfahren kann.

6.5 Präzise gesteuerte Motorkraft: Der Servo

Neben Schrittmotoren sind auch sogenannte Servos zur präzisen Steuerung von Robotersystemen gut geeignet. Sie kommen immer dann zum Einsatz, wenn präzise Positionierungen erforderlich sind. Ein typischer Anwendungsfall ist das Ausrichten eines Sensors. Aber auch in Roboter-Armen werden häufig Servos verwendet. Ihr Funktionsprinzip unterscheidet sich allerdings recht deutlich von dem eines Schrittmotors.

Im Gegensatz zum Stepper besteht ein Servo aus einer Elektronikeinheit zur Auswertung des Steuersignals, einem Gleichstrommotor und einem Potentiometer. Über das Potentiometers wird die aktuelle Position der Drehachse des Motors bestimmt. Die Servo-Elektronik vergleicht das Steuersignal des Servos kontinuierlich mit der aktuellen Position des Motors. So ergibt sich Regelkreis, der eine sehr genaue Steuerung des Servos ermöglicht.

Servos werden häufig im Modellbau verwendet. In praktisch allen ferngelenkten Flug- oder Schiffsmodellen, aber auch in Landfahrzeugen können alle Steueraufgaben damit erledigt werden. In der Robotertechnik hat die Servotechnologie darüber hinaus in letzter Zeit ein hochinteressantes neues Anwendungsgebiet erobert.

Modellbauservos werden über spezielle, weitgehend genormte Signale gesteuert. Die verwendete Signalform ist ein Spezialfall des bereits bekannten PWM-Verfahrens. Hier steuert die zeitliche Länge eines Einzelpulses die Servoposition. Die Grundfrequenz des Signals beträgt üblicherweise etwa 50 Hertz. Dies entspricht einer Periodendauer von 20 ms. Dieser Wert muss jedoch nicht sehr genau eingehalten werden. Die eigentliche Information ist in der Pulsweite des Eingangssignals enthalten. Diese darf minimal eine und maximal zwei Millisekunden betragen. Bei diesen Werten werden die Maximalausschläge erreicht. Die Mittelstellung eines Servos wird bei einer Pulslänge von 1,5 ms angefahren. Allerdings weichen einige Hersteller auch von diesen Normwerten ab. In diesem Fall muss man die Pulsdauern entsprechend anpassen.

Auch die Drehrichtung eines Modellbauservos ist nicht herstellerunabhängig festgelegt. Viele Servos drehen bei kürzer werdenden Pulsen nach links, bei längeren nach rechts. Bei einigen Herstellern ist die Drehrichtung jedoch entgegengesetzt.

Die folgende Abbildung zeigt die Pulsdiagramme für Standardservos und die zugehörigen Stellungen des Servoarms.

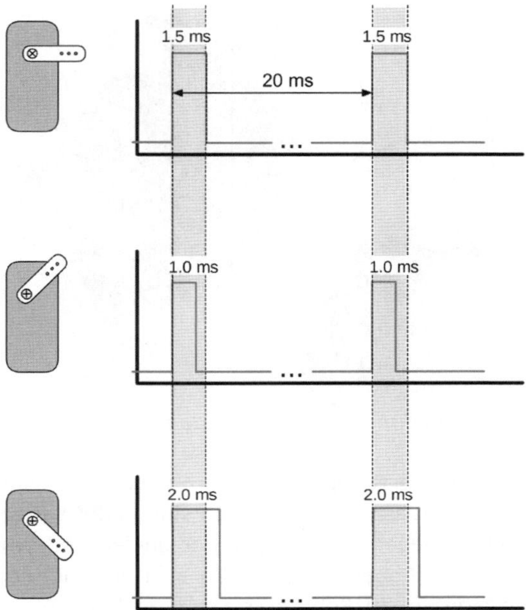

Abbildung 6.5: Steuersignale für Servos

Idealerweise sollten Servos mit einer separaten Versorgungsspannung betrieben werden. Natürlich müssen in diesem Fall die Ground-Leitung des Controllers und des Servos elektrisch verbunden werden.

Werden Servo und Controller aus der gleichen Spannungsquelle versorgt, dann kann es zu Störungen kommen. Ein Zittern des Servoarms oder das Anfahren von extremen Servoarmpositionen sind Hinweise auf eine unzureichende Spannungsversorgung. Wenn diese Phänomene auftreten, sollte man über getrennte Spannungen nachdenken. Kleinere Servos können allerdings meist problemlos mit der Controller-Spannung betrieben werden.

Die Anschlussleitungen handelsüblicher Servos sind folgendermaßen belegt und farblich codiert:

Anschluss	**Farbcodierung**
GND	braun oder schwarz
Positive Versorgungsspannung (meist +5V...+6V)	rot
Signal	Orange oder weiß (selten auch andere Farbe)

Servomotoren sollten nicht zu weit ausgesteuert werden. Einige Typen verfügen nur über einen Stellbereich von bis zu +/- 45° relativ zur Mittelposition. Wird ein Servo über seinen maximalen Stellbereich hinaus betrieben, so kann er beschädigt werden.

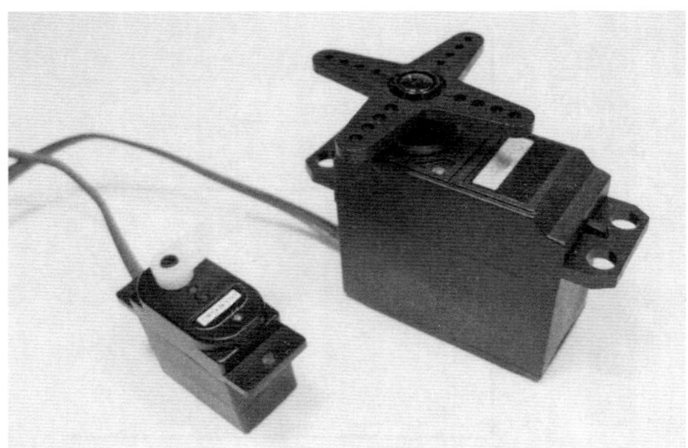

Abbildung 6.6: Verschiedene Servos

Die Abbildung zeigt verschiedene Servotypen. Mikroservos zeichnen sich durch ihre extrem kompakte Bauart aus. Hochlastservos dagegen sind in der Lage, sehr hohe Stellkräfte zu erzeugen. Standardservos liegen in der Mitte der beiden anderen Varianten. Vor dem Einsatz eines Servos in einem Roboter muss man sich also überlegen, wie groß die zu erwartenden Kräfte sein werden. In Roboterarmen oder bei größeren Hexapods können bereits recht erhebliche Kräfte bzw. Drehmomente erforderlich sein. Hier sind häufig Hochlastservos zu finden. Sind dagegen lediglich Kameras oder Sensoren zu bewegen, kommt man meist mit Mikroservos aus. Diese haben neben dem deutlich günstigeren Preis auch den Vorteil der kleinen Baugröße und des geringen Gewichts.

6.6 Servomotoren im Griff: Die Servo-Bibliothek

Über die Servo-Bibliothek können mehrere Servos an einem Controller betrieben werden. Nach dem Einbinden der Bibliothek über

```
#include <Servo.h>
```

kann mit der Anweisung

```
Servo myservo;
```

ein neues Servos-Objekt erzeugt werden. Der zugehörige PIN wird mit

```
myservo.attach(PIN);
```

festgelegt. Mit der Anweisung

```
myservo.write(ServoPos);
```

kann die gewünschte Servo-Position "ServoPos" angefahren werden. Die Werte für ServoPos können zwischen 0 und 180 liegen. Um Beschädigungen zu vermeiden, sollten in der Praxis jedoch nur Werte zwischen 45 und 135 verwendet werden.

Die folgende Abbildung zeigt das Signal, das auf diese Weise erzeugt wird:

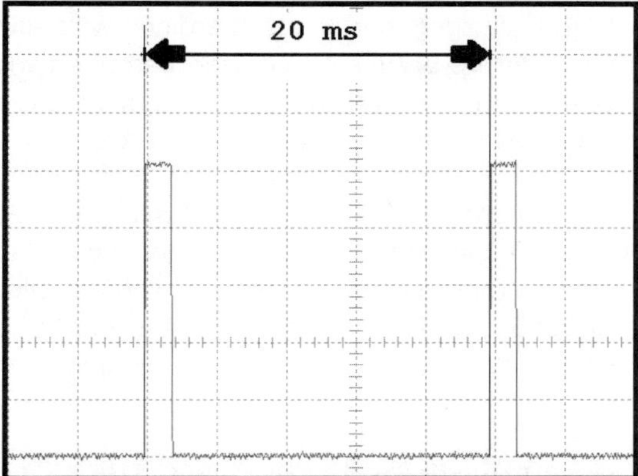

Abbildung 6.7: Servosignal

Mit dem folgenden Sketch kann ein an den Arduino angeschlossener Servo getestet werden (s. a. Downloadpaket):

```
// ServoTest.ino
// UNO @ IDE 1.8.5

#include <Servo.h>

#define minPos 45
#define maxPos 135

Servo myservo;

int pos = 0;

void setup()
{ myservo.attach(9);
}

void loop()
{ for (pos = minPos; pos <= maxPos; pos += 1)
  { myservo.write(pos);
    delay(10);
  }
  for (pos = maxPos; pos >= minPos; pos -= 1)
  {  myservo.write(pos);
    delay(15);
  }
}
```

6.7 Servos am Raspberry Pi

Prinzipiell kann der Raspberry Pi Servos auch direkt ansteuern, indem ein geeignetes PWM-Signal auf einen I/O-Pin ausgegeben wird. Allerdings wird dieses Verfahren schnell problematisch, wenn man mehrere Servos gleichzeitig betreiben will. Da beim Raspberry zudem immer das Betriebssystem im Hintergrund aktiv ist, kann es zu Störungen kommen, wenn dieses die Ressourcen des Controllers stark beansprucht.

Deshalb empfiehlt es sich, ein spezielles Treiber-Board mit einem PWM-Baustein wie beispielsweise dem PCA9685 am Raspberry Pi anzuschließen. Dann können über den I^2C-Bus nahezu beliebig viele Servomotoren separat gesteuert werden. Die Abbildung 5.13 zeigt zwei Varianten eines PCA9685-Boards. Die eine wird über ein Kabel mit dem Raspberry verbunden (links), die andere kann direkt als HAT auf die Pinleiste des Pi aufgesteckt werden.

In Projekten wie etwa einem Roboterarm (s. Abschnitt 14) ist ein solches Treiberboard für mehrere Servomotoren zwingend erforderlich, da die Servos einen vergleichsweise hohen Strombedarf aufweisen. Aber auch in Roboterfahrzeugen wie etwa dem Pi Car kommt eine eigene Servo-Treiber-Platine zum Einsatz. Bei den Treiberplatinen kann eine separate Spannungsquelle angeschlossen werden, so dass der Raspberry nicht mit den hohen Versorgungsströmem für die Servos belastet wird. Dabei muss darauf geachtet werden, dass ausreichend Leistungsreserven für alle Motoren vorhanden sind.
Sind in einem Roboterarm also beispielsweise sechs Motoren gleichzeitig aktiv und geht man von einem Servostrom von bis zu ca. 500 mA pro Motor aus, muss mit Strömen von bis zu 3 A gerechnet werden. Nur wenn sichergestellt ist, dass niemals alle sechs Servomotoren gleichzeitig laufen, kann man auch auf eine Stromversorgung mit geringerer Stromstärke zurückgreifen.

Die Standard-Adresse der Treiber-Platinen lautet entweder

0x40 (Alle Wischverbinder offen) oder
0x41

Sollen mehrere Boards an einem Pi verwendet werden, muss jedes eine eigene Adresse erhalten. Dafür sind die entsprechenden Wischverbinder zu schließen. Weitere Details zum I^2C-Bus finden sich im Anhang (Abschnitt 20). Prinzipiell könnten bis zu 2^6 (= 64) Boards mit einem Pi angesteuert werden. Da an jedes Boards bis zu 16 Servos angeschlossen werden können, sind auf diese Weise bis zu 1024 Servos von einem Raspberry Pi aus zu steuern. Das sollte auch für die komplexestem Roboter ausreichen.

Softwareseitig steht für die Treiberplatinen eine fertige Library zur Verfügung. Um diese verwenden zu können, muss zunächst der I^2C- Bus eingebunden werden:

```
sudo apt-get install build-essential python-dev python-smbus i2c-tools
python-pip --yes
```

Falls Python3 genutzt werden soll, so müssen die Paketnamen entsprechend angepasst werden. Dann wird über

```
sudo raspi-config
```

unter "Interfacing Options" -> "I2C" der Bus aktiviert. Nun kann geprüft werden, ob das Board erkannt wurde:

```
i2cdetect -y 1
```

Die Ausgabe liefert die Adresse des Boards. Falls die Adresspins geändert wurden, wird entsprechend eine andere Adressierung angezeigt. In diesem Fall müssen die Programme zu Servosteuerung angepasst werden.

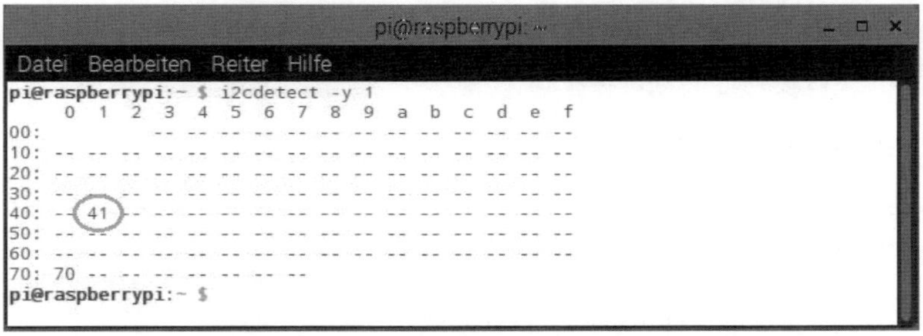

```
pi@raspberrypi:~ $ i2cdetect -y 1
     0  1  2  3  4  5  6  7  8  9  a  b  c  d  e  f
00:          -- -- -- -- -- -- -- -- -- -- -- -- --
10: -- -- -- -- -- -- -- -- -- -- -- -- -- -- -- --
20: -- -- -- -- -- -- -- -- -- -- -- -- -- -- -- --
30: -- -- -- -- -- -- -- -- -- -- -- -- -- -- -- --
40: -- 41 -- -- -- -- -- -- -- -- -- -- -- -- -- --
50: -- -- -- -- -- -- -- -- -- -- -- -- -- -- -- --
60: -- -- -- -- -- -- -- -- -- -- -- -- -- -- -- --
70: 70 -- -- -- -- -- -- --
pi@raspberrypi:~ $
```

Abbildung 6.8: I2C-Adresse des Servo-Boards

Nun muss noch der Python-Treiber für das Servo-Board installiert werden:

```
sudo pip install Adafruit-PCA9685
```

Das Servosignal wird hier wie folgt berechnet. Für einen High-Pegel von 0,5 ms (= 0,0005 s) Länge bei einer Pulswiederholfrequenz von 50 Hz muss der relative Wert auf:

```
50Hz * 0.0005s * 4096 = 102.4
```

gesetzt werden. Auch hier gelten natürlich wieder die üblichen Pulslängen von

- 0.5 ms – Servoposition 0°
- 1.0 ms – Servoposition 45°
- 1.5 ms – Servoposition 90°
- 2.0 ms – Servoposition 135°
- 2.5 ms – Servoposition 180°

Ebenfalls ist wieder zu beachten, dass nicht alle Servos von 0 bis 180° ausgesteuert werden können. Im Zweifelsfall sollte man den Winkelbereich also auf 45° ... 135°, bzw. 90° +/- 45° beschränken.

Mit dem folgenden Programm kann die Funktion des Servo-Boards getestet werden (s. A. Downloadpaket):

```
# servo_test.py
from __future__ import division
import time
import Adafruit_PCA9685

# select I2C adress
pwm = Adafruit_PCA9685.PCA9685(address=0x41)

# set PWM to 50 Hz
pwm.set_pwm_freq(50)

# set pulse length @ 50 Hz - 12 bit
pulse_length = 1000000 / 50  / 4096

# set servo positions
midPos = 1.5
minPos = 2
maxPos = 1

def set_servo_pulse(channel, pulse):
    pulse *= 1000
    pulse /= pulse_length
    pulse = int(round(pulse))
    pwm.set_pwm(channel, 0, pulse)

print("Staring Servo!")
print("For STOP use CTRL-C")
time.sleep(3)

while True:
    print("Servo Mid postion")
    set_servo_pulse(0,midPos)
    time.sleep(1)

    print("Servo Min postion")
    set_servo_pulse(0,minPos)
    time.sleep(1)

    print("Servo Max postion")
    set_servo_pulse(0,maxPos)
    time.sleep(1)

    print("=====================")
    print("                     ")
```

Das Beispiel setzt die definierten Min-, Mitte-, Max-Signale für den Servo auf Kanal 0, sodass dieser nacheinander alle Positionen durchläuft.

Kapitel 7 • Die Sinne der Roboter: Sensoren

Neben den Aktoren und Motoren zählen Sensoren zu den wichtigsten Einheiten in einem Robotersystem. Sie erlauben es, den Maschinen in gewissem Sinne zu sehen, zu hören und sogar zu riechen. Zudem können Sensoreinheiten auch beispielsweise Drehungen erfassen oder dazu beitragen, dass direkte Kollisionen von Roboterfahrzeugen vermieden werden. Es existieren sogar Messaufnehmer, die Umwelteinflüsse und Signale erfassen, für die der Mensch keine Sinne besitzt. So können etwa Infrarot- oder Ultraviolettsensoren Teile des optischen Spektrums wahrnehmen, die dem menschlichen Auge verborgen bleiben. Damit können Robots in gewissem Sinne sogar "übermenschliche" Sinneseindrücke sammeln. Infrarot-Kameras erlauben es beispielsweise, in der Dunkelheit zu sehen. Darüber hinaus können verschiedene Sensoren die Sinnesorgane mancher hochentwickelter Tiere nachbilden. Ein Beispiel hierfür sind Ultraschallwandler. Diese gestatten es entsprechend ausgerüsteten Roboter-Systemen, sich ähnlich zu orientieren wie Fledermäuse in einer dunklen Höhle (s. Kapitel 12.5) .

Um die von den Messwandlern erzeugten Signale verarbeiten zu können, ist meist eine Digitalisierung erforderlich. Hierfür kommen sogenannte Analog-Digitalkonverter (engl. **A**nalog **D**igital **C**onverter, ADC) zum Einsatz. Je nach Anwendungsfall werden verschiedene Anforderungen an diese Wandler gestellt. Für die unterschiedlichen Aufgaben wurden daher mehrere Verfahren entwickelt und implementiert. Die wichtigsten Verfahren sind in der folgenden Tabelle zusammengefasst:

Messverfahren	Funktionsprinzip	Vorteile	Nachteile	Anwendungen
Parallel- oder Flash-Wandler	Kaskadierte Komparatoren	sehr schnell	Teuer, hohe Leistungsaufnahme	Digitaloszilloskope Forschung
Sukzessive Approximation	Wägeverfahren	Schnell und präzise	Komplexer interner Aufbau	Mikrocontrollern, Standard-Komponenten
Single Slope oder Dual Slope	Zeiterfassung von Ladevorgängen	hohe Linearitäten	langsam	Messgerät und Multimeter
Delta-Sigma	Komparatoren und Logik-Steuerung	preisgünstig	langsam	Präzisions-messungen bis zu 24 Bit, Audiotechnik

Die Tabelle macht deutlich, dass alle Verfahren spezifische Vor- und Nachteile aufweisen. Das Verfahren der sukzessiven Approximation stellt aber einen guten Kompromiss für viele Anwendungen dar. Es wird daher in vielen Mikrocontrollern und insbesondere auch bei den im Arduino verwendeten AVR-Typen eingesetzt. Die im ATmega 328 (Arduino UNO) verwendeten ADCs zeichnen sich durch die folgenden Leistungsmerkmale aus:

Analogeingänge	6 (A0 bis A5)
Auflösung:	10 bit
Wandlungszeit	Max. 260 µs

7.1 Erfassung von Messwerten, Auflösung und Präzision

Das Einlesen von digitalen Signalen ist eine der einfachsten Möglichkeiten der Messwerterfassung. Jeder I/O-Pin eines modernen Mikrocontrollers kann binäre Spannungswerte erfassen (0 V oder 5 bzw. 3,3 V). Neben den digitalen Werten können viele Controller auch analoge Spannungswerte direkt messen, wenn sie über integrierte AD-Wandler verfügen. Zudem sind meist noch sogenannte Analogmultiplexer vorhanden. Diese erlauben dann die nahezu simultane Erfassung von 6, 8 oder sogar mehr analogen Kanälen. Hier liegt auch einer der Hauptvorteile des Arduinos gegenüber dem Raspberry Pi. Der Arduino UNO verfügt über sechs unabhängige Analogeingänge und kann damit ohne weitere periphere Bausteine Messwerte erfassen. Der Raspberry Pi dagegen bietet nur digitale Eingänge. Um analoge Spannungen zu messen, sind daher immer zusätzliche Komponenten wie etwa externe ADCs erforderlich.

In der Robotik sind ADCs unverzichtbar. Die meisten Sensoren liefern analoge Spannungswerte. Typische Beispiele sind Licht-, Abstands- oder Temperatursensoren. Aber auch Dehnungsmesstreifen oder mechanische Wegaufnehmer arbeiten mit analogen Ausgabewerten.

Bei der Auswahl von A/D-Convertern sind einige wichtige Parameter zu beachten. Die sogenannte Auflösung eines ADCs bestimmt die maximale Anzahl der Schritte, mit der das analoge Eingangssignal digitalisiert werden kann. Aufgrund von praktisch unvermeidlichen Fehlerquellen ist die Messpräzision eines ADCs jedoch geringer als seine theoretische Auflösung. Nichtlinearitäten und Abgleichfehler führen häufig zu zusätzlichen Abweichungen.

Die Wandlungsdauer bestimmt die Arbeitsgeschwindigkeit eines ADCs. Entscheidend ist hier das verwendete Digitalisierungsverfahren. Zu den schnellsten Verfahren gehört die Parallel- oder Flashwandlung (s. Tabelle). Die langsameren, integrierenden Methoden bieten dafür bei der Unterdrückung von Störeinkopplungen und bei der Messpräzision gewisse Vorteile. Die verfügbaren Auflösungen liegen zwischen einem und bis zu 24 Bit. Die durch die Digitalisierung entstehen Abweichungen zwischen dem tatsächlichen Messwert und dem Bit-Wert sind prinzipiell unvermeidlich und werden als Quantisierungsfehler bezeichnet.

Die folgende Abbildung zeigt, wie ein analoger Spannungsverlauf mit einem ADC digitalisiert wird. Der Wandler führt zu bestimmten Zeitpunkten t_n eine Spannungsmessung durch. Dieser Spannungswert wird dann in einen Digitalwert umgewandelt. Bei einer Auflösung von 10 bit und einer Referenzspannung von 5 V ergibt sich so für eine Spannung von beispielsweise 2,28 V ein abgerundeter digitaler Ergebniswert von Q = 466:

$$Q = 2{,}28\ V / 5\ V * 1023 = 466$$

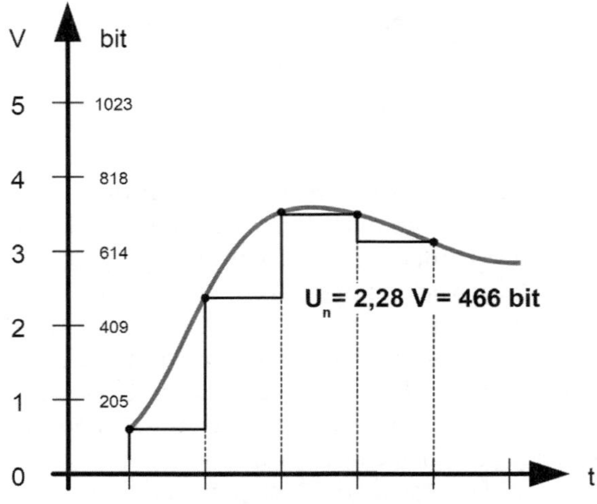

Abbildung 7.1: Erfassung analoger Messwerte

7.2 Der ADC im Einsatz: Erfassung einer Potentiometerspannung

Um die Funktionsweise eines ADCs zu überprüfen, kann die von einem Potentiometer erzeugte analoge Spannung erfasst und zu einem PC oder Laptop übertragen werden.

Als Messkanal dient der Analog-Eingang ADC0 eines Arduinos. Der folgende Sketch zeigt, wie die dort anliegenden Spannungswerte erfasst und in digitale Messwerte gewandelt werden können:

```
/// ADC_test.ino
// UNO @ IDE 1.8.5

int ADC0=0;
int value;

void setup()
{ Serial.begin(9600);
}

void loop()
{ value=analogRead(ADC0);
  Serial.print("ADC0 = ");
  Serial.println(value);
  delay(1000);
}
```

In der Hauptschleife des Sketches werden die Werte mit

```
value = analogRead(ADC0)
```

gemessen und mit

```
Serial.println(value);
```

zum PC übertragen.

Die folgenden Abbildung zeigt die zugehörige Schaltung. Das Potentiometer sollte einen Bahnwiderstand zwischen 10 und 100 kΩ besitzen.

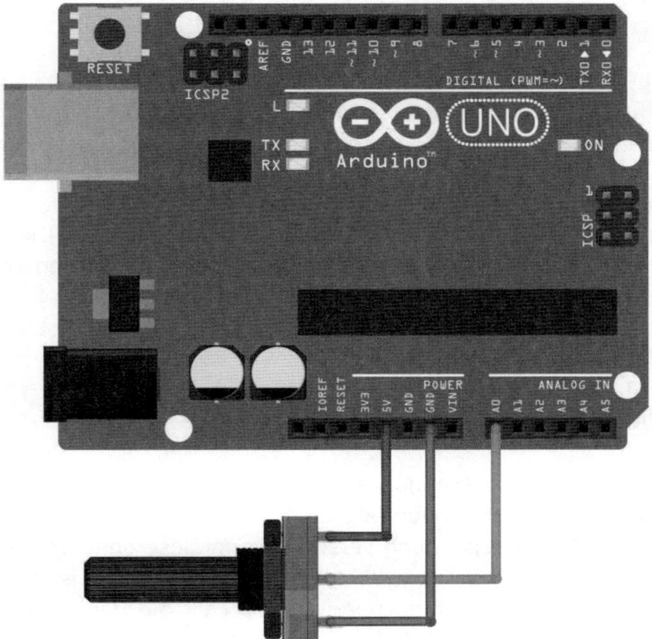

Abbildung 7.2: Aufbau zur Erfassung analoger Messwerte

Nach dem Laden des Programms und dem Starten des seriellen Monitors werden die Messwerte angezeigt:

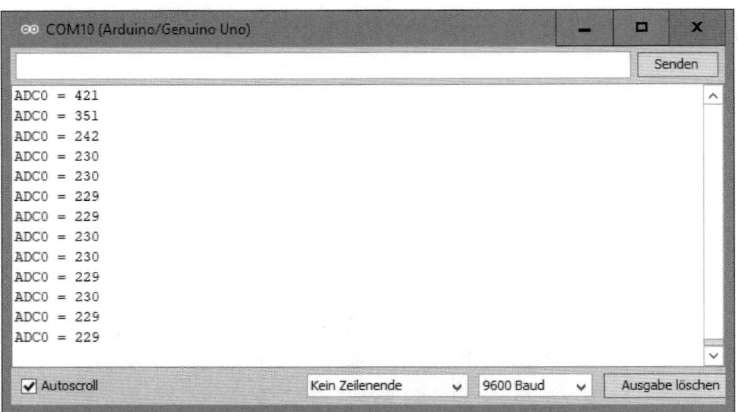

Abbildung 7.3: Darstellung der Messwerte im seriellen Monitor

7.3 Interne und externe Referenzspannungen

Viele Controller verfügen über mehrere Referenzspannungsvarianten. Diese legen die maximale Spannungen fest, welche direkt mit einem ADC erfasst werden können. Bei den AVR-Controllern des Arduinos sind die folgenden Optionen verfügbar:

DEFAULT: Voreingestellte Analogreferenz Vcc von 5 Volt
INTERNAL: Interne Referenz von1.1 Volt
EXTERNAL: AREF pin (0 bis 5 V) als Referenz

Besonders wichtig sind Referenzspannungen, wenn die Versorgungsspannung nicht stabil ist. Dann sollte immer eine interne oder externe Referenz verwendet werden. Wird der Mikrocontroller mit einer Batteriespannung versorgt, kann diese ohne Vorwarnung ausfallen und der damit ausgerüstete Roboter verweigert seinen dienst. Es ist daher sinnvoll, die Versorgungsspannung kontinuierlich zu überwachen. Fällt die Versorgungsspannung des Controllers unter einen kritischen Wert, kann über eine LED ein Vorwarnsignal ausgeben werden. Alternativ können auch spezielle Displays für die Anzeige der Versorgungsspannung eingesetzt werden (s. Abschnitt 9.5).

Wenn die Referenzspannung des Wandlers allerdings ebenfalls die Versorgungsspannung wäre, würde der AD-Converter, unabhängig von der tatsächlichen Spannung, jedoch immer den Wert 1023 ausgeben, da Messspannung und Referenz im gleichem Maße abnehmen.

Mit einer internen Referenzspannung kann diese Problem gelöst werden. Wird diese als Referenz ausgewählt, kann man die Versorgungsspannung an einen ADC-Eingang anlegen und mit der folgenden Gleichung deren Wert berechnen:

```
V_CC = 1100 / 1023 * WERT_ADC
```

Der so erhaltene Messwert ist unabhängig von der Versorgungsspannung des Controllers und die externe Batteriespannung kann exakt und in absoluten Werten erfasst werden.

7.4 Spannungsteiler für höhere Eingangsspannungen

Ohne äußere Beschaltung lassen sich mit einem Arduino-ADC nur Spannungen von maximal 5 V messen. Bei Verwendung der internen Spannungsreferenz sogar nur 1,1 V. Mit einem Spannungsteiler kann der Messbereich aber erweitert werden.

Die 1,1-V-Referenz ist vorteilhaft, wenn externe Spannungen gemessen werden sollen. Ansonsten würde man keine genauen Messwerte erhalten, da die Versorgungsspannung in relativ weiten Grenzen schwanken kann.

Die Verwendung der Versorgungsspannung kann allerdings auch Vorteile haben. So gibt es beispielsweise Sensoren, deren Ausgangswert nicht nur zum eigentlichen Messwert, sondern auch zu ihrer Versorgungsspannung proportional ist. Wenn in diesem Falle der Sensor mit der Betriebsspannung des Controllers versorgt wird, kann erreicht werden, dass Schwankungen der Versorgungsspannung keinen Einfluss auf das Messergebnis haben.
Bei Messung von absoluten Spannungswerten wird dagegen die interne Spannungsreferenz verwendet. Dies erfolgt durch die Anweisung

```
analogReference(INTERNAL);
```

Damit steht ein stabiler Bezugswert zur Verfügung. Die interne Referenzspannung kann laut Datenblatt zwischen 1.0 und 1.2 V liegen. Die Fehlertoleranz von ± 10% ist zwar relativ groß, dafür ist die tatsächliche Spannung sehr stabil und variiert kaum bei Schwankungen der Versorgungsspannung oder Temperaturänderungen. Wenn man noch größere Präzision benötigt, so muss man auf eine externe Spannungsreferenz ausweichen. Diese ist an den Pin AREF zu anzuschließen und wird über

```
analogReference(EXTERNAL);
```

aktiviert.

Die folgende Abbildung zeigt eine Schaltung zur Reduktion hoher Eingangsspannungen. Ein Spannungsteiler aus einem 1 Megaohm- (oben) und einem 22 Kiloohm-Widerstand (unten) erweitert den Messbereich bereits auf bis 51,1 V.

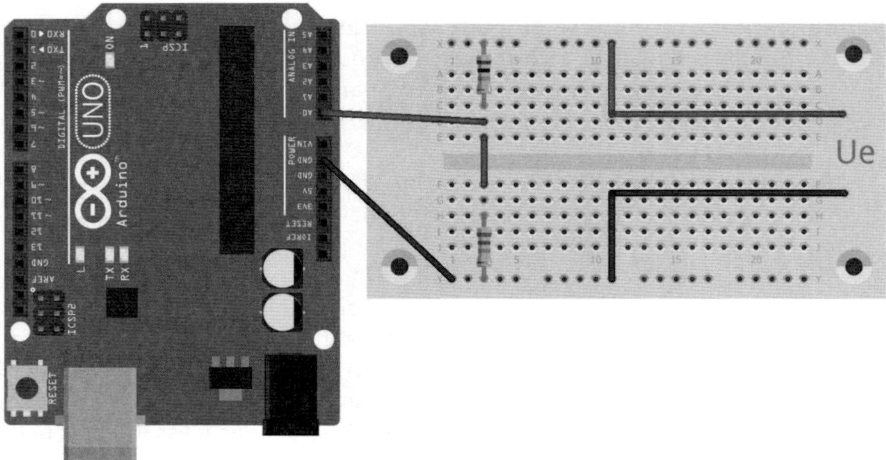

Abbildung 7.4: Erweiterung des ADC-Messbereichs

In der Robotertechnik kommen selten höhere Spannungen als 50 V vor. Diese dürfen zudem nur mit Messgeräten, welche über die entsprechende Sicherheitsklasse verfügen, erfasst werden. Ein Messbereich bis 50 V ist daher meist vollkommen ausreichend. Beachten sie dazu trotzdem die folgende Warnung:

Spannungen größer als 50 V können unter besonderen Umständen bereits lebensgefährlich sein.

Das Teilungsverhältnis berechnet sich für die gegebenen Widerstände zu

```
Ua = R1/(R1+R2) = 22 kΩ / 1022 kΩ = 0,0215
```

Eine Eingangsspannung von 50 V wird nun also auf 1,076 V reduziert und kann damit mit der internen Referenz gemessen werden.

Der Einfluss des Spannungsteilers ist natürlich in der Software zu berücksichtigen. Hierfür ist der Kalibrationsfaktor cal zuständig. Hier geht zum einen der Faktor aus dem Spannungsteiler ein, zum andern wurde hier ein weiterer Faktor (im Beispielsketch 0,94) mit einbezogen, welcher die Toleranzeinflüsse aus der Referenzspannungsquelle und die Widerstandstoleranzen berücksichtigt.

Als zusätzlichen Schutz gegen Überlastung können die Schottky-Dioden eingebaut werden. Eine Diode zur Betriebsspannung leitet Überspannungen ab, eine zur Masse schützt vor Verpolung der Eingangsspannung.

```
// Voltmeter_50V_IntRef.ino
// UNO @ IDE 1.8.5
```

```
# define ADC_channel 0
int DAC0;
float Vref = 1.10;  // internal reference voltage
float R1 = 1000;    // for voltage divider
float R2 = 22;      // for voltage divide
float cal = 0.94*(R1+R2)/R2;  // calibration factor

void setup()
{ Serial.begin(115200);
  Serial.println("Voltmeter");
  delay(1000);
  analogReference(INTERNAL);
}

void loop()
{ DAC0 = analogRead(ADC_channel);
  Serial.print(DAC0*Vref/1023*cal); Serial.println(" V");
  delay(300);
}
```

Mit Hilfe eines präzise kalibrierten Referenzvoltmeters lässt sich so eine sehr hohe Genauigkeit erzielen. Die folgende Tabelle zeigt einen Vergleich von Messwerten eines kalibrierten Tischvoltmeters mit dem ADC-Voltmeter:

U_Referenz/V	U_ADC/V
0,201	0,19
0,501	0,49
1,009	1,00
2,000	1,99
3,006	3,02
5,010	5,01
10,080	10,11
15,010	15,03
20,020	20,04
25,010	25,05
30,080	30,11

Die Verwendung von Konstanten im Programm (cal-Faktor) wird als Softwarekalibration bezeichnet. Alternativ könnte auch eine Hardwarekalibration mit einem sogenannten Spezialpotentiometer, einem sogenannten Spindeltrimmer, ausgeführt werden. Der Trimmer wird solange justiert, bis das Arduino-Voltmeter den korrekten Wert anzeigt. Eine Änderung der Parameter im Programm ist dann nicht mehr erforderlich. Spindeltrimmer zeigen jedoch immer gewisse Driften, so dass die Langzeitstabilität des Messgerätes nicht optimal ist.

Ein wichtiges Anwendungsbeispiel dazu findet sich im Kapitel 9. Dort wird gezeigt, wie mit Hilfe eines ADCs die Akku-Betriebsspannung eines Roboters überwacht werden kann.

7.5 Präzise Messwerterfassung mit Hilfe von Sensoren

Nachdem nun klar ist, wie man analoge Werte mit einem Mikrocontroller exakt messen kann, soll im Folgenden erläutert werden, wie auch andere Größen quantitativ erfasst werden. Messfühler oder Sensoren sind Bauelemente, die bestimmte physikalische oder chemische Eigenschaften in elektrische Werte umwandeln können. Wichtige Beispiele für elektronisch erfassbare Größen sind:

- Temperatur
- Feuchtigkeit
- Lichtintensität
- Druck
- Schallintensität
- Lichtintensität
- Wärmestrahlung
- Kräfte oder Beschleunigungen
- Magnetische oder elektrische Felder

Sensoren sind aus der Robotertechnik nicht mehr wegzudenken. So finden sich etwa in einem autonomen Fahrzeug Hunderte verschiedene Messwandler. Aber auch in allen anderen Bereichen der Hochtechnologie sind Sensoren allgegenwärtig. Weder in der Medizintechnik noch im Smartphone oder in der Weltraumforschung kann auf die elektronischen Messwandler verzichtet werden.

Sensoren sollen Messwerte reproduzierbar in eine elektrische Größe wie eine Spannung oder einen Widerstandswert umwandeln. Typischerweise wird dabei ein linearer Zusammenhang zwischen der Messgröße und dem elektrischen Wert angestrebt. Aber auch nichtlineare Übertragungsfunktionen sind mit Mikrocontrollern auswertbar, da eine Linearisierung über geeignete Softwaremethoden möglich ist.

Ein schwerwiegenderes Problem sind die sogenannten Querempfindlichkeiten. Das bedeutet, dass Sensoren in vielen Fällen nicht nur auf die gewünschte Messgröße reagieren, sondern auch auf andere physikalische Werte. Einige Beispiele hierfür sind:

- Einfluss der Luftfeuchtigkeit auf Sensoren für elektrische Felder
- Temperaturabhängigkeit von Photosensoren
- Reaktion von Schallwandlern auf mechanische Erschütterungen
- Thermische Störeinflüsse bei Feuchte- oder Drucksensoren

Oft sind erhebliche Aufwände erforderlich, um diese Einflüsse zu eliminieren. Häufig muss eine zusätzliche Erfassung der Störgröße und eine rechnerische Korrektur des Messwertes in Betracht gezogen werden. Beim bereits bekannten Feuchtigkeitsmodul DHT11 sowie beim Druckmessmodul BMP085 beispielsweise wird jeweils die Umgebungstemperatur mit berücksichtigt und der Anwender muss sich nicht mehr um diese Korrektur kümmern.

Grundsätzlich sollte man aber beim Einsatz von Sensoren immer prüfen, inwieweit Querempfindlichkeiten die erforderliche Messpräzision beeinflussen können.

7.6 Temperaturmessung

Thermosensoren und Temperaturfühler gehören zu den wichtigsten Sensoren in der Messtechnik. Im Robotikbereich überwachen sie häufig Temperaturen von hochbelasteten Aktoren und Motoren. Darüber hinaus werden sie auch für die Erfassung von Umgebungstemperaturen eingesetzt. Mit Hilfe von Robotern lassen sich damit auch Temperaturen an Orten messen, die dem Menschen nicht direkt zugänglich sind.

Sogenannte NTCs, also Temperatursensoren mit **N**egativem **T**emperatur **K**oeffizienten werden aus mit Bindemitteln versetzten, gepressten oder gesinterten Metalloxiden hergestellt. Ein Standardtyp dieses Bauelements weist beispielsweise einen Widerstandswert von 4,7 kOhm bei einer Temperatur von 25 °C auf. NTCs sind gut zum Aufbau elektronischer Thermometer geeignet. Die Temperaturmesswerte werden über den AD-Wandler eines Mikrocontroller erfasst und auf einem Display dargestellt.

Neben der Anzeige der aktuellen Temperatur ermöglicht ein solches Thermometer auch die zeitaufgelöste Messung von Temperaturen. Ein entsprechend ausgerüsteter Robot kann so ein Zeit- und Ortsprofil eines bestimmen Raumbereiches aufnehmen. Dies kann etwa zum Auffinden von Wärmebrücken in Gebäuden nützlich sein.

Die Umrechnung des ADC-Werts in einer Temperatur erfolgt über zwei Konstanten:

```
offset  = 40;
cal     = 0.11;
```

Die beiden Werte ergeben sich aus dem Offset sowie aus der Steilheit der Kennlinie des NTCs. Falls die Temperatur nicht korrekt angezeigt wird, können die beiden Konstanten an das verwendete Sensorexemplar angepasst werden.

Die Kalibrationsfunktion eines NTCs ist aus physikalischen Gründen nichtlinear. Für einen Temperaturbereich von ca. 0 °C bis etwa 50 °C können die Abweichungen aber weitgehend vernachlässigt werden. Für höchste Ansprüche bezüglich der Messpräzision kann selbstverständlich auch eine nichtlineare Funktion zur Berechnung der Temperatur implementiert werden. Der nachfolgende Sketch zeigt ein Programm dazu.

```
// NTC thermometer.ino
// UNO @ IDE 1.8.5
// linear calibration

int offset  = 40;       // offset for NTC 4k7
                        // Rn = 5k ( 10k parallel 10k)
float cal   = 0.11;     // calibration factor

void setup()
```

```
{ Serial.begin(115200);
  Serial.println("Thermometer:");
  delay(1000);
}

void loop()
{ int ADC_value=analogRead(0);          // get analog readout
  float temp = ADC_value*cal-offset;     // calculate temperature
  Serial.print(temp); Serial.println(" C");
  delay(100);
}
```

Die Schaltung dazu zeigt die folgende Abbildung. Der Temperatursensor wird hier in einer einfachen Spannungsteiler-Schaltung betrieben. Zwei parallele 10 kOhm-Festwiderstände sorgen dafür, dass die Eingangspannung für den ADC bei Raumtemperatur bei ca. der halben Betriebsspannung, d. h. bei etwa 2,5 V, liegt. Damit lässt sich der Temperaturbereich von 0 bis 50 °C gut abdecken.

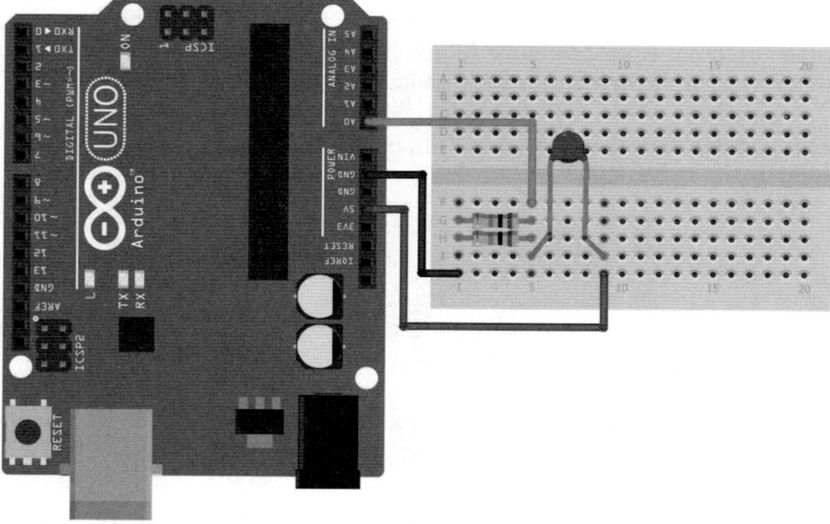

Abbildung 7.5: Aufbau zum elektronischen Thermometer

Nach dem Starten des Programms werden die jeweils aktuellen Temperaturwerte auf dem seriellen Monitor angezeigt. Berührt man den Sensor mit den Fingerspitzen, dann wird der dadurch verursachte Temperaturanstieg sichtbar.

7.7 Präzise Temperaturwerte mit vor-kalibrierten Sensoren

NTC-Sensoren sind kostengünstig und liefern nach einer entsprechenden Kalibration brauchbare Temperaturmesswerte. Die erforderliche Kalibration stellt allerdings einen erheblichen Nachteil dar. In nicht-professionellen Robotik-Projekten ist dieser Nachteil sicher tolerierbar. Im professionellen Umfeld und beim Einsatz von vielen Sensoren oder ganzen

Sensorarrays wird der Kalibrationsaufwand rasch unpraktikabel. Hier können Sensoren wie der TMP35 oder der LM35 ihre Vorteile ausspielen. Sie liefern auch ohne Anwender-Kalibration eine hohe Messgenauigkeit, da der Abgleich bereits beim Hersteller erfolgt.

Die Sensoren liefern aufgrund ihrere Herstellerkalibration eine Steigung von exakt 10 mV/°C. Zudem liegt der Nullpunkt der Ausgangsspannung bei genau 0,0 °C. Zusammen mit der Auflösung des verwendeten ADCs von 10 bit (Werte 0...1023) und der Versorgungsspannung von 5 V ergibt sich daraus die Formel:

```
temp = (5.0 * analogRead (tempPin) * 100.0) / 1023
```

Damit wird jedoch nur eine geringe Auflösung erreicht, da die Sensoren nur Spannungen von 0 V bis etwas über +1 V liefern. Wird nichts anderes angegeben, dann verwendet der arduino-interne ADC seine Versorgungsspannung von 5 V als Referenz, so dass 80 % des Wertebereiches nicht genutzt werden. Stellt man die interne Referenzspannung dagegen auf 1,1 V ein, erreicht man nahezu die maximale Auflösung.

Wird eine Referenz von 1,1 V verwendet, ändert sich natürlich auch die Umrechnungsformel. Teilt man die 1,1 V durch 1023, entspricht jeder Schritt in der digitalen Ausgabe etwa 0,001075 V beziehungsweise 1,0752 mV. Bei einer Steigung von 10 mV/°C ergibt sich der Umrechnungsfaktor:

```
float TempCal = 0.1075; //1.075 / 10
```

Die Berechnung der Temperatur erfolgt dann über die Programmzeile:

```
tempLM35 = (LM35val * TempCal);
```

Um die interne Referenzspannung von 1,1 V zu aktivieren, erhält der Controller wieder den Befehl

```
analogReference (INTERNAL);
```

Mit diesem Verfahren ist eine Auflösung von etwa einem Zehntel Grad Celsius erreichbar. Natürlich kann die Referenzspannung eine gewisse Toleranz aufweisen, was sich aber durch Feinjustierung des Wertes 0.1075 ausgleichen lässt. Wurde der exakte Wert erst einmal korrekt bestimmt, kann man über lange Zeit hinweg eine präzise Anzeige erwarten, da die Referenzspannung nur geringen Schwankungen unterliegt.

Der Temperaturbereich beträgt bei diesem Auswerteverfahren 0...110 °C. Da ein Zehntel Grad einer Spannung von nur einem Millivolt entspricht, sollte man berücksichtigen, dass bereits Thermospannungen an Kontakten und Lötstellen einen gewissen Einfluss haben können. Für ein Zimmerthermometer ist eine Anzeige von ganzen Graden zwar ausreichend, bei präziseren Messungen sollten die oben stehenden Hinweise allerdings nicht unbeachtet bleiben.

```
// LM35_TempSens.ino
// UNO @ IDE 1.8.5

float tempLM35 = 0, TempCal = 0.1075;
long LM35val = 0;

void setup()
{ analogReference(INTERNAL);
  Serial.begin(115200);
  Serial.println("LM35-Temp:");
}

void loop()
{ LM35val = analogRead(A0);
  tempLM35 = (LM35val * TempCal);
  Serial.print("T = ");
  Serial.println(tempLM35,2);
  delay(300);
}
```

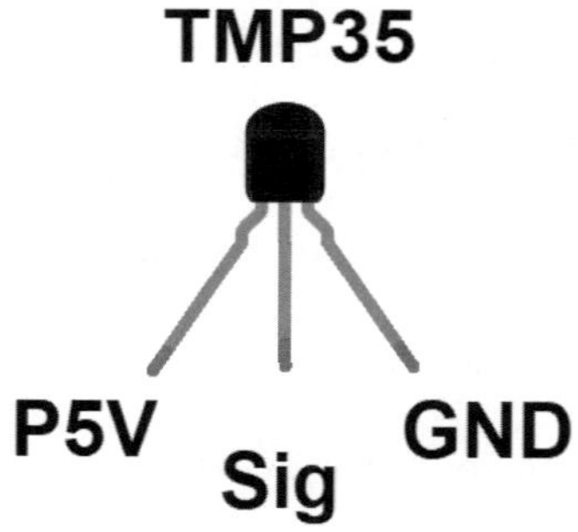

Abbildung 7.6: TMP35 Temperatursensor

7.8 Digitale Sensoren

NTCs oder analoge Temperatursensoren können mit einem ADC sehr leicht ausgelesen werden. Allerdings hat diese Methode auch zwei Nachteile:

- Jeder Sensor belegt ein ADC-Kanal
- Analoge Messsignale können leicht gestört oder verfälscht werden.

Beim Arduino UNO stehen zwar sechs Analogkanäle zur Verfügung, allerdings sind diese bei Robotik-Anwendungen relativ schnell belegt. So werden beispielsweise beim EnviRoBot Licht, Temperatur und Gaskonzentrationen gemessen (s. Kapitel 12.11). Sollen dann noch Feuchtigkeit, Magnetfelder, Wärmestrahlung oder Luftdruck gemessen werden, sind schnell alle Kanäle belegt.

Noch kritischer liegen die Dinge beim Raspberry Pi. Dieser kann analoge Signale überhaupt nicht direkt verarbeiten. Hier muss man sich immer mit externen ADC-Bausteinen behelfen. Ein weiterer Nachteil von Sensoren mit analogen Signalausgängen ist, dass die Messdaten leicht verfälscht werden können. Signaleinstreuungen aus dem Controller oder von Motoren können leicht zu extrem verrauschten Messwerten führen. Zudem führen die oft hohen Motorströme in der Robotik zu unerwünschten Spannungsabfällen in Masse- oder Versorgungsspannungsleitungen. Insbesondere wenn der Abstand zwischen Sensor und Controller zu groß wird, können dann Probleme auftreten. Bereits ab ca. 10 Zentimeter Kabellänge machen sich bei Analogsensoren störende Einflüsse wie Leitungswiderstände oder auch elektromagnetische Einstreuungen bemerkbar.

Durch digitale Übertragung können die dadurch verursachen Messfehler deutlich reduziert werden. Mit abgeschirmten Kabeln sind dann Entfernungen im Meterbereich zwischen Messort und Anzeigeeinheit problemlos überbrückbar. Auch mit ungeschirmten Flachbandleitungen sind digitale Signale vergleichsweise störungssicher übertragbar.

Ein großer Vorteil beim Einsatz von roboterbasierten Sensoren liegt darin, dass damit auch Werte an schwer zugänglichen oder weiter entfernten Orten messbar sind. Um präzise Werte zu erhalten, sollten dann allerdings der Einsatz digitaler Sensoren in Betracht gezogen werden. Dies können dann beispielsweise über den I2-Bus mit dem Controller des Roboter verbunden werden (s. Kapitel 20).

7.9 Optische Sensoren

Lichtempfindliche Bauelemente haben ähnlich wie die Thermosensoren eine große Bedeutung in der Robotik erlangt. Hier haben sie oftmals die Funktion von Sehorganen, also Augen, übernommen. Sie ermöglichen es beispielsweise Roboterfahrzeugen, sich gezielt auf eine Lichtquelle zuzubewegen. Ein Anwendungsbeispiel findet sich in Kapitel 154. Dort wird ein Mikroorganismus namens Euglena mit einem Roboterfahrzeug simuliert.

Eine Weiterentwicklung der einfachen Photosensoren sind die elektronischen Kameras. Sie liefern nicht nur einzelne Helligkeitswerte, sondern bereits vollständige und hochwertige Abbildungen der Umgebung eines Roboter. Aufgrund ihrer hohen Bedeutung ist den Kameras als Spezialfall der optischen Sensoren ein eigenes Kapitel gewidmet.

Die ersten gängigen Photosensoren waren sogenannte lichtempfindliche Widerstände (**L**ight **D**ependant **R**esistors – LDRs). Für einfache Anwendungen wie Lichtschranken und Dämmerungsschalter waren diese Bauelemente bestens geeignet. Sie waren einerseits sehr empfindlich, andererseits aber auch relativ träge. Die Reaktionszeiten lagen im Millisekundenbereich. Für schnelle Anwendungen wie Signal- oder Datenübertragung sind sie daher nicht geeignet. LDRs sollten in neueren Entwicklungen ohnehin nicht mehr eingesetzt werden, da sie stark umweltschädliche Substanzen wie etwa Cadmiumsulfid- (CdS) oder Cadmiumselenid (CdSe) enthalten. Durch die RoHS-Richtlinien ist die Verwendung von Bauelementen, welche diese Gefahrenstoffe enthalten, in Elektro- und Elektronikgeräten ohnehin inzwischen stark eingeschränkt. Im Hobbybereich sind sie allerdings immer noch häufig zu finden. Im Sinne eines umfassenden Umweltschutzes sollte man allerdings auch hier auf ihren Einsatz verzichten, insbesondere, da der Einsatz moderner Photodioden ebenso problemlos möglich ist.

Bezüglich der Reaktionsgeschwindigkeit erreichen Photodioden zudem um Größenordnungen bessere Werte. Die heute alltäglichen Übertragungsraten von Glasfaserverbindungen mit mehreren Terabit pro Sekunde wurden durch entsprechend optimierte Photodioden erst möglich.

Wenn es auf nicht auf ganz so hohe Geschwindigkeiten ankommt, dann ist der Fototransistor eine gute Wahl. Auch dieses Bauelement gestattet die Erfassung von Helligkeitswerten. Typische Anwendungen dieses Bauelementes sind Lichtschranken, Belichtungsmesser für Photokameras oder Empfänger für Infrarotfernbedienungen.

Fototransistoren zeichnen sich durch hohe Empfindlichkeit und ausreichend schnelles Ansprechverhalten aus. Der mechanische Aufbau gleicht dem einer LED. Fototransistoren sind daher kostengünstig und weit verbreitet. Sie arbeiten ähnlich wie gewöhnliche Transistoren. Der Unterschied besteht darin, dass beim Fototransistor Licht durch ein lichtdurchlässiges Gehäuse direkt auf den Halbleiter trifft. Dort werden durch den inneren Fotoeffekt Ladungsträger freigesetzt. Der Fotostrom wird anschließend unmittelbar im Bauelement verstärkt, so dass ein Fototransistor kleine Lasten (im Milliampère-Bereich) direkt schalten kann. Fototransistoren haben meist nur zwei herausgeführte Anschlüsse – den Kollektor und den Emitter. Es gibt jedoch auch Ausführungen mit herausgeführtem Basis-Anschluss – z. B. zum Einstellen des Arbeitspunktes. Bleibt die Basis unbeschaltet, dauert es relativ lange, bis die Basis-Emitter-Zone frei von Ladungsträgern wird. Daher resultiert u. a. das langsame Ausschaltverhalten des Fototransistors.

Andererseits sind Fototransistoren wesentlich empfindlicher als Fotodioden. Anwendungen finden sich deshalb zum Beispiel bei Lichtschranken, Dämmerungsschaltern und Optokopplern. In den Empfangseinheiten von Fernbedienungen werden jedoch meist Fotodioden eingesetzt, da Fototransistoren für diese Anwendung bereits zu langsam sind. Bei Fernbedienungen, oftmals aber auch bei Lichtschranken und Optokopplern, wird nicht mit sichtbarem Licht gearbeitet, sondern mit Infrarot, da hier sowohl Fototransistoren als auch Photodioden eine hohe Empfindlichkeit aufweisen.

Die Wellenlänge der maximalen Empfindlichkeit eines Silizium-Fototransistors liegt bei etwa 850 Nanometer (Nahes Infrarot) und fällt in Richtung kürzerer Wellenlängen (sichtbares Licht, Ultraviolett) ab. Der Empfangswellenlängen-Bereich wird hin zu größeren Wellenlängen durch die Energie der Bandkante von Silizium bei etwa 1100 Nanometer begrenzt. Für Messungen von Lichtintensitäten können somit entweder Fotodioden oder Fototransistoren eingesetzt werden. Der schnelleren Schaltzeit und der besseren Linearität der Kennlinie der Fotodioden steht bei Fototransistoren die deutlich höhere Empfindlichkeit gegenüber.

Ein universeller und leicht beschaffbarer Phototransistor ist der BPW 40. Die wichtigsten Daten des BPW40 sind in der folgenden Tabelle zusammen gefasst.

Maximale Versorgungsspannung	25 V
Dunkelstrom	100 nA
Kollektorstrom bei 1 mW/cm2	0,5 mA
Max. Kollektorstrom	30 mA

Anhaltspunkte für die zu erwartenden Photoströme bei bestimmten Lichtverhältnissen zeigt die nächste Tabelle.

7.10 Elektronisches Luxmeter

Mit einem Fototransistor wie dem BPW40 kann die Umgebungshelligkeit bestimmt werden. Das folgende Programm zeigt die gemessenen Helligkeitswerte auf dem seriellen Monitor an:

```
// Luxmeter.ino
// UNO @ IDE 1.8.5
// Rv = 10 kOhm

int intensity;
int ADC_0 = 0;

void setup()
{ Serial.begin(115200);
  Serial.println("Luxmeter:");
  delay(1000);
}

void loop()
{ intensity = analogRead(ADC_0);
  Serial.print("Lightintensity: ");
  Serial.print(intensity/10.23);
  Serial.println(" %");
  delay(100);
}
```

Den Aufbau dazu zeigt das folgende Bild. Im Gegensatz zum NTC weist der Phototransistor eine Polung auf. Falls sich die Messwerte also nicht wie erwartet mit der Umgebungshelligkeit verändern, sollte geprüft werden, ob der Lichtsensor korrekt gepolt ist. Als Messwiderstand wird ein Wert von 10 kOhm oder 100 kOhm verwendet. Im letzteren Fall reagiert der Sensor entsprechend empfindlicher.

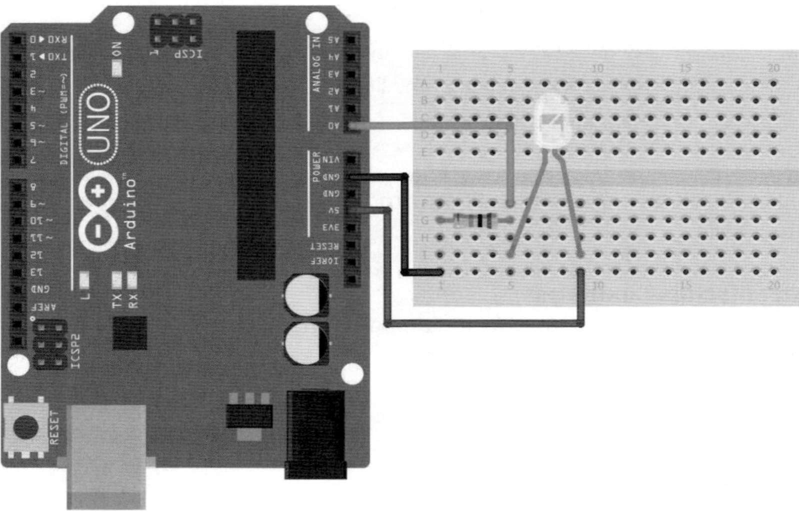

Abbildung 7.7: Elektronisches Luxmeter

Bei völliger Dunkelheit sollte ein Wert von deutlich unter 1 % angezeigt werden. Bei heller Beleuchtung sind dagegen Werte von fast 100% erreichbar. Mit 230 V betriebene LED-Lampen lassen die Anzeige meist stark schwanken. Dies ist ein Hinweis darauf, dass die LEDs tatsächlich wesentlich stärker flackern als konventionelle Glühlampen, auch wenn das Auge diese schnellen Lichtschwankungen nicht bewusst wahrnimmt.

7.11 Graphische Messwertaufnahme

Die Arduino-IDE enthält neben dem bekannten seriellen Monitor auch einen sogenannten serieller Plotter. Dieser kann über

```
Werkzeuge → serieller Plotter
```

aktiviert werden. Dir grafische Anzeige gestattet es, mehrere Messwerte simultan in einer y-t-Darstellung anzuzeigen. Anstelle unübersichtlicher numerischer Zahlenreihen können damit alle von einem Roboterfahrzeug gelieferten Messdaten in anschaulicher Form dargestellt werden.

Die y-Achse des Graphen wird automatisch angepasst, wenn sich die Werte der Ausgabe erhöhen oder verringern (Autozoom bzw. Autoscaling-Funktion). Die Ausgabe der Werte erfolgt über die bekannte serielle print()-Anweisung. Damit ist der serielle Plotter sehr einfach zu bedienen. Mit wenigen Befehlen ist so möglich, Messwerte und numerische Variablen nahezu in Echtzeit darzustellen. Der serielle Plotter erlaubt es sogar, mehrere Variablen gleichzeitig aufzuzeichnen. Auf diese Weise wird es möglich, verschiedene Messkanäle visuell zu vergleichen.

Wenn die t-Achse des Plotters z. B. 500 Messpunkte zeigt, dann sorgt eine Verzögerung von 20 ms in der Hauptschleife dafür, dass die letzten ca. 10 Sekunden der Messdaten sichtbar werden. Bei zusätzlicher Verarbeitungszeit in der Hauptschleife erhöht sich dieser Wert entsprechend. Durch Anpassung der Verzögerung kann also die Zeitskalierung der X-Achse gesteuert werden.

Sobald der rechte Rand der X/Y-Grafik erreicht wird, beginnt der serielle Plotter von rechts nach links zu scrollen. Ein Nachteil dieses Verhaltens ist, dass dieses Scrollen nicht abschaltbar ist. Über serial.println(); fortlaufend gesendete Daten gehen daher nach einer vorgegebenen Zeit verloren. Mit dem Plotter ergeben sich beispielsweise folgende grafische Ausgaben:

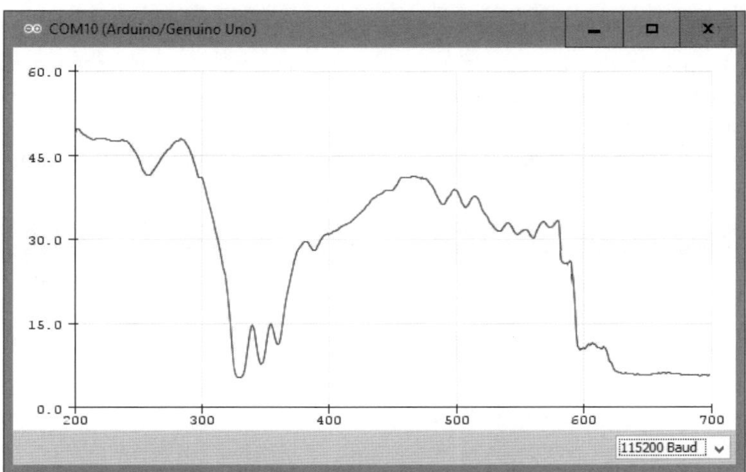

Abbildung 7.8: Spannungsverlauf auf dem seriellen Plotter

Auch Messwerte elektronischer Sensoren lassen sich nun leicht grafisch darstellen.

```
// Temp_light_plotter.ino
// UNO @ IDE 1.8.5

const int tempInPin = A0;  // Analog input pin for NTC
const int lightInPin = A1; // Analog input pin for phototransistor

int offset=480; // offset for NTC 4k7
 // Rn = 5k ( 10k parallel 10k)
float cal=1;     // calibration factor

void setup()
{ Serial.begin(115200);
}

void loop()
{ int ADC_value=analogRead(0);     // get analog readout A0
 float temp=ADC_value*cal-offset; // calculate temperature
```

```
    Serial.print(temp);

    Serial.print(",");

    ADC_value=analogRead(1);    // get analog readout A1
    int lux = ADC_value/10.24; // calculate light in %
    Serial.println(lux);

    delay(100);
  }
```

Der Plotter ist auch in der Lage, mehrere Signale gleichzeitig darzustellen. Die folgende Abbildung zeigt beispielsweise die simultane Darstellung von fünf verschiedenen Kanälen. So ist es beispielsweise möglich, die fünf analogen Eingangskanäle A0 bis A 4 simultan zu erfassen und aufzuzeichnen. Die Messwerte müssen dazu lediglich durch Kommas getrennt werden.

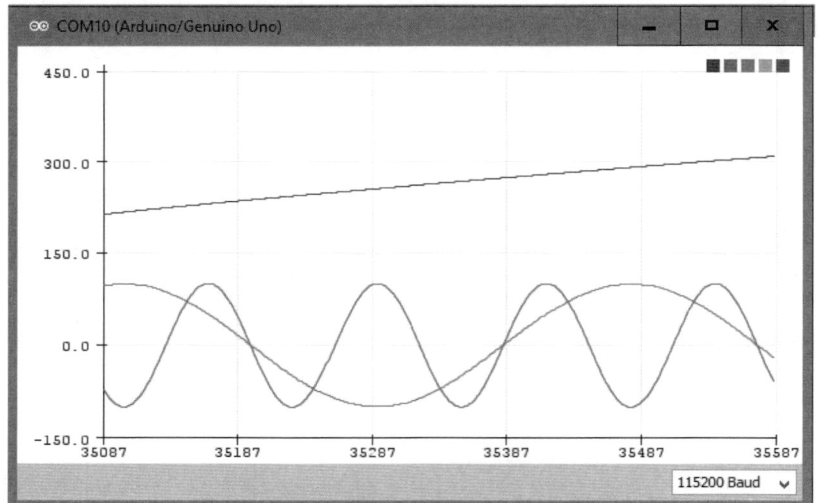

Abbildung 7.9: Multisignal-Plot

7.12 Entfernungsmessung und Kollisionsvermeidung

Eine der wichtigsten Größen für die Steuerung von Robotern ist die Entfernung zu einem Gegenstand oder einem Hindernis. Für fahrende Roboter ist diese Information von größter Bedeutung, wenn es um die Kollisionsvermeidung geht.

Für die Bestimmung von Abständen und Entfernungen stehen verschiedene Methoden zur Verfügung. Im Hobbybereich kommen hauptsächlich zwei Verfahren zum Einsatz:

- Ultraschall
- Optische Messmethoden

Darüber hinaus stehen auch noch Radarsysteme zur Verfügung. Diese werden hauptsächlich in autonomen Personentransportmitteln verwendet. Im Hobbybereich sind diese aufgrund ihrer hohen Kosten kaum anzutreffen. Dagegen stehen sowohl für Ultraschallmessungen als auch im optischen Bereich verschiedene preisgünstige Module zur Verfügung. Die wichtigsten sollen in den folgenden Abschnitten vorgestellt werden.

7.13 Ultraschallmessung

Für Distanzmessungen in mittleren Entfernungsbereichen, d. h. von einigen Zentimetern bis zu einigen Metern, sind Ultraschallmessgeräte sehr gut geeignet. Damit lassen sich viele Anwendungen in der Robotertechnik gut abdecken. Die Schallgeschwindigkeit in Luft beträgt bei 20 °C ca. 343 m/s. Für eine Distanz von einem Zentimeter ergibt sich daraus eine Laufzeit von etwa 30 Mikrosekunden. Diese Zeitspanne lässt sich mit einem Mikrocontroller mit ausreichender Genauigkeit messen.

Die Anwendungsgebiete dieses Messverfahrens sind vielfältig. Die Durchfahrtshöhe einer Brücke lässt sich damit ebenso einfach vermessen wie die Quadratmeterzahl eines Wohn- oder Büroraumes. Aufgrund ihrer hohen Zuverlässigkeit haben Ultraschallmess-Systeme auch in der Robotertechnik und in konventionellen oder autonomen Kraftfahrzeugen einen weiten Anwendungsbereich erobert. Robotersysteme können damit Hindernisse erkennen und beim Einparken ist der Abstand eines Fahrzeugs von einer Mauer präzise bestimmbar. In den meisten der oben genannten Anwendungsfälle werden Ultraschallkapseln eingesetzt, die eine Resonanzfrequenz von 40 kHz aufweisen. Seit mehreren Jahren sind sehr kostengünstige Sender/Empfänger-Module auf dem Markt, so dass sich der Eigenbau von Ultraschallsystemen kaum mehr lohnt. Die folgende Abbildung zeigt zwei gängige Ultraschallmodule, wie sie häufig bei Roboterfahrzeugen eingesetzt werden.

Abbildung 7.10: Ultraschallmodule

Eines der am häufigsten in Robotik- oder Automatisierungsprojekten anzutreffenden Module ist das HC-SR04. Hierbei handelt es sich um einen kostengünstigen Sensor, der sehr einfach mit einem Mikrocontroller angesteuert werden kann.

Das SR04 kann Objekte in einer Entfernung zwischen 2 cm und ca. 3 m erkennen. Die erreichbare Auflösung liegt bei ca. 3 mm. Die Messgenauigkeit hängt von Schallwellengeschwindigkeit und damit von der Lufttemperatur sowie vom Störgeräuschpegel ab. Für viele Controllersysteme wie Arduino oder Raspberry Pi sind umfangreiche Bibliotheken verfügbar, welche die Arbeit mit dem Sensor wesentlich erleichtern. Das Modul benötigt lediglich eine Versorgungsspannung von 5 V. Die Stromaufnahme beträgt weniger als 2mA. Die Ansteuerung der Module ist vergleichsweise einfach. Nach der Triggerung mit einer fallenden Flanke misst das Modul selbstständig die Entfernung und wandelt diese in ein pulsweitenmoduliertes Signal um, welches am Ausgang des Moduls zur Verfügung steht. Ein Messintervall hat eine Dauer von 20 ms. Es können also 50 Messungen pro Sekunde durchgeführt werden.

Die folgende Tabelle fasst die technischen Daten des Moduls zusammen:

Versorgungsspannung VCC:	+5V +/-10%,
Signal Level (Trigger, Echo):	5V-TTL Pegel
Messbare Distanzen:	2 cm - ca. 3 m
Messauflösung:	ca. 3 mm
Messungen pro Sekunde:	maximal 50
Abmessungen (l, b, t) mm:	45 mm x 21 mm x 18 mm

Nach dem Auslösen eines Messzyklusses sendet das Modul einen ca. 200 µs langen Ultraschall-Messimpuls aus. Danach geht der Ausgang sofort auf High-Pegel und das Modul wartet auf den Empfang des Echos. Wird dieses detektiert, fällt der Ausgang auf Low-Pegel. 20 ms nach der Triggerung kann eine weitere Messung stattfinden. Wird kein Echo detektiert, bleibt der Ausgang 200 ms lang auf High-Pegel und zeigt so an, dass kein Objekt in Reichweite ist ("Overrange").

Danach wartet das Modul auf die nächste fallende Flanke am Triggereingang und die Messung beginnt erneut. Die besten Messergebnisse ergeben sich bei Reflexion an glatten, ebenen Flächen. Bei Distanzen von bis zu einem Meter ist das Material der Fläche recht unkritisch. Der Winkel zum Objekt kann bei kurzen Distanzen von unter 1 m bis etwa 45° betragen. Auch kleinere oder dünne Objekte werden zuverlässig erkannt. Ein Kugelschreiber lässt sich beispielsweise bis auf eine Distanz von ca. 30 cm gut detektieren.

Die systembedingte Messauflösung von 3 mm ist durch die interne Abtastrate des Moduls vorgegeben. Die Messgenauigkeit ist hauptsächlich durch die Temperaturabhängigkeit der Schallgeschwindigkeit in Luft begrenzt. Näherungsweise kann die Schallgeschwindigkeit in Abhängigkeit der Temperatur im Bereich von -20°C bis +40°C mit der folgenden Formel berechnet werden:

$$V_s = (331{,}5 + 0{,}6 * T_{luft} / \ °C)\ m/s$$

Für 20°C Raumtemperatur ergibt sich damit: c = 331,5 + (0,6 x 20) m/s = 343,5 m/s.
Die folgende Tabelle enthält einige Werte, die rechnerisch für die Laufzeit zu erwarten sind:

Entfernung zum Objekt [cm]	Laufzeit [ms] bei 20°C	Laufzeit [ms] bei 0°C
2	0,117	0,121
10	0,583	0,603
50	2,915	3,017
100	5,831	6,033
200	11,662	12,066
300	17,492	18,100

Es zeigt sich, dass bei 20°C Temperaturdifferenz ein Fehler von 3,4 % entsteht. Bei der Verwendung im Freien und Messung von größeren Distanzen ist eine Temperaturkompensation also durchaus sinnvoll.

Der Anschluss des Sensor an den Arduino ist sehr einfach. Neben der Versorgungsspannung sind lediglich die beiden Signalleitungen mit Digitalports zu verbinden:

Modul	Arduino
Vcc	5 V
Gnd	GND
ECHO PIN	D11
RIGGER PIN	D12

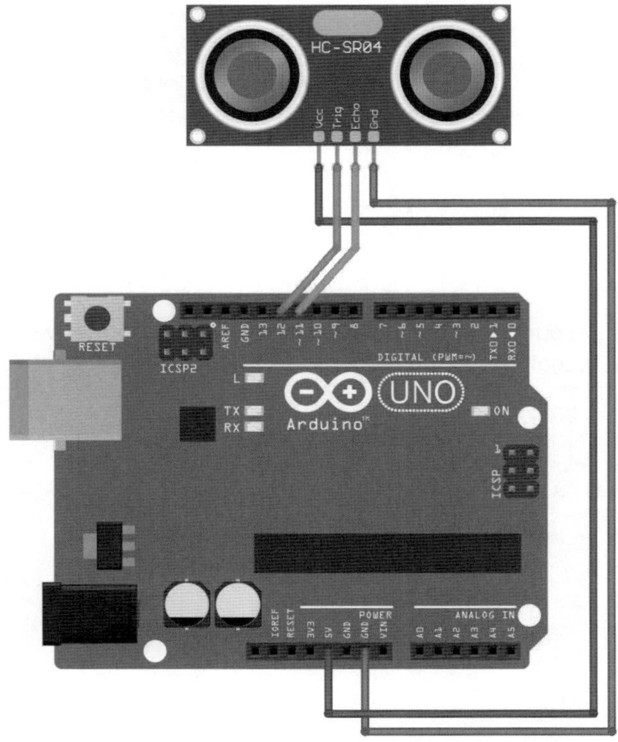

Abbildung 7.11: Ultraschallmodul am Arduino

Für den praktischen Einsatz der Sensoren steht die Library "NewPing" unter

https://playground.arduino.cc/Code/NewPing/

zur Verfügung. Für eine ersten Test kann der folgende Sketch verwendet werden (s. Downloadpaket):

```
// Ultrasound_test.ino
// UNO @ IDE 1.8.5

#include <NewPing.h>

#define ECHO_PIN     11
#define TRIGGER_PIN  12
#define MAX_DISTANCE 200  // range limitation

NewPing sonar(TRIGGER_PIN, ECHO_PIN, MAX_DISTANCE);

void setup()
{ Serial.begin(115200);
}

void loop()
{ delay(50);                      // 20 pings/sec; min.: 30 ms
  unsigned int uS = sonar.ping(); // in microseconds (uS).
  Serial.print("Ping: ");
  Serial.print(uS / US_ROUNDTRIP_CM); // time to distance in cm; 0 = out of
                                      // range
  Serial.println("cm");
}
```

Nach den Laden des Programms kann der serielle Monitor geöffnet werden. Die folgende Abbildung zeigt die Ausgabe:

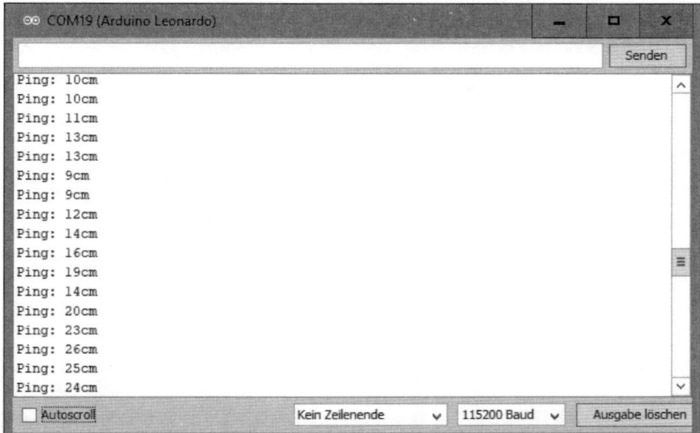

Abbildung 7.12: Entfernungsmesswerte im seriellen Monitor

Eine Anwendung der Ultraschalltechnik findet sich in Kapitel 12.5. Dort wird ein autonomes Fahrzeug vorgestellt, das mit Hilfe von zwei Ultraschallmodulen Hindernissen gezielt ausweichen kann. Der folgende Sketch zeigt abschließend noch eine einfache Anwendung des Ultraschallmoduls als Einparkhilfe.

Im Display wird neben der numerischen Entfernungsangabe nun auch bei Abständen von weniger ab z.B. 20 cm ein Bargraph eingeblendet. Unterschreitet die Distanz zwischen Ultraschall-Modul und Hindernis die 10-cm-Marke, wird zusätzlich eine akustische Warnung ausgegeben.

```
// parking_sensor.ino
// LCD ST7032
// IDE 1.8.5

#include <LCD_ST7032.h>
LCD_ST7032 lcd;
#include "Ultrasonic.h"
Ultrasonic ultrasonic(12,13); // 12: Trig - 13: Echo
int distance; // in cm

void bargraph(int l)
{ lcd.setCursor(1,0);
  for(int i = 0; i < l; i++)
  { lcd.print(char(252));
  }
}

void setup()
{ lcd.begin();
}
```

```
void loop()
{ distance = ultrasonic.Ranging(CM);
  lcd.setCursor(0, 0);  // line 1, col 0
  lcd.print("D = ");
  lcd.print(distance/100.0, 2); // x.xx m
  lcd.print(" m");
  if (distance <= 20) bargraph(20-distance);
  else bargraph(0);
  if (distance <= 10) tone(9, 1000, 300);
  else noTone(9);
  delay(300);
  lcd.clear();
}
```

Um den Warnton hörbar zu machen, muss lediglich am Pin D0 des Arduinos ein Piezo-Summer angeschlossen werden Dann sollte es beim Einparken oder beim Steuern eines Roboters auch unter beengten Verhältnissen keine Probleme mehr geben.

7.14 Optische Abstandsmessung

Nicht nur in der Robotik gehört die Abstandsbestimmung zu den am häufigsten benötigten Messungen. Auch in der Industrie kann auf zuverlässige elektronische Entfernungsmesser längst nicht mehr verzichtet werden. Anwendungsbeispiele für optische Entfernungsmesser sind vielfältig. Sie finden sich beispielsweise in automatischen Händetrocknern, Einparkhilfen, Türöffnern, Alarmanlagen, Pegelmessungen in der chemischen Industrie u. s. w.

Aus den vielen verschiedenen Typen haben sich bestimmte Quasi-Standard-Module herauskristallisiert, die insbesondere bei Eigenbau-Anwendungen besonders oft eingesetzt werden. Hierzu zählt der Infrarot-Sensor von Sharp, der sehr weite Verbreitung gefunden hat. Der Sharp-Sensor steht in mehreren Varianten zu Verfügung, die sich in zahlreichen Stücklisten und Bauanleitungen finden. Die Ansteuerung und Arbeitsweise ist praktisch bei allen Typen identisch. Der ursprüngliche Sensor GP2D12 kann daher meist ohne große Änderungen durch neuere Versionen ersetzt werden.

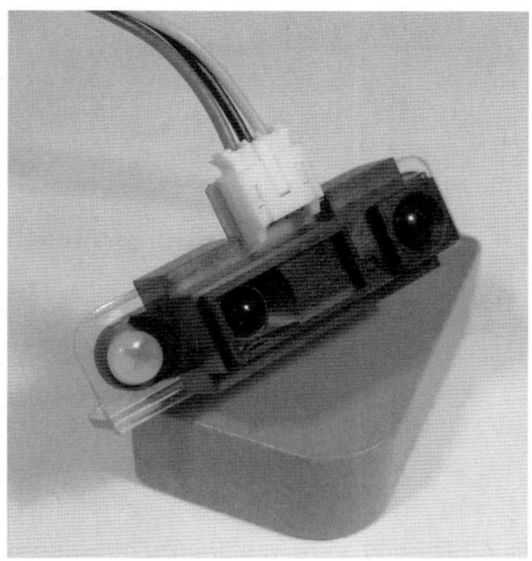

Abbildung 7.13: Sharp Entfernungsmesser

Der Sensor ermöglicht eine präzise Abstandsmessungen von Objekten in Entfernungen zwischen 10 und 80 cm. Die Auswerteelektronik im Sensor ermittelt die Entfernung nahezu unabhängig von der Farbe des Messobjektes. Die Ansteuerung ist sehr einfach. Der dreipolige Anschluss des Moduls benötigt neben der Stromversorgung nur einen einzelnen Pin für das analoge Ausgangs-Signal. Dieser kann direkt an einen analogen Port eines Mikrocontrollers oder AD-Wandlers angeschlossen werden. Die Entfernungsbestimmung erfolgt durch Umrechnung der gemessenen Spannung in den gesuchten Abstandswert.

Die folgende Tabelle gibt die technischen Daten des Moduls wieder:

Messbereich:	10 cm bis 80 cm
Betriebsspannung VCC:	5 Volt
Signalspannung:	0,4 V bis 2,6 V für 80 cm bis 10 cm
Stromaufnahme:	30 mA typ.
Hersteller:	Sharp

Die Kennkurve des Sensors ist in der folgenden Abbildung dargestellt:

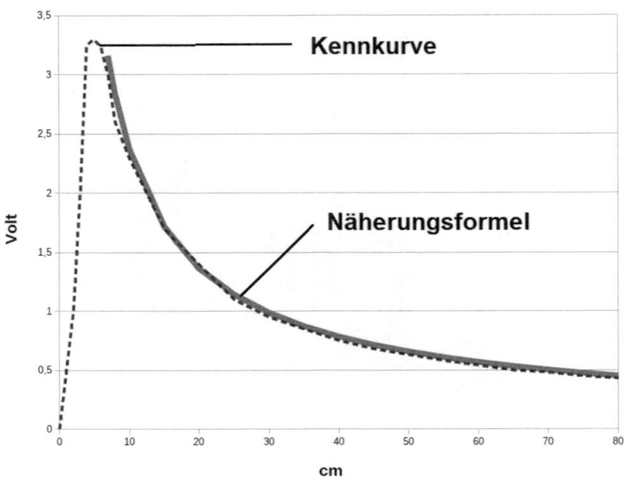

Abbildung 7.14: Kennkurve des Sharp Entfernungsmessers

Man erkennt, dass die Kennkurve des Sensors weder linear noch eindeutig ist. Entfernungen von unter ca. 4 cm müssen daher vermieden werden. Alternativ kann auch ein weiterer Sensor für diese kleinen Abstände herangezogen werden. Bei der Kollisionsvermeidung spielt dieses Problem kaum eine Rolle, da hier ohnehin stets größere Distanzen im Spiel sind.

Die folgende Tabelle zeigt gemessene Sensordaten und die mit einer Näherungsformel bestimmten zugehörigen Werte:

cm	Volt	Approx.
0	0	
2	1	
3	2	
4	3,25	
5	3,3	
6	3,24	
7	3	3,16
8	2,6	2,84
10	2,3	2,38
15	1,7	1,72
20	1,4	1,37
25	1,1	1,14
30	0,95	0,99
35	0,85	0,87
40	0,75	0,78
45	0,68	0,71
50	0,63	0,66
55	0,58	0,61
60	0,54	0,57
65	0,5	0,53

70	0,48	0,50
75	0,45	0,47
80	0,43	0,45

Die zugehörige Berechnungsformel für die Anwendung mit einem Arduino UNO kann daraus zu

```
volts = analogRead(SensorPin)*0.00488;
distanceR = 25*pow(volts, -1.10);
```

abgeleitet werden. Damit lassen sich Entfernungen mit einer Genauigkeit von wenigen Millimetern bestimmen. Im Bedarfsfall können die Parameter der Formal auch noch individuell an das jeweilige Sensorexemplar angepasst werden.

Die folgende Abbildung zeigt, wie der Entfernungsmesser an den Arduino angeschlossen wird:

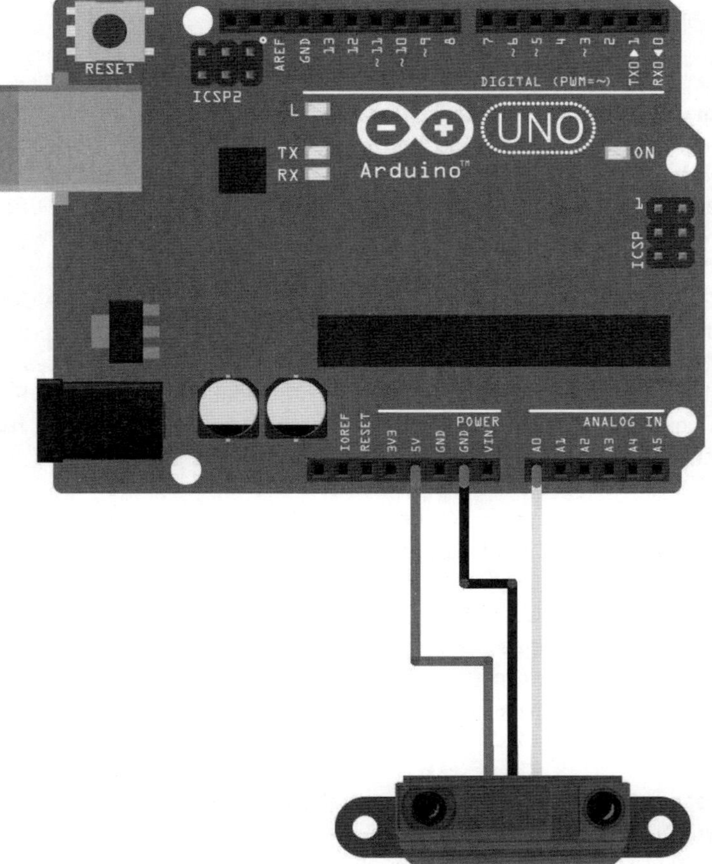

Abbildung 7.15: Sharp IR-Entfernungsmesser am Arduino

Der folgende Sketch gibt die gemessenen Entfernungen auf den seriellen Monitor aus:

```
// Sharp_IR_sensor_test.ino
// UNO @ IDE 1.8.5

#define SensorPin A0

float volts, distance;

void setup()
{ Serial.begin(115200);
}

void loop()
{ volts = analogRead(SensorPin)*0.00488;
  distance = 25*pow(volts, -1.10);
  Serial.println(distance);
  delay(300);
}
```

7.15 Der Geruchssinn für Roboter: Gassensoren

Die frühe Erkennung schädlicher Gaskonzentrationen kann Explosionen verhindern und Menschen vor dem Erstickungstod retten. Gassensoren gibt es in unterschiedlichen Ausführungen. Die einzelnen Typen unterscheiden sich durch ihre Empfindlichkeit für verschiedene Gasarten. Im Roboterbereich werden häufig Sensoren der MQ-X-Baureihe eingesetzt. Die Gassensoren sind sozusagen die elektronischen Nasen der Robotik. Sehr weit verbreitet ist der Typ MQ-2. Dieser weist eine hohe Empfindlichkeit für entflammbare Gase wie Methan oder Butan auf. Weitere Sensoren dieser Baureihe sind für Alkoholdämpfe, Ethanol, Wasserstoff oder Kohlenmonoxid optimiert. Auch für Flüssiggas, sogenanntes LPG, existieren hochempfindliche Sensoren. Die Abkürzung LPG steht dabei für "**L**iquified **P**etroleum **G**as", das häufig auch im Kfz-Bereich als Treibstoff verwendet wird. Zusätzlich reagieren einige Sensoren auch auf Rauch. Folgende Sensoren sind gebräuchlich:

- MQ-2: Methan, Butan, LPG, Rauch (entflammbare Gase)
- MQ-3: Alkohol, Ethanol, Rauch
- MQ-4: Methan
- MQ-5: Natürliche Gase, LPG
- MQ-6: LPG, Butangas
- MQ-7: Kohlenmonoxid
- MQ-8: Wasserstoffgas
- MQ-9: Kohlenmonoxid, entflammbare Gase

Da diese Sensoren interne Heizelemente enthalten, weisen sie einen relativ hohen Stromverbrauch auf. Dieser kann bis zu 160 mA betragen, was einer Leistungsaufnahme von ca. 800 mW entspricht. Gassensoren können daher eine erhebliche elektrische Last für die Stromversorgung eines mobilen Roboters darstellen. Es kann daher sinnvoll sein, den Gassensor nur einzuschalten, wenn er wirklich benötigt wird. Die Steuerung kann über einen I/O-Pin und ein Relais oder einen geeigneten Leistungstransistor erfolgen. Soll der Sensor zuverlässig im Dauerbetrieb laufen, empfiehlt es sich, eine eigene Versorgungsspannung für den Gassensor zu Verfügung zu stellen.

Das Messprinzip der Sensoren beruht auf einer Widerstandsveränderung im aktiven Bereich des Wandlers. Dringt Gas in die Sensormesskammer ein, so verändert sich der Widerstandswert des Sensors in Abhängigkeit von der aktuellen Gaskonzentration. Diese Widerstandsänderung kann über einen Spannungsteiler erfasst und am ADC-Eingang eines Mikrocontrollers ausgewertet werden.

Abbildung 7.16: Gassensor-Modul

Die technischen Daten der MQ-2-Variante sind in der folgenden Tabelle zusammengefasst:

Model	MQ-2
Sensor Typ	Halbleiter
Gehäusematerial	Bakelit
Detektion	Brennbare Gase und Rauch
Messbereich	300-10000 ppm (Gase)
Versorgungsspannung	5 V
Heizwiderstand	31 Ohm ± 3 Ohm
Heizleistung	≤ 900 mW
Sensorwiderstand Rs	2 Kiloohm - 20 Kiloohm

Verschiedene Gase können in den untengenannten Konzentrationen durch den MQ-2- Gassensor erfasst werden. Die Konzentration wird dabei in der Einheit ppm (parts-per-million, d. h. Teile in einer Million) angegeben.

LPG (Liquid Petroleum Gas) und Propan	200 ppm - 5000 ppm
Butan	300 ppm - 5000 ppm
Methan	5000 ppm - 20000 ppm
Wasserstoff	300 ppm - 5000 ppm

Diese Gase finden sich häufig im Erdgas, das vielerorts zum Heizen oder auch zum Kochen verwendet wird. Bei unsachgemäßer Anwendung oder bei technischen Defekten können Brände, Vergiftungen oder Explosionen auftreten. Ein Gas-Detektor, der mit einer automatischen Alarmeinrichtung gekoppelt ist, kann hier zusätzliche Sicherheit bringen

Der MQ-2 ist gekennzeichnet durch einen breiten Erfassungsbereich, eine hohe Empfindlichkeit sowie eine kurze Reaktionszeit auf Gaskonzentrationsänderungen. Seine lange Lebensdauer und die einfache Anwendung machen ihn zu einem der am weitesten verbreiteten Systeme im Bereich des Gas-Leckage-Monitorings.

Wichtiger Hinweis:
Trotz seiner hohen Qualität ist der Sensor kein Ersatz für zertifizierte Sicherheitseinrichtungen!

Da weder Autor noch Verlag Einfluss auf die technische Ausführungen des Anwenders haben, kann für die Funktionsfähigkeit von selbsterstellten Gaswarnsystemen keinerlei Verantwortung übernommen werden.

Gas-Sensoren bieten zusätzliche Sicherheit, falls brennbare Gase im Haus oder im Keller gelagert oder im Haus verteilt werden. Moderne Module verfügen über hohe Empfindlichkeiten und erlauben die Detektion von geringsten Gasspuren in der Luft. Bei fachgerechter Anwendung bieten sie Schutz vor Vergiftungs- oder Explosionsgefahr. Aber auch beim routinemäßigen Umgang mit Gasen können sie vor unerwartet hohen Konzentrationen warnen. Beim Einsatz in einem mobilen Robotersystem können Gaskonzentrationen sogar in explosionsgefährdeten Räumen bestimmt werden, ohne dass Menschen einem erhöhten Risiko ausgesetzt werden müssen. In einem praktischen Anwendungsbeispiel wird MQ-2-Gassensor beim EnviRoBot in Kapitel 12.11 eingesetzt.

7.16 Lagebestimmung

Sowohl bei Fahrzeugen als auch bei Roboterarmen muss häufig die Lage eines bestimmten Elementes oder des gesamten Roboters bestimmt werden. Mit dem MPU6050 ist ein günstiges Modul auf dem Markt, welches einen Beschleunigungs- und Rotationssensor in nur einem Chip kombiniert. Solche Systeme sind auch als **D**igital **M**otion-**P**rozessoren (DMPs) bekannt. Durch den Einsatz eines 3-Achsen-Gyroskops und eines 3-Achsen- Beschleunigungssensors sind damit 6 Freiheitsgrade (Degrees of Freedom) gleichzeitig erfassbar.

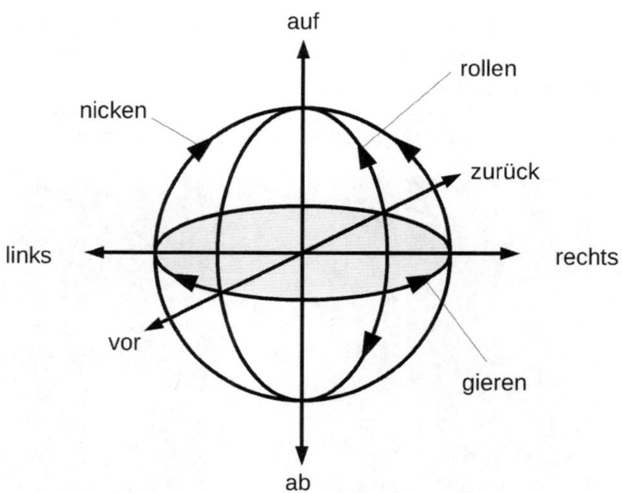

Abbildung 7.17: Die sechs Freiheitsgrade in drei Dimensionen

Auf dem Modul ist ein LowDrop-Spannungsregler integriert, so dass es auch mit 5 V betrieben werden kann. Ausgelesen wird das Modul über einen I^{2}C-Bus, sodass es mit allen gängigen Controllerboards wie Arduino oder Raspberry Pi verwendbar ist. Das Modul verfügt über die folgenden 8 Pins:

DMP	Arduino
VCC	3,3 V
GND	GND
SCL	SCL oder A5
SDA	SDA oder A4
XDA	-
XCL	-
ADO	-
INT	D2

die entsprechend der Tabelle mit dem Arduino zu verbinden sind.
Die technischen Daten des Sensors lauten:

Auflösung des integrierten AD-Wandlers:	16-Bit
Beschleunigungssensorbereich:	±2, ±4, ±8, ±16g
Gyroscopebereich:	± 250, 500, 1000, 2000 °/s
Spannungsbereich:	3.3 V – 5 V (LDO auf dem Modul)

Durch den 16-Bit-Analog/Digital-Wandler liefert das Modul präzise Werte für alle sechs Messkanäle. Aufgrund des Massenproduktion für Smartphones und Tablets kann der MPU-6050-Chip sehr kostengünstig erworben werden. Für viele Robotikanwendungen steht damit eine optimale Beschleunigungssensor- und Gyroskop-Kombination zur Verfügung. Zusätzlich enthält der Chip auch noch einen Temperatursensor.

Mit dem digitalen Bewegungsprozessor können komplexe Algorithmen direkt auf dem Modul verarbeitet werden. Üblicherweise verarbeitet der DMP Algorithmen, die die Rohwerte der Sensoren in stabile Positionsdaten umwandeln.

Abbildung 7.18: DMP am Arduino

Der Sensor kann mit dem folgenden Sketch getestet werden:

```
// MPU6050_test.io
// UNO @ IDE 1.8.5

#include "MPU6050.h"
#include "Wire.h"

MPU6050 accelgyro;

int ax, ay, az;
int gx, gy, gz;
```

```
int azOffset = 12000;

void setup()
{   Wire.begin();
    Serial.begin(250000);
    accelgyro.initialize();
    Serial.println(accelgyro.testConnection() ? "MPU6050 connection
    successful" : "MPU6050 connection failed");
}

void loop()
{   // read raw data
    accelgyro.getMotion6(&ax, &ay, &az, &gx, &gy, &gz);

    Serial.print(ax); Serial.print(" ");
    Serial.print(ay); Serial.print(" ");
    Serial.print(az-azOffset); Serial.print(" ");
    Serial.print(gx); Serial.print(" ");
    Serial.print(gy); Serial.print(" ");
    Serial.println(gz);

    delay(30);
}
```

Nach dem Einbinden der der MPU6050- und Wire-Library (s. https://github.com/ElectronicCats/mpu6050) werden die sechs Variablen für die sechs Freiheitsgrade des Sensors initialisiert. Im Setup wird die serielle Schnittstelle und das Modul selbst gestartet. Falls ein Fehler auftreten sollte, wird eine entsprechende Meldung ausgegeben:

```
Serial.println(accelgyro.testConnection() ? "MPU6050 connection
successful" : "MPU6050 connection failed");
```

Hier wird der sogenannte ternäre Operator, eine Kurzform der if-else-Abfrage, verwendet:

```
if ? then : else
```

In der Hauptschleife wird dafür gesorgt, dass die Daten an die serielle Schnittstelle gesendet werden.

Im seriellen Monitor sieht das zugehörige Ergebnis so aus:

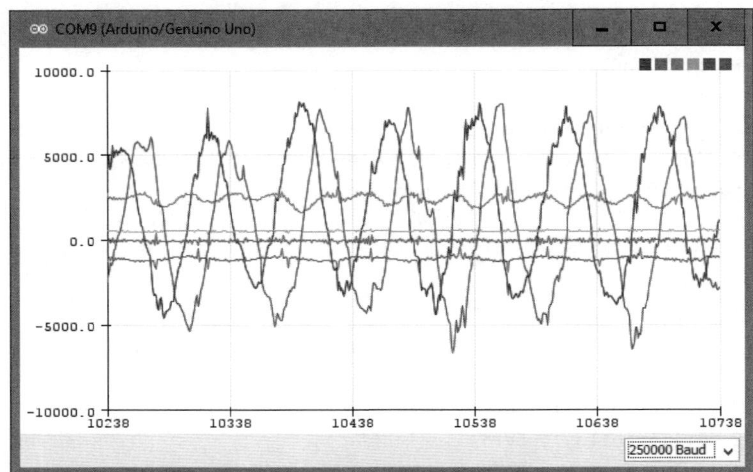

Abbildung 7.19: DMP-Daten im seriellen Plotter

Zur Aufnahme der Daten wurde mit dem Sensor eine pendelnde Bewegung in x-Richtung ausgeführt. Die Schwerkraft in z-Richtung wurde durch einen Offset:

```
int azOffset = 12000;
```

reduziert, sodass alle Werte innerhalb der gleichen Größenordnung liegen. In Abschnitt 13.3 wird ein Lagesensor genutzt, um einen einachsigen Roboter in vertikaler Position zu halten.

Kapitel 8 • Kameras und Displays

Kameras sind prinzipiell eine Weiterentwicklung optischer Sensoren. Anstelle eines einzelnen Lichtsensors enthalten sie ein ganzes Array von lichtempfindlichen "Pixeln" (Picture Elements). Sie kommen damit der Funktion des menschlichen Auges sehr nahe und eignen sich daher bestens als "Sehorgane" für Roboter.

Im gewissen Sinne das Gegenstück zu den Kameras sind Displays. Sie wandeln elektrische Signale in für den Menschen lesbare Zeichen und Symbole um. In der Robotik dienen Sie meist dazu, bestimmte Informationen über den internen Zustand der Maschine auszugeben. Beispiele hierfür sind Fehlermeldungen oder Warnungen. Aber auch für die Anzeige von Sensorwerten oder Umweltdaten sind Displays in den verschiedensten Ausführungen einsetzbar. So können etwa Temperaturen von Antriebsmotoren oder die Umgebungsluftfeuchtigkeit angezeigt werden. Eine wichtige Anwendung ist auch die Anzeige der internen Akkuspannung. Auf diese Verwendung eines LC-Displays wird in Abschnitt 9.5 noch näher eingegangen.

Will man einen Roboter mit einer Kamera ausstatten, kommt vor allem der Raspberry Pi als geeignetes Prozessor-Board in Frage. Der Pi bietet zwei Möglichkeiten, um eine Kamera anzuschließen:

- die CSI-Schnittstelle (**C**amera **S**erial **I**nterface) für den direkten Anschluss der PiCam
- die USB-Buchse für den Anschluss von WebCams

Abbildung 8.1: Kameras für den Pi

8.1 Die RasPi-Cam

Für hochwertige Bilder und Videos ist die PiCam das Mittel der Wahl. Sie kommt vorzugsweise zum Einsatz, wenn anspruchsvollere Bilderkennungs-Projekte umgesetzt werden sollen. Die technischen Daten der PiCam sind in der folgenden Tabelle zusammengefasst:

Abmessungen:	25 mm x 20 mm x 9 mm
Bildsensor:	5 Megapixel mit Fixfokusobjektiv
Fotoauflösung:	bis 2592 x 1944 Pixel
Videoauflösungen:	1920 x 1080 / 30 Frames
	1280 x 720 / 60 Frames
	640 x 480 / 60 oder 90 Frames
Kabellänge	ca. 150 mm Flachband

Die CSI-Schnittstelle für die RasPi-Cam befindet sich zwischen der HDMI- und der Ethernet-Buchse. Um das 15-polige Flachbandkabel vom Kamera-Modul mit dem Board zu verbinden, muss zunächst der obere Teil des CSI-Steckverbinders etwas nach oben gezogen werden. Dann wird das Flachbandkabel mit der blauen Markierung zum Ethernet-Anschluss hin eingesteckt. Schließlich wird der Verschluss des Steckers wieder nach unten gedrückt. Nun sollte ein zuverlässiger elektrischer Kontakt hergestellt sein und das Kabel fest im Stecker sitzen.

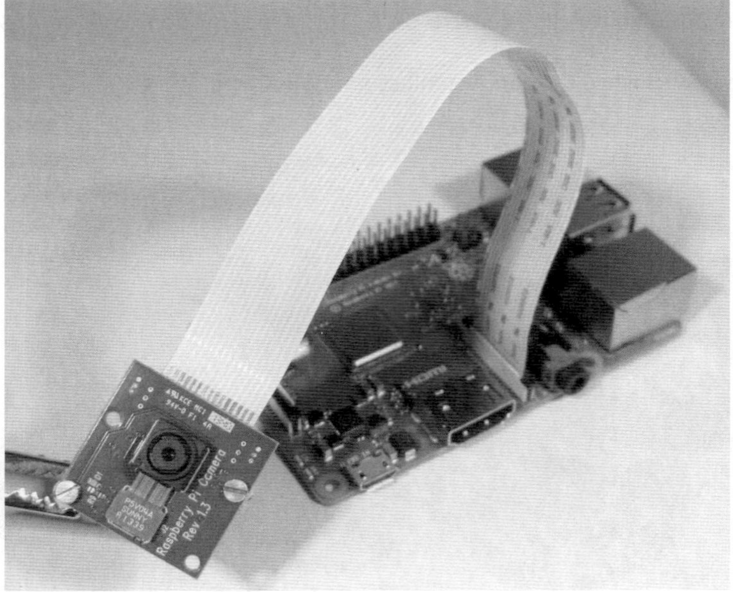

Abbildung 8.2: RasPi-Kamera am Raspberry Pi

Jetzt muss noch der Kamera-Support in Raspbian aktiviert werden. Die kann u. a. über das Konfigurationstools `raspi-config` erledigt werden. Im entsprechenden Menü ist lediglich die Kamerafunktion auf "Enable" zu setzen. Ein Reboot schließt die Prozedur ab und die Kamera ist einsatzbereit.

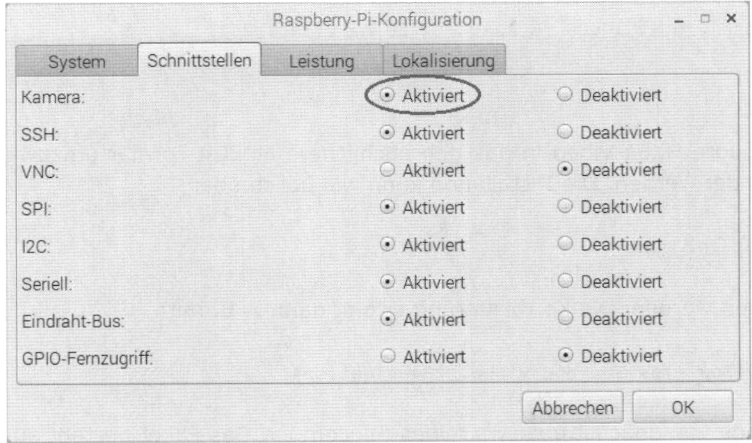

Abbildung 8.3: Aktivierung der PiCam

Das Kamera-Modul wird über raspistill für Einzelbilder oder raspivid für Videosequenzen angesprochen. Für einen ersten Test können nun einzelne Bilder mit

```
raspistill -o image.jpg
```

aufgenommen werden. Auch andere Bildformate als jpg sind möglich:

```
raspistill -e png -o image.png
```

Für Aufnahmen ohne Preview stehen die Optionen -n oder –nopreview zur Verfügung:

```
raspistill -n -o image.jpg
```

Die Auflösung der Bilder ist ebenfalls wählbar, z. B. für 640 x 480 Pixel:

```
raspistill  -w 640 -h 480 -o image.jpg
```

Für die Aufnahme von Videos wird raspivid verwendet. Die Framerate kann mit -fpr (frames per second) eingestellt werden. Mit dem Parameter -t gibt man die Aufnahmezeit in Millisekunden an. Für eine beliebig lange Aufnahme (z. B. für einen Stream) wird der Wert auf 0 gesetzt (Default: 5 Sekunden). Das voreingestellte Videoformat ist 1080p (1920 x 1080 Pixel). Abgespeichert wird, wie erwähnt, im H264-Format. Die folgenden Beispiele erklären die wichtigsten Parameter:

Ein zehn Sekunden langes Video in 1080p (1920 x 1080) Auflösung wird über

```
raspivid  -t 10000 -o video.h264
```

aufgenommen. Eine Auflösung von 720p (1280 x 720) wird über

```
raspivid -t 10000 -w 1280 -h 720 -o video.h264
```

erreicht.

Um die erzeugte H264-Video in das gebräuchlichere MPEG4-Format umzuwandeln, kann gpac verwendet werden. Die Installation kann wie üblich über

```
apt-get gpac
```

vorgenommen werden. Die Konvertierung erfolgt dann z. B. mit:

```
MP4Box -fps 30 -add video.h264 video.mp4
```

Die Homepage von gpac ist gpac.wp.mines-telecom.fr/. Das Paket besteht aus dem Multimedia-Player, "Osmo4" bzw. "MP4Client", und dem oben eingesetzten Multimedia-Packager "MP4Box".

8.2 WebCams mit USB-Anschluss

Eine kostengünstige Alternative zur RasPi-Cam sind USB-Kameras. Für viele Robotikanwendungen sind auch sehr preisgünstige Modelle ausreichend, obwohl die Qualität und Konfigurierbarkeit vieler Standard-USB-Webcams deutlich schlechter als beim RasPi CAM-Modul ist.

Die Abbildung 8.1 zeigt zwei Versionen, von welchen eine auch dem PiCar-V-Bausatz beiliegt.

Abbildung 8.4: USB-Cam für Robotik-Anwendungen

Mit der Anweisung

```
sudo ls dev/vid*
```

kann überprüft werden, ob die am USB-Port des Pi angeschlossenen WebCams erkannt wurden. Die einzelnen Kameras werden dann der Reihe nach als

*dev/*video1
*dev/*video2
...

aufgelistet.

Um mit einer WebCam arbeiten zu können, muss zunächst die Anwendung fswebcam installiert werden:

```
sudo apt-get install fswebcam
```

Nun kann die Anweisung fswebcam, gefolgt von einem Dateinamen, eingegeben werden. Die Webcam nimmt nun ein einzelnes Bild auf und speichert es im aktuellen Verzeichnis unter dem angegebenen Dateinamen ab.

In der Shell werden parallel dazu die folgenden Informationen ausgegeben:

```
--- Opening /dev/video0...
Trying source module v4l2...
/dev/video0 opened.
No input was specified, using the first.
Adjusting resolution from 384x288 to 352x288.
--- Capturing frame...
Captured frame in 0.00 seconds.
--- Processing captured image...
Writing JPEG image to 'image.jpg'.
```

Auch hier kann wieder die gewünschte Auflösung angegeben werden, z. B:

```
fswebcam -r 1280x720 image.jpg
```

Wenn die Kamera die gewünschte Auflösung unterstützt, wird das Bild damit aufgenommen. Andernfalls wird die Auflösung automatisch angepasst.

Es ist sogar möglich, mehrere USB-Cams gleichzeitig zu betreiben. Über

```
fswebcam -d /dev/video0 test.jpg
```

bzw.

```
fswebcam -d /dev/video1 test.jpg
```

können die Kameras einzeln selektiert werden.

Beide Systeme, sowohl die PiCam als auch WebCams, werden in späteren Kapiteln in mobilen Robotersystemen eingesetzt werden. Für anspruchsvollere Anwendungen wie die optische Linienerkennung und -verfolgung wird vorzugsweise die PiCam eingesetzt, da sie ein qualitativ höherwertiges Bild liefert.

8.3 Einfach und universell: Standarddisplays

In der Robotertechnik werden immer wieder Anzeigeeinheiten oder Displays benötigt. Oftmals dienen sie zu Ausgabe von wichtigen Betriebsparametern oder zur Anzeige von Fehlfunktionen. Die gebräuchlichsten Typen sind LCD- und OLED-Einheiten. Bei letzteren handelt es sich um Leuchtdioden-Arrays (englisch **O**rganic **L**ight **E**mitting **D**iode, OLED), also Bauelemente aus organischen Halbleitern. Diese lassen sich in Dünnschichttechnik sehr kostengünstig herstellen. Dadurch wird die Entwicklung von großen Arrays ermöglicht, so dass die OLED-Technik zunehmend für Bildschirme in Smartphones, Tabletcomputern wie auch in Fernsehern und Computermonitoren eingesetzt wird. Die beiden häufig verwendeten Anzeigetypen sollen in den nachfolgenden Abschnitten etwas genauer betrachtet werden.

LC-Displays (LCDs) mit 2 Zeilen und 16 Zeichen pro Zeile sind weit verbreitet und können 32 Zeichen darstellen. Das ist für viele Anwendungen in der Robotik vollkommen ausreichend. Typischerweise erfordert ein einzelnes Zeichens 5 x 8 = 40 Pixel. Damit verfügt dieser Displaytyp schon über 32 x 40 = 1280 Bildpunkte. Diese können nicht mehr über einzelne Mikrocontroller-Pins angesteuert werden. LC-Displays haben aus diesem Grund eigene Hardware-Treiber integriert. Viele LC-Displays verwenden den Controllertyp HD44780, welcher über 14 Pins angesteuert wird. Bei einigen Varianten sind zwei weitere Pins für den Anschluss einer Hintergrundbeleuchtung vorhanden. Die folgende Tabelle zeigt die Pinbelegung des Displays:

Pin	Symbol	Level	Funktion
1	VSS	L	Stromversorgung 0V (GND)
2	VDD	H	Stromversorgung +5V
3	VEE	analog	Kontrastspannung
4	RS	H / L	Umschaltung Befehl / Daten
5	R/W	H / L	H=Read, L=Write
6	E	H	Enable (fallende Flanke)
7	D0	H / L	Display Data, LSB
8	D1	H / L	Display Data
9	D2	H / L	Display Data
10	D3	H / L	Display Data
11	D4 (D0)	H / L	Display Data

12	D5 (D1)	H / L	Display Data
13	D6 (D2)	H / L	Display Data
14	D7 (D3)	H / L	Display Data, MSB
15	Anode	GND	evtl. LED-Hintergrundbeleuchtung
16	Kathode	P5V	evtl. LED-Hintergrundbeleuchtung

Die Spannung Vee kann über ein 10k-Potentiometer zwischen GND und 5 V geschaltet werden. Dann wird dann der Display-Kontrast eingestellt. Auch ein Widerstand von etwa 1 Kiloohm nach Ground sorgt aber bereits für einen akzeptablen Kontrast.

Das Display ist auch im 4-bit-Mode ansteuerbar. Dann sind lediglich vier IO-Pins zur Datenübertragung erforderlich. Die geringere Schreibgeschwindigkeit spielt bei Robotikanwendungen keine Rolle, sodass die 4-Bit-Ansteuerung hier sehr häufig zum Einsatz kommt.

Neben den vier Datenleitungen (DB4, DB5, DB6 und DB7) sind noch die Anschlüsse RS, RW und E erforderlich:

- Das RS (Register Select) entscheidet, ob ein Befehl oder ein Datenbyte anliegt
- RW (Read/Write) legt fest, ob Daten geschrieben oder gelesen werden
- E (Enable) signalisiert, dass die korrekten Pegel anliegen

Die RW-Leitung kann in den meisten Anwendungen auf GND gelegt werden, da lediglich Daten zum Display gesendet werden sollen. Die folgenden Abbildungen zeigen die Verbindung eines LCDs mit einem Arduino.

Abbildung 8.5: Standard-LC-Anzeige an einem autonomen Fahrroboter

Die Ansteuerung des LC-Displays erfolgt über die Library LiquidCrystal. Die Pins

- Register Select (RS)
- Enable (E)
- Datenleitung D4 bis D7

werden über die Anweisung

```
LiquidCrystal lcd(RS, E, D4, D5, D6, D7);
```

festgelegt. Mit

```
lcd.begin(COLS, ROWS);
```

wird die Anzahl der Zeichen pro Zeile (COLS) und die Zeilenzahl (ROWS) übergeben. Für ein 16-stelliges Display mit zwei Zeilen lauten die Parameter also

```
#define COLS 16
#define ROWS 2
```

Über die "print"-Anweisung werden Zeichen an das Display gesendet. Mit

```
lcd.setCursor(x, y);
```

kann die aktuelle Schreibposition (Zeile x, Spalte y) festgelegt werden. Die "clear"-Anweisung löscht alle Zeichen aus der Anzeige und positioniert den Cursor in der linken oberen Ecke an der Koordinate 0, 0.

Soll die Helligkeit der Displaybeleuchtung variabel sein, muss die Versorgungsspannung der Hintergrund-LEDs mit einem PWM-Pin (z. B. Pin 9) verbunden werden. Über

```
#define LCD_backlight 9
pinMode(LCD_backlight, OUTPUT);
analogWrite(LCD_backlight, 255);
```

kann dann die Helligkeit der Hintergrundbeleuchtung softwaretechnisch gesteuert werden. Das vollständige Programm zur Ansteuerung eines zweizeiligen LCDs sieht damit so aus:

```
// LCD_HDD44780_control.ino
// UNO
// IDE 1.8.5

#include <LiquidCrystal.h>

#define LCD_backlight 9
#define RS 8 // Register Select
#define E 7 // Enable
#define D4 6
#define D5 5
#define D6 4
#define D7 3
#define COLS 16
```

```
#define ROWS 2

LiquidCrystal lcd(RS, E, D4, D5, D6, D7);

void setup()
{ pinMode(LCD_backlight, OUTPUT);
 analogWrite(LCD_backlight, 255);
 lcd.begin(COLS, ROWS);
 lcd.print("Robot Display");
 lcd.setCursor(0, 1); // go to line 2
 lcd.print("up and running");
}

void loop(){}
```

Um eigene Zeichen zu erstellen und diese auf dem Display auszugeben, kann die Anweisung

```
createChar()
```

verwendet werden. Damit können beliebige Zeichen als binäre Felder definiert werden. Ein Roboter-Kopf kann folgendermaßen definiert werden:

```
byte robot[8] =
{ B11111,
  B10001,
  B11011,
  B10001,
  B10001,
  B11111,
  B10001,
  B11111
};
```

Über

```
lcd.createChar(CHAR, robot);
```

wird das Sonderzeichen erzeugt. Es kann dann mit

```
lcd.write();
```

auf dem Display dargestellt werden. Der folgende Sketch führt das Sonderzeichen aus:

```
// LCD_HDD44780_robot_char.ino
// IDE 1.8.5

#define LCD_backlight 9
char love = 1, kid = 2, death = 3;

byte robot[8] =
{B11111,
 B10001,
 B11011,
 B10001,
 B10001,
 B11111,
 B10001,
 B11111
};

#include <LiquidCrystal.h>

LiquidCrystal lcd(8, 7, 6, 5, 4, 3);

void setup()
{ pinMode(LCD_backlight, OUTPUT);
  analogWrite(LCD_backlight, 255);
  lcd.begin(16, 2);
  lcd.createChar(kid, robot);
 }

void loop()
{lcd.setCursor(0, 0);
 lcd.write(kid); lcd.print(" ");
}
```

Das Ergebnis auf dem Display sieht so aus:

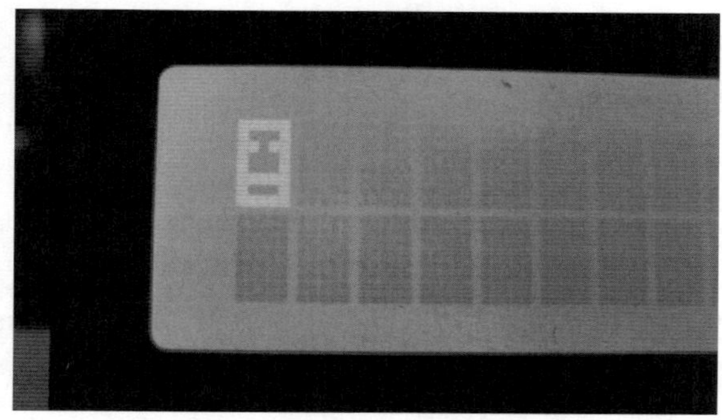

Abbildung 8.6: LCD-Anzeige mit Sonderzeichen "Robot"

8.4 LCD-Display via I²C-Bus

Standarddisplays sind relativ aufwändig in der Verdrahtung und belegen zudem eine vergleichsweise große Anzahl von Port-Pins. Abhilfe schaffen hier Anzeigeeinheiten, die über den I²C-Bus angesteuert werden. Diese sind zwar etwas teurer, dafür belegen sie lediglich zwei aktive Pins. Die Displays zeichnet sich durch die folgenden Eigenschaften aus:

- Anschluss über I²C-Bus – Adresse: 0x20 oder 0x27 (0x20 ist voreingestellt)
- Versorgungsspannung: 5 V
- Kontrast über Potentiometer einstellbar
- Display-Größe: 82 mm x 35 mm x 18 mm

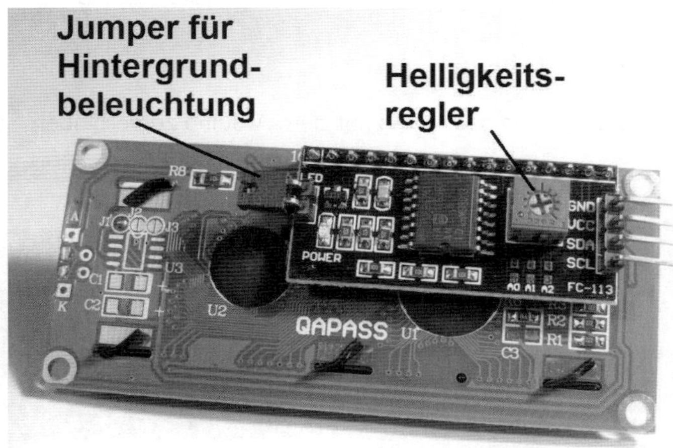

Abbildung 8.7: Rückansicht des LCD-Moduls

Ein Zusatzmodul setzt die vielen Display-Anschlüsse in ein serielles Signal um. Damit sind nur noch zwei Pins erforderlich, um die Anzeige zu steuern. Dies ist besonders bei komplexeren Robotik-Projekten ein wesentlicher Vorteil. Ein weiterer Unterschied zu einem Standard-LCD ohne diese zweite Platine ist, dass sich auf der Rückseite ein Mini-Potentiometer befindet. Damit kann die Leuchtstärke der Hintergrundbeleuchtung des LCDs reguliert werden kann. Sind bei der Inbetriebnahme das Moduls keine Zeichen zu erkennen, muss mit Hilfe dieses Drehreglers der Kontrast eingestellt werden.

Am I²C-LCD-Modul sind nur vier Pins vorhanden. GND wird mit dem GND-Kontakt des Mikrocontrollers verbunden, Vcc mit dem 5V Pin. Der mit SDA bezeichnete Pin ist mit dem Analogen Eingang A4 und SCL mit dem Analogen Eingang A5 zu verbinden. Diese Pins haben eine Doppelfunktion. Sie können nicht nur als analoge Eingänge dienen, sondern auch als sogenanntes I²C-Interface. Neuere Arduino Modelle verfügen direkt neben dem I/O-Ref-Pin über gesonderte SCL- und SDA-Ausgänge. Diese sind jedoch am Mikrocontroller mit denselben Ausgängen verbunden wie A4 (SDA) und A5 (SCL). Deshalb können auch bei Benutzung der beiden Extra-SCL- und -SDA-Ausgänge die Ports A4 und A5 nicht anderweitig verwendet werden. Die folgende Tabelle fasst die erforderlichen Verbindungen zwischen dem Arduino und dem LCD-Modul zusammen:

LCD-Modulpin	Bedeutung	Arduino-Pin	Arduino-Funktion
Vcc	Versorgungsspannung	5 V	
GND	Ground	GND	
SDA	Serial Data	A4 / SDA	SDA
SCL	Serial Clock	A5 / SCL	SCL

Um mit dem I²C-LCD Modul zu arbeiten, benötigt man eine Library, welche nicht in der Arduino-IDE vorinstalliert ist. Diese kann unter

https://github.com/fdebrabander/Arduino-LiquidCrystal-I2C-library

aus dem Internet geladen werden.

Die folgende Abbildung zeigt, wie das Modul mit dem Arduino zu verbinden ist:

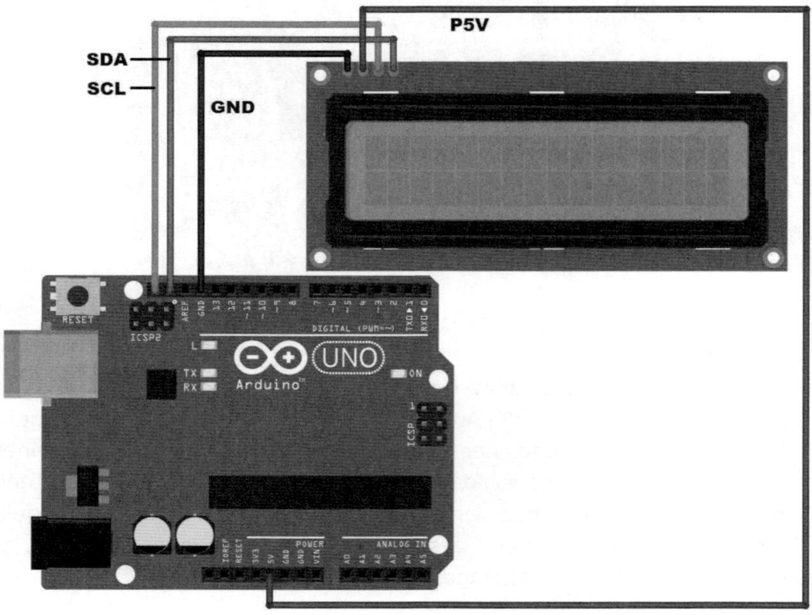

Abbildung 8.8: I²C-LCD am Arduino

Um zu prüfen, ob das Display korrekt angeschlossen ist, kann der folgende Sketch verwendet werden:

```
// I2C_LCD_test.ino

#include <Wire.h>
#include <LiquidCrystal_I2C.h>
```

```
// Set the LCD address to 0x27 for a 16 chars and 2 line display
LiquidCrystal_I2C lcd(0x27, 16, 2);

void setup()
{ // initialize the LCD
  lcd.begin();
  // Turn on the blacklight and print a message.
  lcd.backlight();
  lcd.print("LCD ok!");
}

void loop()
{
}
```

Ein LCD ist bestens geeignet, um Sensorwerte wie Temperaturen oder Helligkeitswerte anzuzeigen. Auch Spannungen an den Analogports oder Pegelzustände an den digitalen Eingängen können so leicht dargestellt werden.

8.5 Unübersehbar: blinkendes Display-Modul als Warnsignal

Bei LCD-Displays mit I2C-Steuerung kann auch die Hintergrundbeleuchtung über die Software gesteuert werden. So kann man beispielsweise über einen Lichtsensor die Umgebungshelligkeit erfassen und die Hintergrundbeleuchtung entsprechend den aktuellen Gegebenheiten ein- oder ausschalten.

Eine andere Anwendungsmöglichkeit besteht darin, dass Display blinken zu lassen. So kann ein Roboter Warnmeldungen besonders deutlich anzeigen. Der folgende Sketch lässt die Anzeige "ALERT" als Alarmmeldung mehrmals pro Sekunde aufblinken. Ein solches Warnsignal ist immer dann angebracht, wenn etwa ein Roboterfahrzeug einen außergewöhnlichen oder gefährlichen Betriebszustand signalisieren soll. So kann etwa die Temperatur der Antriebsmotoren oder der Ladezustand des Bord-Akkus überwacht werden. Im Normalzustand werden dann lediglich die aktuellen Werte ausgegeben. Wenn Bei Überhitzung oder niedriger Energiereserve beginnt die Anzeige dann aber als unübersehbarer Alarmhinweis zu blinken.

```
// LCD_blinking.ino

#include <Wire.h>
#include <LiquidCrystal_I2C.h>
LiquidCrystal_I2C lcd(0x27,16,2);  // set the LCD address to 0x27 for a 16
                                   // chars and 2 line display


void setup()
{ lcd.begin();        //initialize LCD
  lcd.print("     ALERT!     ");
```

```
}
void loop()
{ lcd.backlight();    // backlight on
  delay(200);
  lcd.noBacklight();  // backlight on
  delay(200);
}
```

8.6 OLED-Module: Displays im Kleinformat

Die rasche Entwicklung in der Display-Technologie führte zu Anzeigeeinheiten, die auch in sehr kleinen Formaten erhältlich sind. Die folgende Abbildung zeigt ein Beispiel dazu.

Abbildung 8.9: Mini-OLED-Display mit 128x64 Pixeln

Obwohl die Einheit nur 2 cm x 1 cm groß ist, verfügt sie über 128 x 64 Pixel. Das Display verwendet die I^2C-Schnittstelle zur Kommunikation. Dadurch werden wieder nur zwei Datenpins benötigt. Neben den Datenleitungen muss das OLED-Displays nur noch mit GND und 3.3 V am Arduino verbunden werden.
Softwareseitig sind die Bibliotheken

```
Adafruit_GFX und
Adafruit_SSD1306.h
```

erforderlich. Diese können von der Adafruit-Homepage oder unter

https://github.com/adafruit/Adafruit-GFX-Library bzw.
https://github.com/adafruit/Adafruit_SSD1306

heruntergeladen werden (s. a. Downloadpaket).

Der folgende Sketch zeigt, wie das Display mit diesen Libraries angesteuert werden kann:

```
// OLED_SSD1305_hello_robot.ino
// UNO
// IDE 1.8.5

#include <SPI.h>
#include <Wire.h>
#include <Adafruit_GFX.h>
#include <Adafruit_SSD1306.h>

Adafruit_SSD1306 display(-1);    // reset not used -> -1

void setup()
{ display.begin(SSD1306_SWITCHCAPVCC, 0x3C);
  display.clearDisplay();
}

void loop()
{ display.setTextColor(WHITE);
  display.setTextSize(1);
  display.setCursor(20,1);
  display.println("OLED - Display");
  display.setCursor(22,56);
  display.println(" - - - - - -");
  display.setTextSize(2);
  display.setCursor(34,15);
  display.println("Hello");
  display.setCursor(30,34);
  display.println("robot!");
  display.display();
  delay(2000);
  display.clearDisplay();
  display.invertDisplay(true);
  delay(2000);
  display.invertDisplay(false);
}
```

8.7 Schnelle Grafikanwendungen

OLED-Displays können auch schnell bewegte Grafiken gut darstellen. Damit eignen sie sich besonders als Anzeigeeinheiten für Roboter. So lassen sich etwa auch emotionale Grafiken gut darstellen (s. Abb. 8.11). Anders als LC-Displays zeigen OLEDs kaum Verzögerungszeiten bei der Darstellung von rasch wechselnden Bildinhalten. So können auch schnelle Änderungen dargestellt werden. Der folgende Sketch liefert ein Beispiel für einen schnellen und dennoch klaren Grafikablauf:

```
// OLED_SSD1305_graphics.ino
// IDE 1.8.5

#include <SPI.h>
#include <Wire.h>
#include <Adafruit_GFX.h>
#include <Adafruit_SSD1306.h>

#define xMax 128
#define yMax 64

Adafruit_SSD1306 display(-1);     // reset not used -> -1

void setup()
{ display.begin(SSD1306_SWITCHCAPVCC, 0x3C);
  display.clearDisplay();
  randomSeed(analogRead(0));
}

void loop()
{ if(random(2))display.
drawTriangle(random(xMax),random(yMax),random(xMax),random(yMax),
    random(xMax),random(yMax), WHITE);
    else display.
fillTriangle(random(xMax),random(yMax),random(xMax),random(yMax),
    random(xMax),random(yMax), WHITE);
    display.display();
    delay(100);
    display.clearDisplay();
}
```

Damit kann ein Service-Roboter beispielsweise auch die aktuelle Uhrzeit in analoger Form anzeigen. Aber auch andere Messwerte können so als Quasi-Analoganzeigen dargestellt werden. Der folgende Sketch zeigt eine Analoguhr in guter Grafikqualität. Durch Drucktaster an den Digitalpins D8 und D9 können die Minuten und die Sekunden eingestellt werden. Auch wenn sich die Zeiger mit großer Geschwindigkeit bewegen, bleiben sie als scharfe Striche erkennbar. Selbst wenn man durch Anpassen der Zeitvariablen tc in der Zeile

```
double tc = 1000000;          // timeCounter = 1000000 µs = 1.000000 s
```

eine 10- oder 100-fache Ablaufgeschwindigkeit einstellt, bleibt der Sekundenzeiger noch klar erkennbar. Erst bei 1000-facher Beschleunigung scheint der Zeiger durch Stroboskop-Effekte rückwärts zu laufen.

```
// OLED_SSD1305_RoboClock.ino
// UNO
// IDE 1.8.5

#include "TimerOne.h"
double tc = 1000000;          // timeCounter = 1000000 µs = 1.000000 s
int hrs=11, mins=55, secs=00; // time variables

#include <SPI.h>
#include <Wire.h>
#include <Adafruit_GFX.h>
#include <Adafruit_SSD1306.h>
Adafruit_SSD1306 display(-1);   // no resset pin
int radius = SSD1306_LCDHEIGHT/2-2;
int midX = SSD1306_LCDWIDTH/2;
int midY = SSD1306_LCDHEIGHT/2;

#define Mins_KeyPressed (!(PINB & (1<<0)))  // low if button on Pin B0 (D8)
                                            // is pressed
#define Hrs_KeyPressed  (!(PINB & (1<<1)))  // low if button on Pin B1 (D9)
                                            // is pressed

void setup()
{ Wire.begin();
  Timer1.initialize(tc);
  Timer1.attachInterrupt(update_time);
  display.begin(SSD1306_SWITCHCAPVCC, 0x3C);  // initialize with the I2C
                                              // addr 0x3C
  display.clearDisplay();
  pinMode(8, INPUT); digitalWrite(8, HIGH); // pullup at Digital 8
  pinMode(9, INPUT); digitalWrite(9, HIGH); // pullup at Digital 9
}

void loop()
{ draw_frame();
  clock_face();
  float angle = 6*secs ; drawhand(angle, 6);      // secs hand
  angle = mins*6 ; drawhand(angle, 8);            // mins hand
  angle = hrs*30 + mins/2; drawhand(angle, 12);   // hrs hand
  display.display();
```

```
  delay(1);
  display.clearDisplay();
  if (Mins_KeyPressed)set_mins();
  if (Hrs_KeyPressed) set_hrs();
}

void update_time()
{ secs++;
    if(secs==60)
    { secs=0;
      mins++;
      if(mins==60)
      { mins=0;
        hrs++;
        if(hrs==12)
        { hrs=0;
        }
      }
    }
}

void drawhand(float angle, int rr)
{ angle=(angle/57.29577951) ; //Convert degrees to radians
  int x=(midX+((radius-rr)*sin(angle)));
  int y=(midY-((radius-rr)*cos(angle)));
  display.drawLine(midX,midY,x,y,WHITE);
}

void clock_face()
{ display.drawCircle(midX, midY, radius, WHITE);
  display.drawCircle(midX, midY, 2, WHITE);
  // tickmarks
  for( int z=0; z < 360;z= z + 30 )
  { //Begin at 0° and stop at 360°
    float angle = z ;
    angle=(angle/57.29577951) ; //Convert degrees to radians
    int x1=(midX+(radius*sin(angle)));
    int y1=(midY-(radius*cos(angle)));
    int x2=(midX+((radius-5)*sin(angle)));
    int y2=(midY-((radius-5)*cos(angle)));
    display.drawLine(x1,y1,x2,y2,WHITE);
  }
}

void draw_frame()
{ display.drawLine(0, 0 , 0, SSD1306_LCDHEIGHT-1, WHITE);
```

```
  display.drawLine(0, 0 , SSD1306_LCDWIDTH-1, 0, WHITE);
  display.drawLine(SSD1306_LCDWIDTH-1, 0 , SSD1306_LCDWIDTH-1, SSD1306_
  LCDHEIGHT-1, WHITE);
  display.drawLine(0, SSD1306_LCDHEIGHT-1 , SSD1306_LCDWIDTH-1, SSD1306_
  LCDHEIGHT-1, WHITE);
}

void set_mins()
{ if (mins<59) mins++;
  else
    { mins=0;
    if (hrs<12) hrs++; else hrs=1;
    }
  delay(30);
}

void set_hrs()
{ if (hrs<12) hrs++; else hrs=0;
  delay(50);
}
```

Abschließend zeigt der nächste Sketch, wie man das OLED-Display zur grafischen Aufzeichnung von Messdaten verwenden kann. Ähnliche Darstellungen sind z. B. bei Speicheroszilloskopen, Datenloggern oder Transientenrecordern zu finden.

```
// OLED_SSD1305_running_analog_display.ino
// UNO
// IDE 1.8.5

#include <SPI.h>
#include <Wire.h>
#include <Adafruit_GFX.h>
#include <Adafruit_SSD1306.h>
Adafruit_SSD1306 display(-1);    // no resset pin

#define xMax 120
#define yMax 60

int t, x, y;
byte Y[120];    // array for display values

void setup()
{ Wire.begin();
  display.begin(SSD1306_SWITCHCAPVCC, 0x3C); // initialize with the I2C
                                              // addr 0x3C (for the 128x64)
  display.clearDisplay();
```

```
}

void loop()
{ frame(); axes();
  display.display();
  delay(1);
  display.clearDisplay();
  for (int t = 0; t < xMax-1; t++)
    { display.drawLine(t, Y[t], t+1, Y[t+1], WHITE);  // draw current value
      Y[t] = Y[t+1];                                  // move dots to the
left
    }
  Y[xMax-1] = analogRead(A0)/17;                // get new dot
}

void frame()
{ display.drawLine(0, 0 , 0, SSD1306_LCDHEIGHT-1, WHITE);
  display.drawLine(0, 0 , SSD1306_LCDWIDTH-1, 0, WHITE);
  display.drawLine(SSD1306_LCDWIDTH-1, 0 , SSD1306_LCDWIDTH-1, SSD1306_
  LCDHEIGHT-1, WHITE);
  display.drawLine(0, SSD1306_LCDHEIGHT-1 , SSD1306_LCDWIDTH-1, SSD1306_
  LCDHEIGHT-1, WHITE);
}

void axes()
{ display.drawLine(0,yMax,xMax,yMax,WHITE);           // x-axis
  display.drawLine(0,0,0,yMax,WHITE);                 // y-axis
  display.drawLine(0,yMax/2,xMax,yMax/2,WHITE);       // zero-line
}
```

8.8 OLED-Display am Raspberry Pi

Das OLED-Display kann auch am Raspberry Pi betrieben werden. Es ist allerdings zu beachten, dass die I^2C-Schnittstelle am Raspberry Pi per Voreinstellung deaktiviert ist. Die Schnittstelle wird über die Konfigurationseinstellungen aktiviert:

```
$ sudo raspi-config
```

Im Punkt 5 (Interfacing Options) > P5 (I2C) > ENTER wird die Abfrage, ob der I^2C-Bus aktiviert werden soll wollen, mit <Ja> beantwortet. Nach der Installation der I^2CTools und einem Neustart:

```
$ sudo apt-get install python-smbus i2c-tools git python-pil
$ sudo reboot
```

steht der Bus zur Verfügung. Nun kann das Display mit dem Pi verbunden werden. Hierbei ist zu beachten, dass das Display meist nur mit 3,3 V betrieben werden darf.

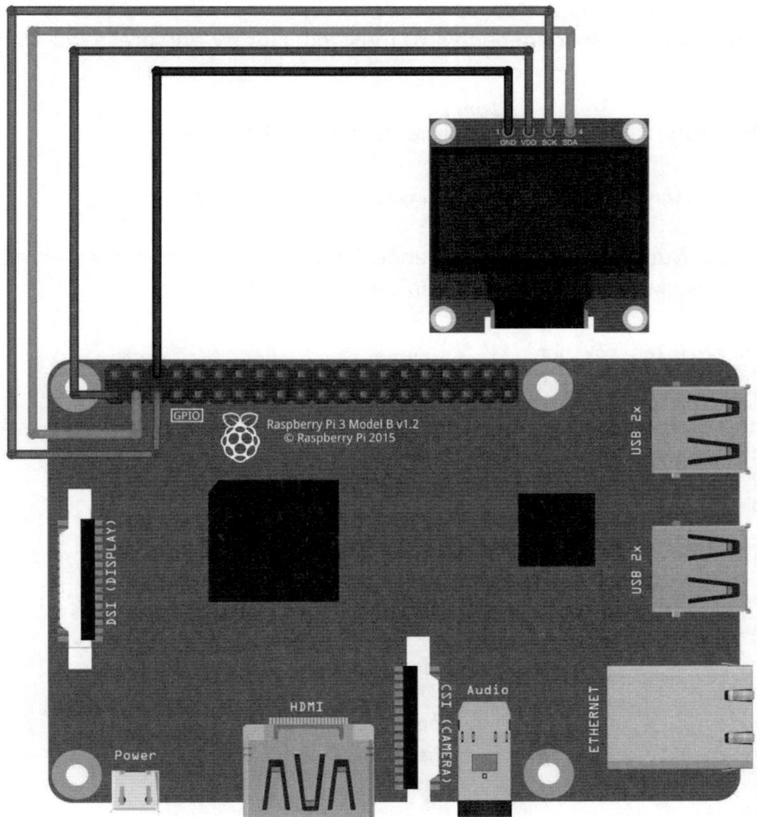

Abbildung 8.10: OLED-Display am Raspberry Pi

Nun kann man die I²C-Adresse überprüfen:

```
$ i2cdetect -y 1
```

Die ausgegebene Tabelle zeigt, dass das Display unter der 3c gefunden wurde:

```
pi@raspberrypi:~ $ i2cdetect -y 1
0 1 2 3 4 5 6 7 8 9 a b c d e f
00: -- -- -- -- -- -- -- -- -- -- -- -- -- --
10: -- -- -- -- -- -- -- -- -- -- -- -- -- --
20: -- -- -- -- -- -- -- -- -- -- -- -- -- --
30: -- -- -- -- -- -- -- -- -- -- 3c -- -- --
40: -- -- -- -- -- -- -- -- -- -- -- -- -- --
50: -- -- -- -- -- -- -- -- -- -- -- -- -- --
60: -- -- -- -- -- -- -- -- -- -- -- -- -- --
70: -- -- -- -- -- -- -- -- -- -- -- -- -- --
```

Diese Adresse wurde in der unten verwendeten Python-Bibliothek bereits voreingestellt. Falls eine andre Adresse ausgegeben wird, muss die Library entsprechend angepasst werden.

Für die Ansteuerung des Displays kann die folgende Library unter

```
$ git clone https://github.com/BLavery/lib_oled96
```

geladen werden. Nun kann man das folgende Python-Programm in das Verzeichnis home/pi/lib_oled96 (s. Downloadpaket) kopieren und dort starten:

```
#!/usr/bin/env python
# OLED SSD1306 @ RasPi I2C

from lib_oled96 import ssd1306
from smbus import SMBus
from PIL import ImageFont

i2cbus = SMBus(1)
oled = ssd1306(i2cbus)
draw = oled.canvas

# define fonts
FreeSans12 = ImageFont.truetype('FreeSans.ttf', 12)
FreeSans20 = ImageFont.truetype('FreeSans.ttf', 20)

# create frame
oled.canvas.rectangle((0, 0, oled.width-1, oled.height-1), outline=1,
fill=0)

# set font
FreeSans20 = ImageFont.truetype('FreeSans.ttf', 20)

# send text
draw.text((10, 10), "Hello", font=FreeSans12, fill=1)
draw.text((50, 30), "Robot", font=FreeSans20, fill=1)

oled.display()
```

Auf dem Display erscheint der Text "Hello Robot" an den angegebenen Positionen und im entsprechenden Font.

Für grafische Ausgaben stehen die folgenden Anweisungen zur Verfügung:

Linien:	draw.line((x1, y1, x2, y2), fill=1)
Rechteck (Rahmen):	draw.rectangle((x1, y1, x2, y2), outline=1, fill=0)
Rechteck (gefüllt):	draw.rectangle((x1, y1, x2, y2), outline=1, fill=1)
Ellipse:	draw.ellipse((x1, y1, x2, y2), outline=1, fill=0)
Polygon:	draw.polygon([(x1, y1), (x2, y2), (x3, y3)], outline=1, fill=0) Die Eckpunkte werden als Array angegeben: (x1, y1) erste Ecke, (x2, y2) zweite Ecke, (x3, y3) dritte Ecke, usw.
Bogen:	draw.arc((x1, y1, x2, y2), α1, α2, fill=1) α1, α2 stehen für den Startwinkel und den Endwinkel, gerechnet im Uhrzeigersinn, Startrichtung: x-Achse = 0°

Das folgende Programm zeichnet eine einfaches Robotergesicht auf das Display:

```
#!/usr/bin/env python
# robot face.py

from lib_oled96 import ssd1306
from smbus import SMBus

i2cbus = SMBus(1)
oled = ssd1306(i2cbus)
draw = oled.canvas

oled.cls()
oled.display()

# eyes
draw.rectangle((28, 10, 38, 20), outline=1, fill=1)
draw.rectangle ((90, 10, 100, 20), outline=1, fill=1)
# nose
draw.ellipse((60, 30, 70, 45), outline=1, fill=1)
# draw.ellipse((10, 10, 20, 20), outline=1, fill=0)

# mouth
draw.arc((32, 2, 100, 63), 30, 150, fill=1)

oled.display()
```

Abbildung 8.11: Text, Grafik oder IP auf dem OLED-Display

Oftmals wird die aktuelle IP des Raspberry benötigt, etwa um mit putty oder filezilla Kontakt zum Pi aufzunehmen. Das folgende Programm zeigt die IP auf dem OLED-Display an:

```
#!/usr/bin/env python
# OLED SSD1306 @ RasPi I2C
#

from lib_oled96 import ssd1306
from smbus import SMBus
from PIL import ImageFont
import commands

i2cbus = SMBus(1)
oled = ssd1306(i2cbus)
draw = oled.canvas

# define fonts
FreeSans16 = ImageFont.truetype('FreeSans.ttf', 16)

# create frame
oled.canvas.rectangle((0, 0, oled.width-1, oled.height-1), outline=1,
                      fill=0)

# send text
draw.text((3, 10), "The Robot-IP:", font=FreeSans16, fill=1)
draw.text((3, 30), commands.getoutput('hostname -I'), font=FreeSans16,
                    fill=1)

oled.display()
```

Kapitel 9 • Energieriegel für Roboter: Die Stromversorgung

Für Stromversorgung eines mobilen Roboters stehen mehrere Alternativen zur Verfügung. Allerdings zeigen die voluminösen "Akku-Rucksäcke" diverser humanoider Roboter, dass das Problem der Energieversorgung nicht zu unterschätzen ist. Meist sind die verwendeten Akkus die schwerste und größte Komponente eines Roboters.

Noch vor wenigen Jahren wurden Roboter überwiegend mit NiMH-Zellen betrieben. Inzwischen kommt auch bei nicht professionellen Anwendung immer mehr die Li-Ionen-Technologie zum Einsatz. Diese bietet einerseits viele Vorteile wie hohe Speicherkapazitäten, geringes Gewicht und lange Lebensdauer. Allerdings stehen diesen Vorteilen auch mehrere problematische Eigenschaften gegenüber. So benötigen Li-Ionen-Zellen wesentlich aufwändigere Ladetechniken. Zudem liefern diese Zellen typischerweise sehr hohe Ströme. Die damit verbundene hohe Leistungsfähigkeit ist zwar prinzipiell vorteilhaft, allerdings darf man die damit verbundene Brand- oder sogar Explosionsgefahr keinesfalls aus dem Auge verlieren. Im folgenden sollen deshalb einige geeignete Schutzmaßnahmen dargelegt werden. Im Zweifelsfalle sollten weniger erfahrene Anwender jedoch auf den Einsatz von Li-Ionen-Zellen verzichten und NiMH-Technik verwenden oder sogar auf einfache Einwegbatterien zurückgreifen. Diese sind aufgrund ihrer deutlich geringeren Kurzschlussströme deutlich sicherer in der Anwendung.

Auf jeden Fall sollten alle Roboter immer mit geeigneten Maßnahmen gegen Überströme und damit gegen Brand- oder Explosionsgefahren abgesichert werden. Die folgenden Kapitel zeigen einige Möglichkeiten hierzu.

9.1 Safety first: Sicherungen

Elektrische Sicherungen unterbrechen einen Stromkreis, wenn der Strom einen bestimmten Grenzwert überschreitet. Prinzipiell kommen die folgenden Varianten zur Anwendung:

- Schmelzsicherungen
- Selbstrückstellende Sicherungen
- Elektronische Sicherungen

Elektronische Sicherungen finden sich häufig in Geräten, in denen eine klassische Absicherung nicht möglich oder ausreichend bzw. unpraktikabel ist. Typische Anwendungsgebiete sind Netzteile, Verstärker oder elektronische Kleingeräte. Elektronische Sicherungen können eine sehr kurze Ansprechzeit aufweisen. In dieser Hinsicht sind sie Leitungsschutzschaltern oder Schmelzsicherung klar überlegen. Auch im Roboterbau werden zunehmend elektronische Sicherungseinrichtungen verwendet. Allerdings führen diese zu einem erheblichen zusätzlichen Schaltungsaufwand. Wesentlich einfacher und in den allermeisten Fällen vollkommen ausreichend sind dagegen Schmelz- oder selbstrückstellende Sicherungen.

Schmelzsicherungen bestehen im wesentlichen aus einem speziellen, meist vergleichsweise dünnem Draht aus Elektrolytkupfer oder Feinsilber. Dieser wird durch den durchfließenden Strom erwärmt und schmilzt, sobald eine bestimmte Nennstromstärke überschritten wird. Dadurch werden größere Schäden an den geschützten Schaltungen vermieden. Häufig sind

Sicherungen mit Quarzsand gefüllt. Dieser dient zur Löschung eines eventuell entstehenden Lichtbogens.

Sicherungseinsätze werden meist in entsprechende Sockel eingesetzt. Auf Leiterplatten wird teilweise auf Sockel verzichtet und die Sicherungen werden durch Löten befestigt.

Abbildung 9.1: Feinsicherung in einem Breadboard

Schmelzsicherungen gelten als sehr sichere Varianten. Der Schmelzdraht brennt gemäß dem vorgegebenen Strom-Zeit-Verhalten in jedem Fall durch, wenn der zulässige Nennstrom überschritten wird. Damit ist eine sichere Auslösung garantiert.

Für die in diesem Buch vorgestellten Projekte kommen hauptsächlich Feinsicherungen in Frage (s. Abb. oben). Feinsicherungen sind für einen weiten Bereich von Volt- und Amperezahlen erhältlich. Beide Werte sollten an die vorgegebene Anwendung angepasst sein. In den meisten Fällen bleiben die verwendeten Spannungen unter 20 V und die Stromstärken unter 3 A. Es empfiehlt sich also immer, einige Sicherungen mit diesen Richtwerten vorrätig zu haben.

Neben diesen Werten ist auch noch die zeitliche Auslösecharakteristik der Sicherung von Bedeutung. Soll die Sicherung bereits bei sehr kurzfristiger Überschreitung ihres Nennstromwertes auslösen, ist ein "flinker" Sicherungstyp zu verwenden. Meist ist jedoch die Variante "träge" oder "mittelträge" ausreichend. In diesem Fall schmilzt der Sicherungsdraht erst nach einer etwas länger andauernden Überlastung. Die folgende Tabelle fasst die Sicherungstypen kurz zusammen:

Auslöseverhalten	**Kennbuchstabe**	**Anwendung der Feinsicherung**
Superflink	FF	Schutz von Halbleitern wie Thyristoren und Triacs
Flink	F	Absicherung von elektrischen Geräten ohne Überströme beim Einschalten
Mittelträge	M	Für Geräte mit schnell abklingenden Einschaltüberströmen

Träge	T	Für Anwendungen mit hohen und langsam abklingende Einschaltüberströmen, z. B. Elektromotoren und Relais
Superträge	TT	Für Geräte mit besonders hohen Einschaltströmen

Der größte Nachteil einer Schmelzsicherung ist, dass sie nach ihrem Durchbrennen ersetzt werden muss. Dies ist insbesondere bei experimentellen Anwendungen ein großer Nachteil, da es hier häufiger zu unerwarteten Überströmen kommen kann. In diesem Fall kann man auf sogenannte selbstrückstellende Sicherungen zurückgreifen.

Besonders geeignet sind hierfür PPTC-Sicherungselemente (**P**olymetric **P**ositive **T**emperature **C**oefficient). Diese werden zunehmend zum integrierten Schutz von elektronischen Schaltungen eingesetzt. Sie haben den Vorteil, dass sie nach einem Auslösen nicht ausgewechselt werden müssen, da sie sich nach dem Trennen von der Versorgungsspannung selbst zurückzustellen.

Die Funktionsweise dieses Sicherungstyps beruht auf den besonderen Eigenschaften von Polymeren. PPTC-Elemente bestehen aus einer Mischung von semikristallinem Polymer und leitenden Partikeln. Im Normalzustand bilden diese niederohmige Netze innerhalb des Polymer-Materials. Beim Überschreiten des Auslösestroms erwärmt sich das Bauteil und das Polymer geht in einen amorphen Zustand über. Dabei werden die leitfähigen Kohlenstoffketten unterbrochen. Der Widerstand des Bauteils steigt stark an und begrenzt den Strom auf einen typbedingten Maximalwert.

Der Widerstand nimmt dabei normalerweise um drei oder mehr Größenordnungen zu. Dieser erhöhte Widerstand schützt die Bauelemente des betreffenden Stromkreises, indem der im Störungsfall fließende Strom auf ein gleichbleibend niedriges Niveau begrenzt wird. Der Baustein verbleibt in diesem hochohmigen Zustand, bis die Störung behoben und die Stromversorgung des Stromkreises abgeschaltet wird. Nach Beseitigung des Überstroms oder Unterbrechen der Spannung kühlt das Polymer ab und die Strombrücken werden wieder aufgebaut. Das PPTC-Element nimmt wieder seinen ursprünglichen niedrigen Widerstand an und das betreffende Gerät kann wieder normal funktionieren.

Soll sicherstellt sein, dass der PPTC einem bestimmten Strom in einem weiten Temperaturbereich ohne Abschalten standhält, muss die selbstrückstellende Sicherungen mit einem etwas höheren Auslösestromwert gewählt werden. Wird die betreffende Schaltung dagegen ausnahmslos bei Zimmertemperatur betrieben, kann man den Auslösewert direkt mit dem zu erwartenden Maximalstrom in der Schaltung gleichsetzen.

PPTCs oder "Polyswitches" sind für Auslösewerten von einigen Milliampère bis hin zu einigen Ampère verfügbar. Gängig sind Varianten mit Nennspannungen bis zu ca. 60 V.

Aufgrund der thermischen Vorgänge reagieren PPTC relativ träge. Sie können daher lediglich zum Schutz vor Überlastung an Motoren oder Akkus etc. dienen. Größere Schäden wie etwa das Entstehen von Bränden können damit allerdings relativ wirksam vermieden werden. Durch ihre bauartbedingten Besonderheiten sind selbstrückstellende Sicherungen nicht für alle Anwendungsfälle geeignet. Die Ansprechzeit (englisch: Triptime) beträgt bei den meisten Varianten mehrere Sekunden. Für manche Anwendungen ist die Ansprechzeit zu lange, oder die Temperaturabhängigkeit nicht tolerierbar und man muss konventionelle Schmelzsicherungen einsetzen.

Im Normalzustand weisen gängige PPTC einen Widerstand von ca. 0,2 Ohm auf. Der dadurch bedingte Spannungsabfall kann bei einigen Anwendungen problematisch sein. Auch in diesem Fall muss man auf Schmelzsicherungen zurückgreifen.

Für die Robotikanwendungen im vorliegenden Buch sind Polyswitches mit einem Auslösestrom von ca. 1 A ausreichend. Ein geeigneter Typ ist beispielsweise der PFRA 050 mit den folgende technischen Daten (s.a. Bezugsquellenverzeichnis):

Tripzeit:	4,0 s
Belastungsgrenze:	60 V / 40 A
Ihold:	0,50 A
Itrip:	1,00 A
Anfangs-R min.:	0,41 Ohm
Anfangs-R max.:	0,77 Ohm

Mit Hilfe einer zum PPTC parallel geschalteten LED kann man eine einfache "Auslöseanzeige" realisieren.

Abbildung 9.2: PPTC in einem Breadboard mit Auslöseanzeige

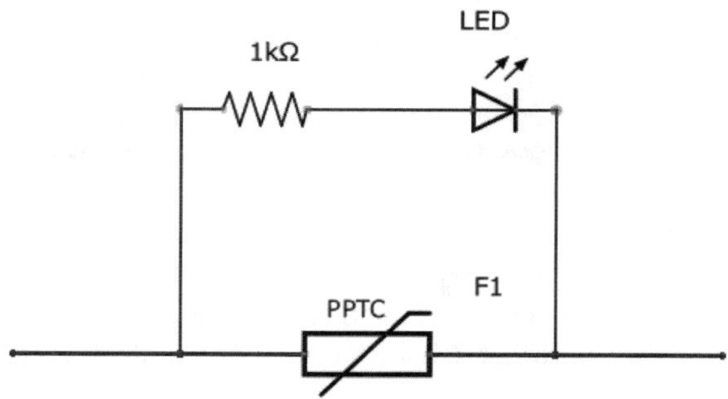

Abbildung 9.3: Schaltbild zur Auslöseanzeige

Löst die Sicherung aus, fällt die Betriebsspannung nahezu vollständig über dem PPTC ab und die LED signalisiert die Überlast.

Selbstrückstellende Sicherungen sind zwar meist deutlich teurer als konventionelle Sicherungen. Da sie jedoch auch nach einem Überlastfall immer wieder eingesetzt werden können, ist ihr Einsatz dennoch in vielen Fällen von Vorteil. Im Unterschied zu Schmelzsicherungen, die austauschbar sein müssen, können die selbstrückstellenden PPTC-Elemente auch an unzugänglichen Stellen montiert werden. Da sie außerdem keine beweglichen Teile enthalten, verkraften sie mechanische Stöße und Vibrationen problemlos. Durch ihre geringe Größe beanspruchen sie nur wenig Platz und tragen dadurch zur Miniaturisierung bei.

9.2 NiMH-Akkkus

Neben den inzwischen als veraltet geltenden NiCd-Akkus kommen in der Robotik vielfach NiMH-Akkkus zum Einsatz, wobei NiMH für "Nickel-Metallhydrid" steht. Allerdings gibt es einiges zu beachten, wenn NiMH-Zellen eine lange Lebensdauer erreichen sollen. Insbesondere das Laden der Zellen erfordert einige Aufmerksamkeit. Während bei anderen Akkutypen die Überladung allein durch Einstellen einer maximalen Ladespannung vermieden werden kann, ist die Ladeschlusspannung bei NiMH-Zellen nicht exakt definiert. Daher sind andere Methoden erforderlich, um den Akku sicher zu laden.

Der Ladewirkungsgrad von Nickel-Metallhydrid-Akkus beträgt ca. 70%. Das bedeutet, dass für 100 Milliampère-Stunden Ladung ca. 150 mAh geladen werden müssen. Je schneller das Aufladen erfolgt, desto schlechter wird dieser Wirkungsgrad. Wenn eine Zelle das Ladeende erreicht, wird in zunehmendem Maße Wärme erzeugt. Die Erfassung des damit einhergehenden Temperaturanstiegs ist die beste Methode, um das Ladeende bei einer Schnelladung zu erkennen. Viele moderne Ladegeräte verfügen daher über einen entsprechenden Temperatursensor.

Die einfachste Methode zum Laden eines Nickel-Metallhydrid-Akkus ist das Laden bei C/10 oder weniger. Das bedeutet, dass der Ladestrom in mA weniger als 10 % der Nennkapazität in mAh beträgt. Ein 100-mAh-Akku wird also 15 Stunden bei 10 mA aufgeladen. Diese Methode erfordert keine speziellen Sensoren und gewährleistet eine vollständige Ladung.

Die minimale Spannung, die für eine vollständige Ladung benötigen wird, variiert mit der Temperatur. Sie liegt bei mindestens 1,41 Volt pro Zelle bei 20° C. Auch das Aufladen bei C/10 führt zu einer leichten Erwärmung der Zelle. Um die Lebensdauer der Zellen zu optimieren, empfiehlt es sich, einen Timer zu verwenden. Damit kann ein Überladen nach 13 bis 15 Stunden Ladezeit vermieden werden. Viele moderne Ladegeräte verfügen über einen Mikrocontroller, um den Ladezustand über LEDs anzuzeigen oder den Lade-Timer zu steuern. Mit einem Timer kann man NiMHs auch innerhalb von 5 Stunden bei C/3 laden. Dazu sollte der Akku allerdings vollständig entladen sein. Einige Ladestationen entladen deshalb den Akku zunächst automatisch auf 1 Volt pro Zelle und starten erst dann die 5-Stunden-Ladung.

Mit Temperaturüberwachung können NiMH-Akkus mit bis zu 1 C geladen werden, d. h. 100 % der Akkukapazität in Amperestunden in 1,5 Stunden. Entsprechende Geräte erfassen auch die Spannung und den Strom, um komplexe Lade-Algorithmen umzusetzen. Das Ende des Ladezyklusses wird dann im Allgemeinen bei einem Temperaturanstieg von 1 bis 2 ° C pro Minute erreicht.

In Standby-Modus kann die Ladung von Nickel-Metallhydrid-Akkus erhalten werden, ohne die Zellen zu beschädigen. Diese Erhaltungsladung kann bei Strömen zwischen 0,03 C und 0,05 C durchgeführt werden. Die dazu erforderliche Spannung ist temperaturabhängig sodass sichergestellt werden muss, dass der Strom im Ladegerät entsprechend geregelt wird.

Oft ist das wichtigste Problem bei der Akkuladung die Gesamtlebensdauer des Systems. Ein ideales Ladegerät muss entsprechend ausgelegt sein. Als ideale Spezifikationen für Ladegerät können die folgenden Leistungsmerkmale gelten:

- Sanftanlauf: Akkuspannung > 1,29 V / Zelle: Start einer C/10-Ladung
- Vorentladung: Akkuspannung > 1,0 Volt / Zelle: Entladung auf 1,0 V / Zelle
- Nach Beendigung des Schnellladevorgangs 4 Stunden lang mit C / 10 nachladen, um eine vollständige Ladung sicherzustellen
- Anstieg der Zellspannung auf >1,78 V: Beenden des Ladevorgangs
- Kontinuierliche Anzeige des aktuellen Ladezustands

Entsprechend ausgerüstete Geräte sorgen dafür, dass die damit geladenen NiMH-Akkus jeweils ihre maximale Ladekapazität sowie die optimale Lebensdauer erreichen.

9.3 Li-Ionen-Akkus

Lithium-Akkus zählen zu den leistungsfähigsten Akkutypen. Sie können äußerst kompakt konstruiert werden und weisen eine hohe Energiedichte auf. Deshalb sind Lithium-Zellen hervorragend für mobile Geräte geeignet. Viele Smartphones, Tablets, Digitalkameras und Notebooks wären ohne Lithium-Akkus nicht mehr denkbar. Aufgrund ihrer positiven Eigenschaften werden sie auch immer häufiger in der Robotik eingesetzt.

Der große Nachteil der Lithium-Technologie ist ihr hoher Preis. Zudem reagieren Lithium-Ionen-Akkus wesentlich empfindlicher auf falsche Behandlung als andere Akkutypen. Ein weiteres Problem ist Umweltverträglichkeit. Auch in diesem Punkt schneiden LiPos schlecht ab. Andererseits bieten sie ein hohes Maß an Komfort und eine vergleichsweise lange Lebensdauer. Nimmt man gewisse Kapazitätsverluste in Kauf, kann man von mindesten fünf Jahren Betriebsdauer ausgehen. Bei vielen Smartphones ist der Akku daher gar nicht mehr austauschbar, da man davon ausgeht, dass das Gerät ohnehin veraltet ist, bevor der Akku unbrauchbar wird.

Die Nennspannung der Lithium-Zellen ist abhängig vom Elektrodenmaterial und liegt zwischen 3,6 oder 3,7 V. Aufgrund der deutlich höheren Spannung können LiPos also nicht als direkter Ersatz für klassische NiCd- oder NiMH-Akkkus (1,2 V) oder Batterien (1,5 V) in AA- oder AAA-Bauform eingesetzt werden.

Grundsätzlich kann man die folgenden Akkutypen unterscheiden:

Lithium-Ionen (Li-Ion):	weit verbreitet, umweltschädlich
Lithium-Eisenphosphat (LiFePO4):	ungefährlich, Memory-Effekt, komplizierte Ladeschaltung notwendig
Lithium-Kobaltoxid (LiCoO2):	teuerste Version, höchste Energiedichte, gefährlich

Lithium-Ionen-Zelle bestehen aus einer Grafit-Elektrode als negativem Pol und einer Lithium-Metalloxyd-Elektrode als positivem Anschluss. Diese Materialien liefern eine hohe Energiedichte und werden bei mobilen Geräten mit hohem Strombedarf bevorzugt eingesetzt.

Lithium ist das leichteste aller Metalle und reagiert heftig mit Wasser. Deshalb kommt als Elektrolyt ein wasserfreies, aber brennbares Lösungsmittel zum Einsatz. Das Lösungsmittel ist der Grund, warum es immer wieder zu Meldungen von explodierenden oder brennenden Lithium-Akkus kommt. Meist hat sich in diesen Fällen der Elektrolyt entzündet. Akku-Rückrufaktionen aufgrund fehlerhafter Lithium-Akkus sind daher keine Seltenheit. Deshalb an dieser Stelle auch der wichtige Hinweis:

Das Arbeiten mit Lithium-Zellen ist nichts für Anfänger.
Die Gefahr von Explosionen durch fehlerhafte Behandlung oder falsche Ladung etc. ist sehr hoch.

Weil Lithium-Akkus empfindlich auf Überladung und Tiefentladung reagieren, ist in einem kommerziellen Akku-Pack stets eine spezielle Elektronik eingebaut, die vor zu hoher oder zu tiefer Ladung schützt.

Prinzipiell erfolgt das Laden eines LiPos mittels des I/U-Ladeverfahrens, bei dem der Akku erst mit Konstantstrom und dann mit Konstantspannung aufgeladen wird. Die Ladeschlussspannung liegt bei 4,1 bzw. 4,2 Volt und muss auf 50 Millivolt genau eingehalten werden. Selbst geringste Überspannungen führen zur unmittelbaren Zerstörung der Zellen. Die unterste Entladungsspannungsgrenze liegt bei 2,5 Volt. Bei noch geringeren Spannungen wird die Zelle ebenfalls beschädigt. Bei Spannungen unterhalb von 1,5 Volt besteht zudem Brandgefahr.

Je nach Qualität des Lithium-Ionen-Akkus werden bis zu einige hundert Ladezyklen erreicht, bis die Speicherkapazität deutlich nachlässt. Regelmäßiges Aufladen eines halbvollen Akkus wirkt sich nicht auf die Gesamtkapazität aus. Um den Akku zu schonen, sollte man ihn möglichst nicht über 90 Prozent laden oder auf weniger als 10 Prozent entladen. Einige Geräte bieten dazu Einstellmöglichkeiten an, um die Lebensdauer des Akkus zu optimieren.

Die Alterung der Lithium-Ionen-Akkus wird durch die Zell-Oxidation hervorgerufen. Diese wird von verschiedenen Faktoren beeinflusst, u. a. von der Temperatur und dem Ladezustand des Akkus. Bei hoher Temperatur und vollem Akku entwickelt sich die Zell-Oxidation besonders schnell. Dies ist insbesondere etwa bei Notebooks oder Smartphones problematisch, wenn der Akku vollständig geladen ist und das Gerät in Betrieb warm wird. In der Robotik sollte man daher immer darauf achten, dass die Akku-Packs gut gekühlt bleiben. Sie sollten nicht in direktem Kontakt mit Motoren oder anderen Bauelementen betrieben werden, die ebenfalls eine hohe Wärmeentwicklung aufweisen.

Sollen Lithium-Ionen-Akkus längere Zeit gelagert werden, dann sollte man sie etwa zu 50% laden. Die Lagerung kann bei Zimmertemperatur erfolgen allerdings sind niedrigere Temperaturen von Vorteil. Alternativ kann man die Zellen auch im Kühlschrank aufbewahren Sie sollten dann jedoch vor Feuchtigkeit geschützt werden. Kurz vor dem nächsten Einsatz können die Akkus bei Zimmertemperatur wieder vollständig geladen werden. Bei längeren Lagerungszeiten empfiehlt es sich, den Ladezustand regelmäßig zu kontrollieren. Die Selbstentladung von 1% pro Monat ist zwar relativ gering, allerdings auch stark temperaturabhängig. Idealerweise sollten Lithium-Ionen-Akkus alle 3 bis 4 Monate nachgeladen werden, um Tiefentladungen zu vermeiden

Die Lebensdauer von LiPos kann durch einige Maßnahmen deutlich verlängert werden. Die Hauptursachen für die Akku-Alterung sind chemische Veränderungen des Elektrolyten und die Oxidation der Elektroden. Typischerweise verlieren Lithium-Ionen-Akkus nach zwei bis drei Jahren langsam an Kapazität. Die Betriebsdauern von Lithium-Akkus liegen zwischen zwei und sieben Jahren. Insbesondere die Verarbeitung, die Gebrauchsgewohnheiten und die Betriebstemperatur haben einen starken Einfluss auf die Lebensdauer. Ein pfleglicher Umgang mit dem Akku kann diese durchaus nennenswert erhöhen. Die folgenden Regeln haben sich dabei als hilfreich erwiesen:

- Akkus NICHT immer vollständig entladen und wieder vollständig laden!
- Ladezustand idealerweise zwischen 30 und 80 Prozent halten!
- Bei einem Ladezustand von über 70 Prozent noch nicht nachladen!
- Bei niedrigen Ladezustand nicht für kurze Zeit nachladen
- Akkus nicht bei hohen Temperaturen laden
- Akkus nicht bei niedrigen Temperaturen betreiben oder laden
- Akkus zum Lagern aus den Geräten entfernen
- Ladegeräte nach erfolgter Ladung entfernen
- Billigakkus und -ladegeräte meiden, es drohen Schäden an Akku und Gerät!
- In langen Abständen einmal vollständig entladen und wieder aufladen. Dadurch wird die Kalibrierung der Ladeelektronik ermöglicht.

In den vergangenen Jahren führte die Entwicklung von Lithium-Ionen- und Lithium-Polymer-Akkus zu immer höheren Kapazitäten und Energiedichten. Besonders die Nanotechnologie lieferte immer neue Impulse. Erfolge in der Entwicklung deuten darauf hin, dass die Li-Ionen-Technologie auch in der Elektromobilität zunehmend an Bedeutung gewinnen wird.

9.4 Umgang mit Li-Ionen-Technologie

Wie bereits im letzten Abschnitt erläutert wurde, ist der Umgang mit Li-Ionen-Akkus nichts für Anfänger und Einsteiger. So kann bereits eine geringfügige Überschreitung der Ladespannung von wenigen Millivolt eine Zerstörung der Akkus zur Folge haben. Zudem droht Überhitzungs- und sogar Brandgefahr. Im Zusammenhang mit LiPos sollte daher ausschließlich professionelle Ladetechnik um Einsatz kommen. Diese ist z. B. im Modellbaubedarf (s. Bezugsquellenverzeichnis) erhältlich. Vom Eigenbau von Li-Ionen-Ladegeräten sollte man unbedingt absehen!

Aufgrund der unübersehbaren Vorteile der LiPos in der Robotik soll aber im Folgenden dennoch auf einige wichtige Punkte im Umgang mit der Technologie eingegangen werden. Neben der genauen Einhaltung der Lade- und Entlade-Spannungen ist insbesondere das sogenannte "Balancing" ein wichtiger Punkt. Ohne Zellen-Balancing bestimmt in einem Mehrzellen-Akku die schwächste Zelle, welche Gesamtkapazität das System hat. Wie andere Akkutypen auch, unterliegen Lithium-Ionen-Akkus einem Alterungsprozess, der auf chemische Veränderungen im Inneren der Zellen zurückzuführen ist. Je nach dem, ob der Elektrolyt flüssig oder fest ist, spricht man von Lithium-Ionen- oder Lithium-Polymer-Akkus. Die verschiedenen Bauformen, aber auch Toleranzen bei baugleichen Typen führen zu unterschiedlichen Energiedichten und beeinflussen die Alterung. Da einzelne Zellen unterschiedlich altern, kann selbst eine gewissenhafte Selektion nicht sicherstellen, dass alle Zellen dauerhaft die gleiche Kapazität aufweisen.

Das sogenannte IU-Ladeverfahren arbeitet mit Konstantstrom und Konstantspannung (Constant Current = CC, Constant Voltage = CV). Wie die Lebensdauer hängt auch die Ladezeit von diversen Faktoren ab, bei höheren Ladeleistungen vor allem von der Temperatur. Kurze Ladezeiten bzw. hohe Ladeströme wirken sich belastend auf das Elektrodenmaterial aus, sodass die Lebensdauer und Zyklenzahl verkürzt wird. Schonendes Laden/Entladen erhöht die Lebensdauer daher ganz erheblich.

Das Laden und Entladen von Li-Ion-Zellen bei hohen Strömen oder tiefen Temperaturen kann zu Lithium-Plating führen. Dabei lagern sich Lithium-Ionen bevorzugt auf der Anodenoberfläche ab. Dieser Effekt führt zu deutlichen Einbußen an Leistung, Lebensdauer und Betriebssicherheit. In extremen Fällen kann es sogar zu Kurzschlüssen und schließlich zu einem Akku-Brand führen.

Üblich sind je nach Qualität und Aufbau des Akkus 500 bis über 1000 Ladezyklen. Man kann davon ausgehen, das ein Akku das Ende seiner Lebensdauer erreicht hat, wenn er nur noch über weniger als 80 % der ursprünglichen Kapazität verfügt.

Akkupacks bestehen meist aus mehreren in Reihe geschalteten Einzelzellen. Fertigungs- und alterungsbedingt gibt es hierbei Schwankungen in der Kapazität, im Innenwiderstand und weiteren Parametern dieser Zellen. Die schwächste Zelle ist dabei bestimmend, wie viel geladen oder entladen werden darf.

Im praktischen Einsatz von mehrzelligen Akkus führt dies dazu, dass die Zellen unterschiedlich geladen und entladen werden. Es kommt zu kritischer Tiefentladung oder zu Überladungen mit Überschreiten der Ladeschlussspannung einzelner Zellen. Je nach Akkutyp führt dies zu irreversibler Schädigung der Zellen und der gesamte Akkupack verliert an Kapazität.

Deshalb sorgen Batteriemanagementsysteme für die Steuerung des Lade- und Entladevorgangs von Hochleistungs-Akkupacks in autonomen Leistungselektronikanwendungen wie Elektro- und Hybridfahrzeugen, Robotern oder Ähnlichem. Ihre Hauptaufgabe besteht darin, dafür zu sorgen, dass jede einzelne Zelle sowohl beim Laden als auch beim Entladen einen für die Anwendung definierten Grenzwert bezüglich Ladezustand weder unter- noch überschreitet. Diese Systeme überwachen Kennwerte wie die Batteriespannung, die Temperatur der Zellen, ihre Kapazität, den Ladezustand, die Stromentnahme, die Restbetriebszeit, den Ladezyklus etc.

Eine zentrale Rolle in solchen Batteriemanagementsysteme spielen die Balancer. Diese sorgen dafür, dass die einzelnen Zellen in einem Akkupack nicht überlastet werden. Eine technisch einfache und weit verbreitete Methode ist das passive Balancing. Dabei wird bei den Zellen die Ladeschlussspannung begrenzt. Einzelne Zellen werden nicht mehr weiter geladen, sobald sie die Ladeschlussspannung erreicht haben. Die andren dagegen werden weiter mit dem vollen Ladestrom versorgt. Der Nachteil dieses Verfahrens ist, dass der Ladevorgang so lange dauert, bis auch die schwächste Zelle die volle Ladung erreicht hat. Li-Ionen-Akkupacks dürfen daher niemals ohne geeigneten Balancer geladen werden. Entsprechende Geräte sind im Fachhandel und im Modelbaubedarf erhältlich (s. Bezugsquellenverzeichnis).

Aktive Balancer sorgen dagegen für einen Ladungstransfer von Zellen untereinander. Diese Systeme können sowohl beim Lade- wie auch Entladevorgang eingesetzt werden. Aktive Balancer sind sind zwar technisch vergleichsweise aufwändig, allerdings sorgen sie für eine hocheffiziente Energienutzung im Bereich der Li-Ionentechnik. Aktives Balancing wird bei größeren Leistungen angewandt, also vor allem im Bereich der Elektromobilität.

Akkus auf Lithium-Ionen-Basis weisen eine deutlich höhere Leistungsdichte als z. B. Bleiakkus auf. Sie reagieren jedoch sehr empfindlich auf Über- und Unterspannung. Dies erfordert eine Überwachung und Absicherung, um einen vorzeitigen Ausfall, Überhitzung oder gar einen Kurzschluss einzelner Zellen zuverlässig zu verhindern. Entsprechende Sicherungen müssen über viele Jahre fehlerfrei funktionieren, so dass diese mit nichtprofessionellen Mittel kaum realisierbar sind.

Intelligenten Lade- und Entladevorgang besitzen also eine überragende Bedeutung. Erst mit optimalen Balancing-Techniken kann die maximale Leistung aus der Li-Ionen-Akkutechnik heraus geholt werden.

9.5 Noch genug Leistungsreserven? – Akkuspannungs-Überwachung

Einer der wichtigsten Betriebsparameter eines Roboters ist seine Energiereserve. Bei Li-Ionen-Akkus kann diese recht präzise durch eine Spannungsmessung bestimmt werden. Aber auch bei NiMH-Zellen gibt die belastete Spannung Auskunft über den Ladezustand.

Es ist daher sinnvoll, einen Roboter mit einer Anzeige für die aktuelle Akkuspannung auszurüsten. Mit Hilfe der ADC-Konverter des Arduinos und eines OLED-Displays ist diese Aufgabe leicht zu lösen. Die folgende Abbildung zeigt einen entsprechenden Aufbau:

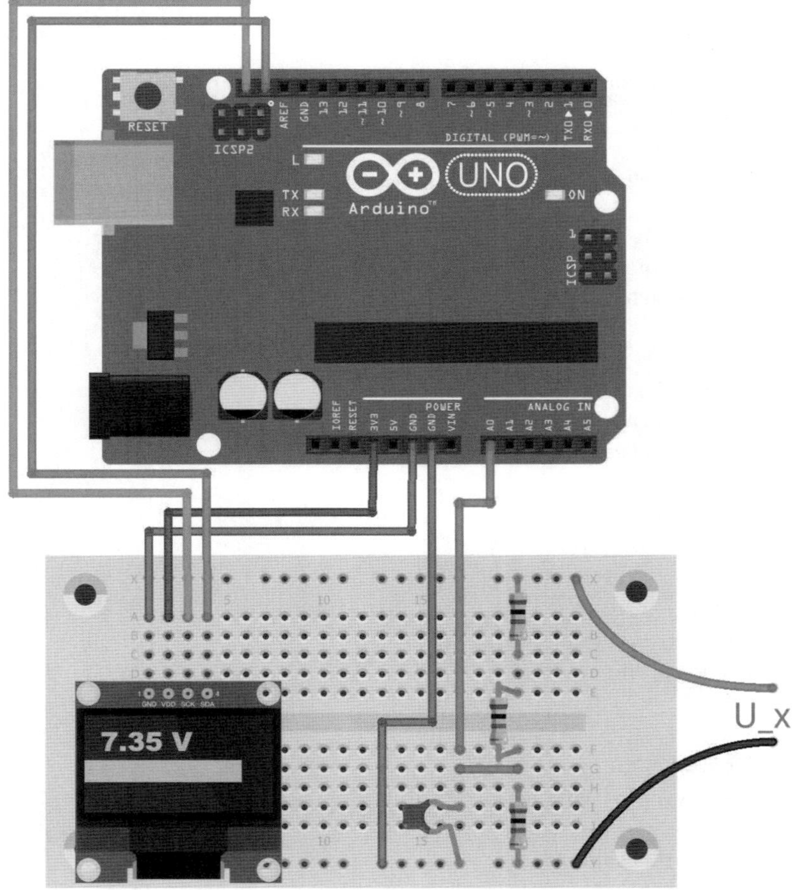

Abbildung 9.4: Akku-Checker mit OLED-Display

Der Spannungsteiler mit den drei 10 Kiloohm-Widerständen sorgt dafür, dass die Eingangsspannung auf ein Drittel ihres Wertes reduziert wird. Da die maximale Eingangsspannung des Arduino-ADCs 5 V beträgt, können somit Spannungen von bis zu 15 V gemessen werden. Der Kondensator (z. B. 10 µF) sorgt für stabilere Messwerte.
Der Sketch zum Akku-Checker sieht so aus:

```
// Akku_check.ino
// UNO @ IDE 1.8.5

#include <SPI.h>
#include <Wire.h>
#include <Adafruit_GFX.h>
#include <Adafruit_SSD1306.h>

#define xMax 128
#define yMax 64

int ADC0, BarGraph;
float Voltage;

Adafruit_SSD1306 display(-1);     // reset not used -> -1

void setup()
{ display.begin(SSD1306_SWITCHCAPVCC, 0x3C);
  display.clearDisplay();
}

void loop()
{ display.clearDisplay();
  ADC0 = analogRead(0);
  Voltage = 15.0*ADC0/1023;
  BarGraph = ADC0/8;
  display.setTextColor(WHITE);
  display.setTextSize(3);
  if (Voltage < 10)
    {display.setCursor(20,1);
     display.print(Voltage);
    }
  else
    {display.setCursor(2,1);
     display.print(Voltage);
    }
  display.setCursor(100,1);
  display.print("V");
  display.drawRect(0, 30, xMax-1, 10, WHITE);
  display.fillRect(0, 30, BarGraph, 10, WHITE);
  display.display();
  delay(100);
}
```

Nach der Einbindung der erforderlichen Bibliotheken wird im Setup das Display aktiviert. In der Hauptschleife werden zunächst die ADC-Werte ausgelesen. Die Umrechnung in eine Spannung erfolgt mit

```
Voltage = 15.0*ADC0/1023;
```

Hier wird berücksichtigt, dass der ADC eine Auflösung von 8 Bit aufweist:

```
2^8 = 1024
```

Der Maximalwert des ADCs ist also 1023, da Messwerte den Bereich von 0 bis 1023 umfassen. Aufgrund des Spannungsteilers von 1:3 lautet der Kalibrationsfaktor 3 x 5V = 15 V. Die folgende Abbildung zeigt den Checker in Aktion:

Abbildung 9.5: Akku-Checker in Aktion

Neben dem numerischen Wert zeigt der Akkuchecker den Ladezustand der Energiequelle zusätzlich noch über eine Bargraph-Anzeige an.

Kapitel 10 • Fahrgestelle, Rahmen und Chassis

Will man Fahrroboter selber bauen, benötigt man zunächst immer ein Fahrgestell oder Chassis, auf dem dann alle anderen Komponenten, wie Motoren, Sensoren und Controllerboards montiert werden. Ein Chassis kann mit geringem Aufwand selbst hergestellt werden. Die einfachsten Versionen können aus einfacher Pappe bestehen. Allerdings sind solche Pappmodelle (s. Abb. 4.1) meist nicht besonders stabil und langlebig.

Für Einsteiger sind sogenannte Kits oder Bausätze eine gute gute Möglichkeit, um erste Erfahrungen mit dem Aufbau von Rahmen und Motoren zu sammeln. Später kann man diese Modelle dann mit eigenen Ideen erweitern oder auch damit beginnen, vollständige Eigenkonstruktionen umzusetzen.

Im Rahmen diese Buches können Chassis in die folgenden Kategorien eingeteilt werden:

1. Fahrgestelle mit zwei angetriebenen Rädern
    a. Mit Stützrad
    b. Selbstbalancierende Systeme

2. Chassis mit vier Rädern
    a. Zwei Antriebsräder + 2 freilaufende Räder
    b. Mit Servolenkung
    c. Lenkung über Antriebskraftänderung

3. Raupenantriebe

Daneben gibt es noch spezielle Aufbauten, z. B. Roboter, die auf einem einzelnen Kugelrad balancieren, etc.

10.1 Eigenbauten und Kits

Für Einsteiger im Bereich der Robotik gilt es, einige Hürden zu überwinden. Neben der Elektronik und Stromversorgung ist oftmals die Mechanik ein nicht zu unterschätzender Stolperstein. Für allererste "Gehversuche" kann es daher sinnvoll sein, auf Bausätze oder Kits zurückzugreifen. Einer der Klassiker in diesem Bereich ist der Asuro (**A**nother **S**mall and **U**nique **R**obot from **O**berpfaffenhofen), ein frei programmierbarer Roboter, der vom Institut für Robotik und Mechatronik des Deutschen Zentrums für Luft- und Raumfahrt entwickelt wurde. Der Fahrroboter verfügt über zwei einzeln ansteuerbare Gleichstrommotoren. Ein ATmega8-controller dient als digitales "Gehirn" (s. Abb.).

Diese Konstruktion hat viele Nachfolger gefunden. Die verschiedensten Varianten bauen auf dem Prinzip der Steuerung durch zwei einzeln angetriebene Räder auf.

Abbildung 10.1: Asuro und ähnliches Roboterfahrzeug

Auch für einen ersten Eigenbau ist das Prinzip gut geeignet, da es an Einfachheit kaum zu überbieten ist. Die folgende Abbildung zeigt eine Eigenkonstruktion mit kreisrunder Basisplatte. Die Räder wurden nach innen versetzt, sodass der Roboter nicht an Stuhlbeinen oder Schrankkanten hängen bleibt. Als Antrieb können klassische Gleichstrommotoren oder auch Stepper verendet werden.

Die Steuerung kann sowohl von einem einzelnen Mikrocontroller als auch von einem Arduino, Raspberry Pi, ESP32 oder einem anderen Controllertyp übernommen werden.

Abbildung 10.2: Roboterfahrzeug mit zwei angetriebenen Rädern

10.2 JOY-iT Robot Car Kit

Ein einfaches und dennoch hochwertiges Chassis ist das JOY-iT Robot Car (s. Bezugsquellenverzeichnis). Dieses verfügt über vier Getriebemotoren, die an eine formschöne Acrylplattenbassis montiert werden.

Abbildung 10.3: Roboterfahrzeug JOY-iT Robot Car

Die beiliegenden Acrylplatten verfügen über eine Vielzahl von Bohrungen, sodass die verschiedensten Komponenten problemlos befestigt werden können. Da das Fahrzeug nicht über lenkbare Räder verfügt, muss die Steuerung über die Radgeschwindigkeit erfolgen. Alternativ zum Einsatz aller vier Motoren können auch nur zwei Antriebseinheiten verwendet werden. In diesem Fall kann ein passives Stützrad für die nötige Stabilität sorgen (s. Abschnitt 12.1).

10.3 PiCar-V

Das PiCar-V wird als Komplettbausatz geliefert und enthält u. a. die folgenden Komponenten

- 1 x Roboter Chassis
- 1 x PCA9685 PWM Driver
- 1 x TB6612 Motor Driver
- 1 x Batterie Halter für zwei Li-Ionen-Zellen
- 2 x DC Getriebemotor
- 3 x Servo
- 1 x USB Camera
- 4 x Räder
- 1 x USB Wi-Fi Adapter

sowie passendes Werkzeug. Obwohl das Chassis für die Steuerung mit einem Raspberry Pi ausgelegt ist, kann es auch mit anderen Controller-Boards betrieben werden. Ein Beispiel findet sich im Abschnitt zur Funkfernsteuerung. Dort wird das PiCar-V mit einem Arduino UNO gesteuert.

Abbildung 10.4: Chassis des Pi-Car V

10.4 Raupenantriebe

Obwohl sie sicher immer auch an Panzerfahrzeuge erinnern, haben Raupenantriebe auch in der zivilen Fahrzeugtechnik weite Verbreitung gefunden. Bagger oder Planierraupen wären ohne entsprechende Kettenantriebe kaum denkbar.

Der Hauptvorteil von Raupenantrieben ist ihre überragende Geländetauglichkeit. Durch die extrem hohe Traktion der Ketten ist ein Durchdrehen des Antriebs praktisch ausgeschlossen. Zudem verteilt sich das Gewicht eines Fahrzeugs auf eine sehr große Fläche, sodass besonders auf weichen Böden ein Einsinken des Fahrzeugs verhindert wird.

Die Lenkung erfolgt meist durch die Änderung der Umlaufgeschwindigkeit der Ketten. Läuft die linke Kette schneller als die rechte, dreht das Fahrzeug nach links und umgekehrt.

Eine preiswerte Version für Hobbyanwendungen zeigt die folgende Abbildung:

Abbildung 10.5: Chassis mit Raupenantrieb

Die Daten dazu sind in der folgenden Tabelle zusammengefasst:

- Breite: 30 mm
- Höhe: 60 mm
- Länge: 190 mm
- Antrieb durch zwei leistungsstarke 7.2 V DC-Getriebemotoren
- Maximale Geschwindigkeit: ca. 30 cm/s
- Selbstschmierende Sinterlager an allen Radachsen
- Zwei Gummi-Raupenketten
- Maximal überfahrbare Hindernishöhe: ca. 2 cm
- Maximale Rampensteigung: etwa 40 %

Im Abschnitt 12.9 wird ein autonomes Raupenfahrzeug vorgestellt, das in der Lage ist, selbständig in unwegsamen Gelände zu operieren.

Kapitel 11 • Roboter an der unsichtbaren Leine: Drahtlose Fernsteuerung

Prinzipiell ist es möglich, Roboter so auszustatten, dass sie sich völlig selbständig in einer bestimmten Umgebung zurechtfinden. Allerdings gibt es auch viele Anwendungen, bei welchen man den Robot manuell steuern möchte.

Im Katastropheneinsatz ist es beispielsweise meist erforderlich, dass die Rettungsroboter auch von den menschlichen Helfern gesteuert werden können. Aber auch im Heimbereich möchte man Fahrroboter häufig steuern. Zum einen ist es natürlich interessanter, wenn man die Bewegungen beeinflussen kann und nicht nur passiv zusehen muss, wie sich das selbstgebaute Fahrzeug durch die Wohnung bewegt. Zum anderen gibt es auch Anwendungen, in welchen eine menschliche Steuerung sogar notwendig ist. Will man beispielsweise die eigene Wohnung mittels eines mobilen Kamera-Bots aus dem entfernten Urlaubsort inspizieren, so ist eine Fernsteuerung unabdingbar. Trotz aller Sensoren möchte man dann ja dem Roboter z. B. Anweisungen geben, in welche Zimmer er fahren soll.

Das Mittel der Wahl für eine manuelle Robotersteuerung ist eine Funkbrücke. Diese erlaubt es, etwa Fahrbefehle oder Kamera-Steueranweisungen an den Robot zu übertragen. Aber auch Infrarot-Signale sind für diese Zwecke geeignet. Die folgenden Kapitel zeigen, wie diese Techniken eingesetzt werden können.

11.1 Funkfernsteuerung

Die für Privatanwender freigegebenen Funkfrequenzen sind als sogenanntes ISM-Band bekannt. ISM steht dabei für **I**ndustry, **S**cience **M**edicine, also Industrie, Wissenschaft und Medizin. Ein wichtiger Teilbereich ist das 2,4 GHz-Band, für welches viele preisgünstige Module verfügbar sind.

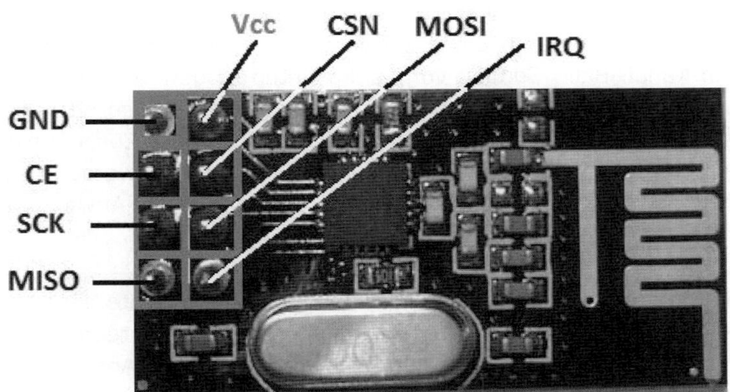

Abbildung 11.1: nRF24L01-Sender- und Empfängermodul für 2,4 GHz

Die nRF24-Familie besteht aus einer Serie von hochintegrierten Funkmodulen. Die Einheiten können sowohl als Sender als auch als Empfänger arbeiten. Sie werden daher auch als Transceiver (für engl. Transmitter/Receiver) bezeichnet.

Hinweis:
Die Verwendung von Sende- und Empfangsanlagen liegt ausschließlich im Verantwortungsbereich des Betreibers. Dieser ist für die Einhaltung der rechtlichen Bestimmungen in seinem Land selbst verantwortlich.
Eine Haftung von Verlag oder Autor ist ausgeschlossen.

Die Module zeichnen sich durch die folgenden Eigenschaften aus:

Datenübertragungsrate	bis zu 2 Mbits/s
Frequenzband	2,4 GHz (ISM-Band)
Maximale Stromaufnahme in Sende-/Empfangsbetrieb	ca. 15 mA
Ruhestromaufnahme	Sub-µA-Power-Down-Modus
Spannungsversorgung	1,9 ... 3,6 V (!)

Das nRF24L01-Modul enthält einen kompletten 2.4 GHz HF-Transceiver, HF-Synthesizer und die zugehörige Basisbandlogik sowie eine integrierte SPI-Schnittstelle. Der Anwender müssen sich daher nicht mehr mit hochfrequenztechnischen Schaltungselementen auseinander setzen. Das Modul enthält alle Komponenten inklusive eines Präzisionsquarzes zur Frequenzstabilisierung. Damit steht eine optimale HF-Schaltung zum Einsatz bereit. Zudem ist eine passende Antenne in Form eines Leiterbahnmäanders vorhanden.

Darüber hinaus enthalten die Einheiten alle notwendigen Funktionen auf den niederfrequenten Seite, sodass man sich auch hier keine Gedanken über die Kommunikation mit dem Modul machen muss. Adressierung, Sende- und Empfangseinheiten sind vollständig in einem Chip integriert und können über den SPI-Bus angesteuert werden.

Die Funkchips erlauben eine Auswahl von bis zu 128 Kanälen. Damit lassen sich mögliche Funkkollisionen mit anderen Einheiten vermeiden. Die Chips kommunizieren immer auf dem selben Kanal. Beim Senden von Funkpaketen sorgen die Module dafür, dass die Übertragung erfolgreich ist. Im Bedarfsfall wird ein Datenpaket so oft neu gesendet, bis die Empfangsseite die erfolgreiche Übertragung bestätigt. Diese Zusatzfunktionen können auch deaktiviert werden, so dass der Funkchip direkt angesteuert werden kann. Diese Maßnahme ist jedoch nur in wenigen Spezialfällen erforderlich. Bei den Anwendungen in diesem Buch bleiben die Hilfsfunktionen daher immer aktiv.

Die Module sind in zwei Versionen verfügbar. Die Standardvariante besitzt eine integrierte Antenne. Eine etwas größere Varianten weist anstelle der integrierten Antenne eine SMA-Buchse auf. Dadurch wird es möglich, hochwertige externe Antennen anzuschließen. Damit kann eine deutlich bessere Sende- und Empfangsleistung erzielt werden.

Meist ergibt sich jedoch auch mit der Standardversion mit der integrierten Antenne eine akzeptable Reichweite. Insbesondere bei Robotik-Anwendungen spielt die Reichweite ohnehin kaum eine Rolle, da sich das Fahrzeug stets im Blickbereich des Anwenders befindet. Da die Module über den SPI-Bus gesteuert werden, sind sie mit den entsprechenden Pins an den Arduinos zu verbinden. Für einen kompakten Handsender eignet sich der Arduino NANO am besten. In der folgenden Tabelle sind die erforderlichen Anschlüsse aufgelistet:

nRF24	**Arduino NANO**
GND	GND
VCC	3V3
CE	D9
CSN	D1
SCK	D13
MOSI	D11
MISO	D12
INT	UNUSED

11.2 Steuerung eines Roboterfahrzeugs

Um ein Fahrzeug effizient zu kontrollieren, benötigt man mehrere Kanäle. Zumindest die Geschwindigkeit und die Fahrtrichtung sollten steuerbar sein. Eine Möglichkeit, diese Voraussetzung zu erfüllen, ist die Steuerung von Gleichstrommotoren für den Antrieb und die Verwendung eines Servos für die Lenkung.

Als Steuerelement kann ein Joystick-Modul verwendet werden. Zusammen mit dem nRF24-Sender und einem Arduino NANO entsteht so ein universell einsetzbarer Handsender.

Abbildung 11.2: Joystick-Modul

Das Modul wird mit den Analogeingängen des Arduinos verbunden:

Joystick	Arduino
GND	GND
VCC	5V
X	A0
Y	A1

Die folgende Abbildung zeigt das vollständige Schaltbild für einen Sender:

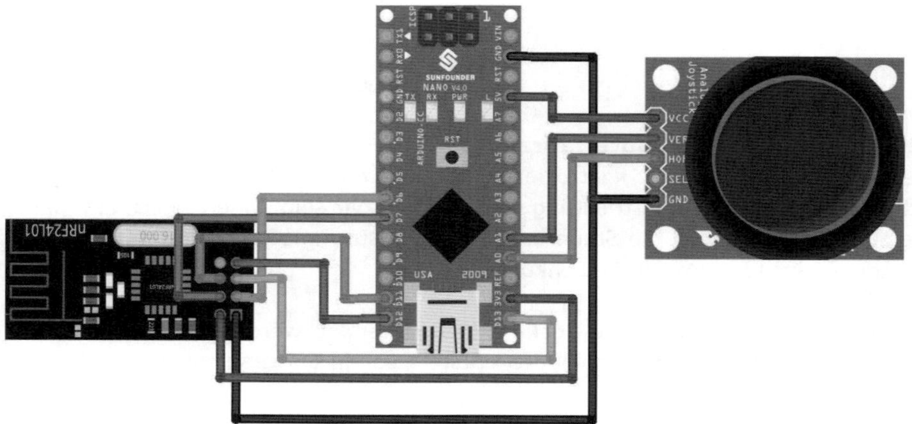

Abbildung 11.3: Schaltbild nRF24L01-Sender mit Joystick-Steuerung

Hinweis:
Bitte beachten, dass das nRF24L01-Modul hier von oben zu sehen ist. Die Kabel werden aber von der Unterseite her an die Pins angesteckt. Dies gilt auch für alle weiteren Aufbauzeichnungen mit dem nRF24L01-Modul

Abbildung 11.4: nRF24L01-Sender mit Joystick-Steuerung

Der folgende Sketch zeigt, wie mit dem nRF24-Modul analoge Werte übertragen werden können:

```
// nRF24l01_analog_Transmit.ino
// IDE 1.8.5
// Arduino NANO
// nRF24L01 to Arduino
//    1 GND      GND
//    2 VCC      3V3
//    3 CE       D9
//    4 CSN      D10
//    5 SCK      D13
//    6 MOSI  D11
//    7 MISO     D12
//    8 UNUSED

//    Joystick to Arduino
//    GND            GND
//    VCC            5V
//    X              A0
//    Y              A1

#include <SPI.h>
#include <nRF24L01.h>
#include <RF24.h>

#define CE_PIN   9
#define CSN_PIN 10
#define JOYSTICK_X A0
#define JOYSTICK_Y A1

const uint64_t pipe = 0xE8E8F0F0E1LL; // Define the transmit pipe
RF24 radio(CE_PIN, CSN_PIN); // Create a Radio

int joystick[2]; // 2 element array holding Joystick readings

void setup()
{ Serial.begin(9600);
  radio.begin();
  radio.setRetries(0, 15);
  radio.setPALevel(RF24_PA_HIGH);
  radio.openWritingPipe(pipe);
}

void loop()
{
```

```
        joystick[0] = analogRead(JOYSTICK_X);
        joystick[1] = analogRead(JOYSTICK_Y);

        Serial.print( joystick[0]);
        Serial.print(" ");
        Serial.print( joystick[1]);
        Serial.println();

        radio.write( joystick, sizeof(joystick) );
    }
```

Auf der Empfängerseite kann ein Arduino UNO eingesetzt werden. Für den Test der Datenübertragung eignet sich der folgende Aufbau:

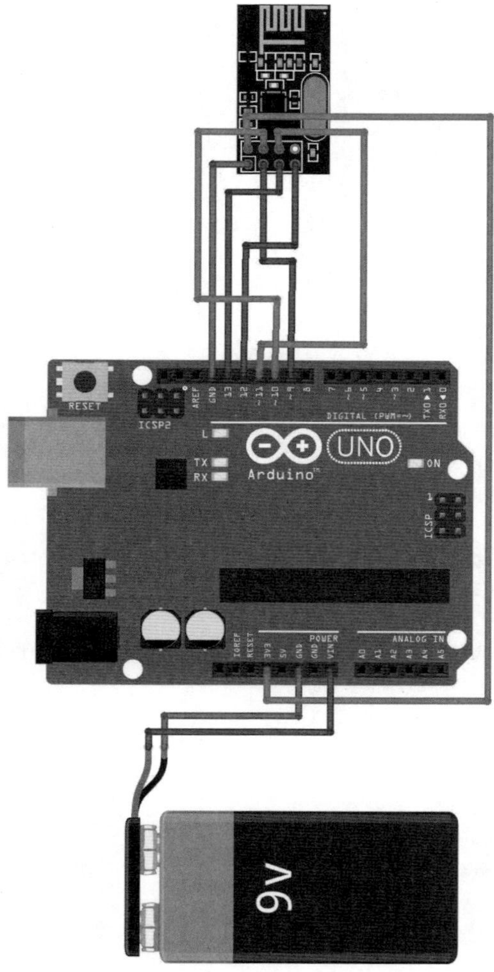

Abbildung 11.5: nRF24L01-Empfänger am Arduino UNO

Ein passender Sketch dazu sieht so aus:

```
// nRF24l01_analog_Receive.ino
// IDE 1.8.5
// nRF24L01 - Arduino
//   1 GND      GND
//   2 VCC       3V3
//   3 CE      D9
//   4 CSN       D10
//   5 SCK       D13
//   6 MOSI    D11
//   7 MISO    D12
//   8          UNUSED

#include <SPI.h>
#include <nRF24L01.h>
#include <RF24.h>
#include <Servo.h>

#define CE_PIN   9
#define CSN_PIN 10

const uint64_t pipe = 0xE8E8F0F0E1LL;
RF24 radio(CE_PIN, CSN_PIN);

int joystick[2]; // array for Joystick data

void setup()
{ Serial.begin(9600);
  delay(1000);
  Serial.println("nRF24l01 Receiver Starting");
  radio.begin();
  radio.setRetries(0, 15);
  radio.setPALevel(RF24_PA_HIGH);
  radio.openReadingPipe(1,pipe);
  radio.startListening();;
}

void loop()
{ if ( radio.available() )
  { bool done = false;
    while (!done)
    { // Fetch the data payload
      done = radio.read( joystick, sizeof(joystick) );
      Serial.print("X = ");
      Serial.print(joystick[0]);
```

```
            Serial.print(" Y = ");
            Serial.println(joystick[1]);
          }
        }
        else
        { Serial.println("No radio available");
        }
      }
```

Die erfolgreiche Datenübertragung kann im seriellen Monitor überprüft werden:

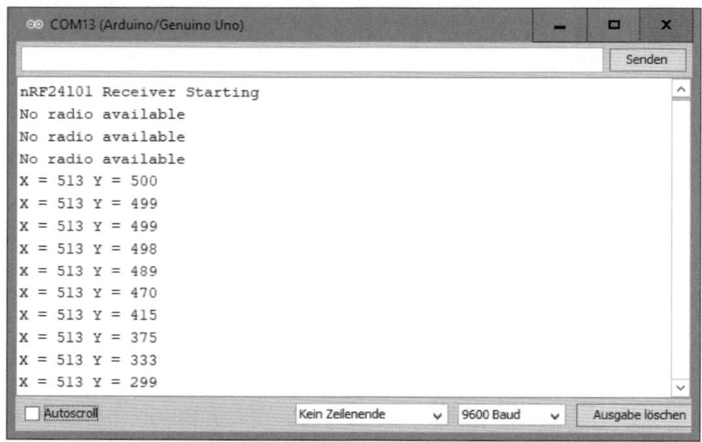

Abbildung 11.6: Ausgabe der Werte im seriellen Monitor

Eine Anwendung zur Funkdatenübertragung wird in Abschnitt 12 vorgestellt. Dort wird ein Fahrzeug mit zwei Antriebsmotoren und Servolenkung ferngesteuert.

11.3 Steuern mit dem Smartphone: Bluetooth

Seit einigen Jahren ist für die meisten Menschen ein Gerät nicht mehr aus dem Alltag wegzudenken: das Smartphone. Zusätzlich zur Mobilfunkanbindung verfügen diese Geräte heute praktisch immer auch über ein WLAN-Schnittstelle und über eine Bluetooth-Funktion. Damit ist es naheliegend, das "Handy" auch zum Steuern von Robotern zu verwenden. Die Bezeichnung für den Funkstandard "Bluetooth" geht auf den im 10. Jahrhundert lebenden Wikingerkönig Harald Blåtand (Spitzname: Blauzahn, engl. Bluetooth) zurück, welcher große Teile Skandinaviens in seinem Königreich vereinte.

Bluetooth ist eine international standardisierte drahtlose Datenschnittstelle. Neben dem Datenaustausch ist auch die Übertragung von Musik oder Sprache möglich. Zu den bekanntesten Anwendungen für Bluetooth zählen die Freisprech-Funktion am Handy über ein Headset, die KFZ-Freisprecheinrichtung oder Kopfhörer für kabellosen Musikgenuss. Darüber hinaus ist aber auch die Steuerung verschiedener Geräte via Bluetooth möglich.

Bluetooth arbeitet im 2,4 GHz-ISM-Band. Da auch andere Funkstandards wie etwa WLAN dieses Frequenzband nutzen, können gegenseitige Störungen nicht vollständig ausgeschlossen werden. Auch Funksensoren und sogar Mikrowellenherde verwenden den 2,4-GHz-Frequenzbereich und sind daher prinzipiell in der Lage, Bluetooth-Verbindungen stören. Durch spezielle Übertragungstechniken erweist sich Bluetooth dennoch als sehr störungsunempfindlich und kann meist recht problemlos eingesetzt werden.

Damit es nicht zu Interferenzen, also einer Überlagerung mehrerer Funkkanäle, kommt, wechseln Bluetooth-Geräte in sehr kurzem Abstand immer wieder die Frequenz. Hierzu wird das verfügbare Frequenzband in 78 Abschnitte unterteilt. In 1-Megahertz-Schritten wird die Frequenz dann bis zu 1.600 Mal in der Sekunde geändert. Theoretisch können bis zu acht aktive Geräte über Bluetooth verbunden werden, dabei kann ein Gerät sogar in zwei Netzen gleichzeitig aktiv sein.

Die maximale Reichweite beträgt etwa 100 Meter, allerdings sind dazu bereits spezielle Verstärker erforderlich. Die meisten Bluetooth-Systeme bieten eine zuverlässige Funkverbindung im Umkreis von ca. zehn Metern. Für viele Anwendungen im Robotikbereich ist dies allerdings auch vollkommen ausreichend. Ein Vorteil der relativ geringen Reichweite ist, dass meist genügend freie Übertragungskanäle zur Verfügung stehen, da kaum Störungen von weiter entfernten Bluetooth-Geräten auftreten.

Die Daten werden im Bluetooth-Systemen auf mehreren synchronen und einem asynchronen Datenkanal übertragen. Die synchronen Kanäle übertragen in beide Richtungen jeweils 64 Bit/s und sind speziell für Sprachübertragungen ausgelegt. Der asynchrone Datenkanal überträgt maximal 721 kBit/s in der einen und 57,6 kBit/s in der anderen Richtung. Bei der optional nutzbaren symmetrischen Übertragung auf diesem Kanal sind 432,6 kBit/s in beide Richtungen möglich. Die insgesamt zur Verfügung stehende Übertragungsleistung beträgt bei Bluetooth mindestens etwa 1 MBit/s.

Der aktuelle Standard wird als Bluetooth 5.0 bezeichnet. Die Verbesserungen gegenüber dem alten Standard liegen hauptsächlich in der höheren Reichweite und Geschwindigkeit. Außerdem ist die Übertragungskapazität für Daten höher. In der Theorie bedeutet das im Vergleich zu Bluetooth 4.2 eine vierfache Reichweite (statt 50 Meter nun 200), doppelte Geschwindigkeit und eine bis zu achtfache Übertragungskapazität.

Der letztendliche Funktionsumfang eines Bluetooth-fähigen Gerätes hängt von den unterstützten Profilen ab. Im Prinzip gibt es für jede Funktion ein eigenständiges Profil. Unterteilt werden diese in aktiv und passiv.

Aktiv bedeutet, dass das Handy etwas zu einem gekoppelten Gerät Daten sendet, also beispielsweise ein Foto sendet oder Musik streamt. Passive Profile erlauben hingegen lediglich, dass ein gekoppeltes Gerät nur Daten, z. B. Kontakte oder Mediendateien auslesen kann. Inzwischen haben alle führenden Mobilfunk- und Computerhersteller Bluetooth-Produkte entwickelt. Die Bluetooth-Schnittstelle gehört bei einem modernen Handys bzw. Smartphones zur Standardausrüstung. Geräte ohne interne Bluetooth-Schnittstelle können mit entsprechenden Adaptern aufgerüstet werden.

Bevor zwei Geräte miteinander über Bluetooth kommunizieren, ist ein sogenannter Pairing-Prozess erforderlich. Dieser Kopplungsvorgang hängt vom jeweiligen zu koppelnden Gerät ab und ist bei verschiedenen Geräten nicht immer identisch. Voraussetzung für eine erfolgreiche Kontaktaufnahme sind aktuelle Treiber auf allen Geräten. Bei Smartphones oder Tablets treten hierbei kaum Probleme auf. Will man sich allerdings mit einem PC oder Laptop verbinden, egal ob Mac, Windows oder Linux, sollte man überprüfen, ob alle benötigten Treiber installiert sind. Bei auf dem Mainboard integrierten Bluetooth-Empfänger sind die Treiber meist voreingestellt. Externe Bluetooth-Sticks erfordern dagegen häufig separat zu installierende Treiber.

Der Kopplungsvorgang verläuft in der Regel immer gleich ab. Zunächst wird Bluetooth auf dem ersten Gerät aktiviert. Danach erfolgt der gleiche Vorgang auf dem zweiten Gerät. Nun sollte das erste Geräts bereits das zweite Gerät "sehen". Eventuell muss man noch prüfen, ob alle Geräte auf "sichtbar" eingestellt wurden. Anschließend kann man einen neuen Scan-Vorgang starten. Schließlich sollte ein Dialog erscheinen, in welchem die Bluetooth-PIN abfragt wird. Nach Eingabe der jeweiligen Pin des zu koppelnden Gegengeräts wird die Verbindung aufgebaut. Ist bei bestimmten Empfängern die PIN nicht bekannt, so kann man es mit den Standard-Voreinstellungen wie "1234" oder "123456" versuchen.

11.4 Bluetooth-Kommunikation

Für den Aufbau einer Bluetooth-Verbindung zu einem Mikrocontroller stehen verschiedene Module zur Verfügung. Besonders weit verbreitet sind die beiden Varianten HC-05 und HC-06. Mit beiden Modulen ist eine drahtlose Kommunikation zwischen einem Arduino Mikrocontroller und einem Smartphone, Tablet, PC oder Laptop möglich. Das HC-05-Modul kann sowohl als "master", als auch als "slave" betrieben werden kann. Das HC-06 Modul kann nur als "slave" arbeiten. Das HC-06 Bluetooth Modul kann also nur eine Verbindung von einem anderen Gerät annehmen, während das HC-05 Modul auch eine Verbindung zu einem anderen Gerät herstellen kann. Für viele Robotik-Anwendungen ist das HC-06-Modul ausreichend. Die folgenden Anwendungen funktionieren jedoch mit beiden Modulen.

Die Verbinden des HC-05/06 mit einem Arduino ist sehr einfach (s. auch Abb. 11.7):

HC-05/06	UNO R3
Vcc	3,3 V
GND	GND
TX	RX
RX	TX

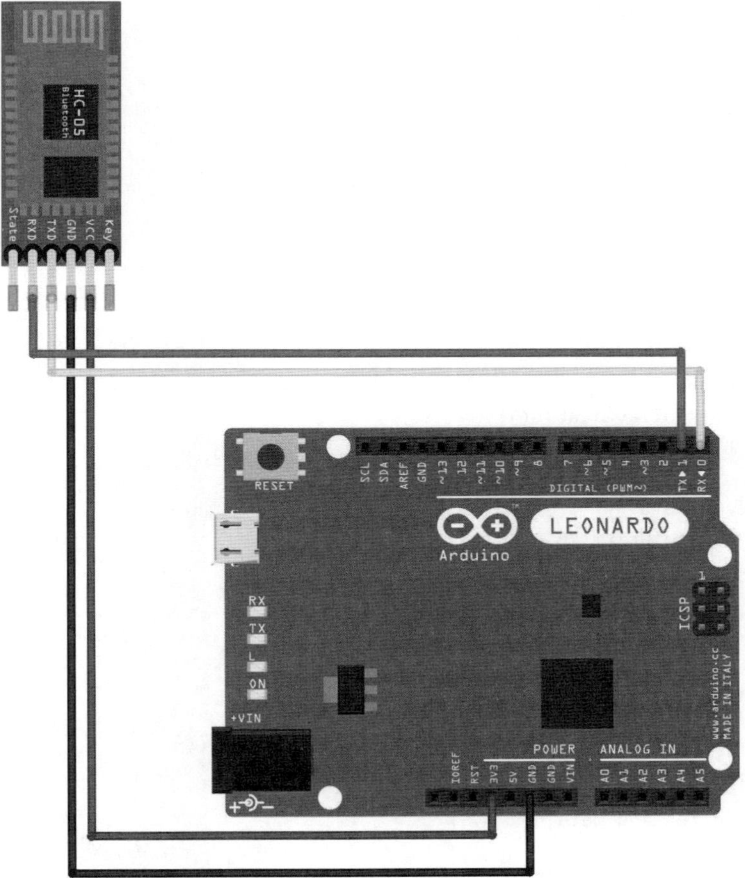

Abbildung 11.7: Bluetooth-Modul am Arduino

Zu beachten ist lediglich, dass manche Module nur mit 3,3 V betrieben werden. Andere Varianten verfügen über einen integrierten Spannungsregler und können mit 3,3 V bis 6 V arbeiten. Die folgende Tabelle fasst die wichtigsten Daten zum HC-06-Modul zusammen:

- Bluetooth V2.0 Protokoll
- Frequenzband 2.4 GHz bis 2.8 GHz im ISM-Band
- Betriebsspannung 3.3 V (evtl. auch 3,3 V bis 6 V)
- Stromaufnahme: – Verbunden: 8 mA
  – Beim Verbindungsaufbau bis 35mA

Der zur Steuerung erforderliche Sketch kann so aussehen:

```
// Bluetooth_test.ino
// IDE 1.8.5

char BTdata, buffer;

void setup()
{ Serial.begin(9600);
  pinMode(13,OUTPUT);
}

void loop()
{ if(Serial.available())
  { BTdata = Serial.read();
  }
  if (BTdata == '1')
  { digitalWrite(13,HIGH);
    if (buffer != '1')
      Serial.println("LED on");
      buffer = BTdata;
  }
  else if (BTdata == '0')
  { digitalWrite(13,LOW);
    if (buffer != '0')
    Serial.println("LED off");
    buffer = BTdata;
  }
}
```

Da das Bluetooth-Modul über die serielle Schnittstelle angebunden ist, kann es erforderlich sein, das Modul vor dem Laden des Sketches vom Arduino zu trennen. Ansonsten könnte die Fehlermeldung, dass der Sketch nicht hochgeladen werden kann, angezeigt werden. Nach erfolgreichem Hochladen kann das Modul wieder mit dem Arduino verbunden werden.

Nach der Inbetriebnahme des Bluetooth-Moduls sollte eine LED schnell blinken. Das Modul zeigt damit die Bereitschaft an, sich mit einem anderen Gerät zu verbinden. Nun sucht man in den Bluetooth-Einstellungen des Smartphones nach aktiven Geräten. Das Bluetooth-Modul sollte unter dem Namen HC-05 oder HC-06 gefunden werden. Zum Verbinden des Geräts wird nach einer PIN gefragt. Hier kommt man meist mit der bereits erwähnten Voreinstellung "1234" weiter. Ansonsten hilft ein Blick in das Datenblatt des verwendeten Moduls. Nach erfolgreicher Verbindung geht die LED zu einem dauerhaften Leuchten über.

Als Gegenstück zum Sketch auf dem Arduino ist nun noch ein passendes Steuerprogramm für das Smartphone erforderlich. Man kann hierzu die kostenlose App "Arduino Bluetooth" von CircuitMagic verwenden. Dies kann über den Google Playstore installiert werden.

Die Android App ist sehr einfach zu bedienen. Zunächst muss die Verbindung zum Bluetooth Modul über das Feld "Connect" gestartet werden. Danach erscheint ein Eingabefeld und zwei Buttons. Dort kann man nun entweder durch Drücken der entsprechenden Schaltfläche die interne LED des Arduinos via Bluetooth ein- und ausschalten. Zur Kontrolle werden die empfangenen Befehle auch noch auf der seriellen Schnittstelle ausgegeben.

In Kapitel 12 wird gezeigt, wie man über Bluetooth ein Roboterfahrzeug mit einem Smartphone steuern kann.

11.5 WLAN

Neben Bluetooth ist in praktisch allen modernen Haushalten noch eine weiteres Funksystem verfügbar. Über das sogenannte WLAN werden seit mehreren Jahren praktisch alle drahtlosen Datenkommunikationsaufgaben abgewickelt. Die im deutschen Sprachraum übliche Bezeichnung WLAN ist identisch mit dem Fachbegriff WiFi (Wireless Fidelity). WiFi Es basiert auf der IEEE 802.11-Standardfamilie und ist in erster Linie eine Technologie, die für die Funkdatenübertragung innerhalb von Gebäuden konzipiert ist.

Häufig ist den Betreibern eines WLAN gar nicht im Detail bekannt, wie das System arbeitet. Solange alles wie gewünscht funktioniert, ist das auch kein Problem. Schon im zugehörigem Standard (IEEE 802.11) sind einige Abschnitte der Plug-and-Play-Fähigkeit gewidmet. Doch spätestens wenn Störungen auftreten, wird klar, dass die Funkübertragung doch wesentlich komplexer ist als leitungsgebundene Kommunikationsvarianten.

Viele Probleme lassen sich lösen, wenn ein gewisses Verständnis hinsichtlich der Grundlagen und der Antennentechnik vorhanden ist. Die Grundlage für die drahtlose Übertragung bilden entsprechende Modulationsverfahren, die den eigentlichen Informationsgehalt auf die sogenannte Trägerwelle aufprägen. Es werden wieder Frequenzen im Bereich von 2,4 GHz verwendet, mit entsprechend breiten Nutzbändern für die drahtlose Datenübertragung. Die Ausbreitungscharakteristik von Funkwellen dieser Frequenz ist ähnlich wie die von sichtbarem Licht. Mauern und Wände stellen daher nur schwer durchdringbare Hindernisse dar.

Viele WLAN-Systeme arbeiten mit stabförmigen Antennen, deren Abstrahlcharakteristik nahezu kugelförmig ist. Andere Antennenformen bündeln die Energie der Sendung in eine bestimmte Richtung und können so bei gleicher Sendeleistung viel größere Entfernungen zurücklegen. Dies wird bei Heimanwendungen allerdings kaum genutzt, da der Aufwand für eine exakte Antennenausrichtung zu groß wäre. Beim Einsatz von mobilen Geräten wie Handys, Tablets oder eben auch mobilen Robotern ist eine ungerichtete Strahlungscharakteristik ohnehin die beste Variante. Gegenwärtige WiFi-Systeme unterstützen eine maximale Datenübertragungsrate der physischen Schicht von 54 Mbps. Üblicherweise wird eine Abdeckung für den Innenbereich über Entfernungen von bis zu 30 Metern angestrebt.

Seit einigen Jahren gilt die WLAN-Technik als De-facto-Standard für die Breitbandanbindung der letzten Meile in Privathaushalten, Büros und öffentlichen Hotspots. Derartige Systeme erreichen einen Abdeckungsbereich von etwa 300 m Radius. WiFi bietet deutlich höhere Datenraten als das Mobilfunksystem, dafür sind sie nicht für schnelle Mobilität ausgelegt.

Die meisten modernen Laptops und praktische alle Smartphones verfügen über eine integrierte WLAN-Schnittstelle. In zunehmendem Maße werden auch andere Geräte wie PDAs (Personal Data Assistants), schnurlose Telefone, Kameras, Drucker oder Mediaplayer mit WLAN ausgerüstet

Alle WiFi-Netzwerke sind sogenannte konkurrenzbasierte Systeme. Das bedeutet, dass Zugangspunkte und die mobilen Einheiten um die Verwendung der verfügbaren Kanäle einigen müssen. Aufgrund dieser Betriebsart arbeiten alle WLAN-Netzwerke im Halbduplex-Verfahren. Die WiFi-Standards definieren eine feste Kanalbandbreite von 25 MHz. Die verschiedenen Standards erlauben die folgenden maximalen Datendurchsätze:

IEEE 802.11:	2 MBit/s (Megabit pro Sekunde) maximal
IEEE 802.11a, g, h:	54 MBit/s maximal

Dabei ist zu beachten, dass diese nur unter optimalen Bedingungen zu erreichen sind.

11.6 Heimnetzwerke

Wie im letzten Abschnitt bereits erwähnt, besteht ein Heimnetzwerk heute praktisch immer aus einem LAN (für **L**ocal **A**rea **N**etwork), bzw. WLAN (**W**ireless **LAN**).

Das Internet oder World Wide Web (WWW) besteht aus einer Vielzahl von Rechnersystemen, die weltweit miteinander verbunden sind. Bereits die Verbindung von zwei Computern über ein geeignetes Kabel kann man als einfaches Netzwerk betrachten. Werden immer mehr Rechner mit einbezogen, entstehen komplexere Strukturen. Diese können über verschiedene Netzwerkkomponenten wie Hubs, Router und Switches miteinander verbunden werden. Die einzelnen Rechnersysteme müssen dabei über Netzwerkkarten verfügen. Diese Karten werden wiederum über geeignete Kabel mit den Switches oder Routern verbunden.

Das Standardprotokoll im LAN wird als TCP (**T**ransfer **C**ontrol **P**rotocol) bezeichnet. Dieses Protokoll erlaubt die Übertragung von Daten über lokale oder auch globale Netzwerke und sorgt für eine nahezu fehlerfreie Datenkommunikation.

Der zweite Teil des Protokolls trägt die Bezeichnung IP (für **I**nternet **P**rotocol). In diesem Protokollteil erfolgt die Adressierung der zu übertragenden Datenpakete, die vom Sender zu einem ganz bestimmten Empfänger geleitet werden sollen. In einem Netzwerk sind stets mehrere Sender und Empfänger vorhanden. Damit wird ein Verfahren notwendig, das es gestattet, die zu übertragenden Datenpakete immer an genau den richtigen Empfänger zu senden. Das IP-Protokoll ist genau für diese Aufgabe zuständig. Es hat die Aufgabe, für eine korrekte Adressierung der zu übertragenden Datenpakete zu sorgen. Die IP-Adressen der IPv4-Notation setzen sich aus 4 Bytes zu je 8 Bit, insgesamt also 32 Bits, zusammen. Damit stehen theoretisch

$$2^{32} = 4.294.967.296$$

Adressen zur Verfügung. Das ist zwar eine vergleichsweise große Anzahl, dennoch werden verfügbare Internetadressen mittlerweile so knapp, dass das System auf IPv6 erweitert werden muss.

Im Heimnetz wird aber vorläufig weiterhin mit 4 Bytes langen Adressen gearbeitet. Daher weist der Router im Netz jedem angeschlossenen netzwerkfähigen Gerät eine Adresse der Form

xxx.xxx.xxx.xxx,

also z. B. die IP-Adresse 192.168.154.126 zu.

Eine derartige IP-Adresse besteht aus einem sogenannten Netzwerkanteil und einem Hostanteil. Über die Netzwerkmaske wird festgelegt, welche Adressen direkt angesprochen werden können und welche Adressbereiche sich in anderen Netzwerken befinden.

Für die Einbindung eines Controllers in das bestehende Netzwerk ist es in dem meisten Fällen ausreichend, wenn eine Adresse gewählt wird, die in ersten drei Bytes mit bereits vorhandenen Netzadressen übereinstimmt. Wichtig ist aber, dass sich dann das vierte Byte von allen bereits vergebenen Adressen unterscheidet. Hierzu kann man sich alle im Heimnetz vorhandenen Adressen anzeigen lassen. Details dazu finden sich in der Betriebsanweisung zum verwendeten Router.

Die sogenannte MAC-Adresse (für **M**edia **A**ccess **C**ontrol) ist eine weltweit eindeutige Kennung, die jedem netzwerkfähigem Gerät zugewiesen werden muss. Sie besteht aus sechs Bytes, wobei die ersten drei Bytes einen herstellerspezifischen Identifizierungs-Code darstellen. Die verbleibenden Bytes werden individuell vom Hersteller vergeben. Eine typische MAC-Adresse sieht also so aus:

2B-2C-14-42-B1-2D

Die MAC-Adresse wird immer benötigt, wenn Netzwerkkomponenten explizit adressiert werden sollen, um Dienste auf höheren Schichten anzubieten. Da dies auch auf den einen netzwerkfähigen Controller zutrifft, muss diesem also auch eine MAC-Adresse zugeordnet sein.

Wenn der Router eines Heimnetzwerkes auch über eine DSL-Leitung mit dem Internet verbunden ist, dann wird er auch als Gateway bezeichnet. Der Gatewayfunktion ist ebenfalls eine spezielle IP-Adresse zugeordnet. Wenn Datenpakete an diese Adresse gesendet werden, leitet der Gateway die Daten über den Provider an das allgemeine Internet weiter. Auf diese Art und Weise kann man mit dem lokalen Rechner zuhause im gesamten globalen Internet "surfen".

Sollen Daten drahtlos übertragen werden, muss der verwendete Heim-Router über eine geeignete WLAN-Funktion (LAN 802.11b/g-Standard) verfügen. Diese ist aber bei praktisch allen aktuellen und gängigen Routern vorhanden.

Ein Heimnetzwerk sollte niemals ohne Verschlüsselung betrieben werden. Die aktuelle Standard-Verschlüsselungsmethode ist WPA2. Jedem Teilnehmer im Netz müssen dann die folgenden Zugangsdaten bekannt sein:

1. Die Netzwerk-SSID (**S**ervice **S**et **Id**entifier)
2. Das Zugangspasswort

Der Server kann auch über ein WLAN-fähiges Smartphone aufgerufen werden. Dies kann mit einem beliebigen Webbrowser erfolgen. Nach Eingabe der korrekte IP-Adresse können alle Daten drahtlos von jedem beliebigen Punkt innerhalb der WLAN-Reichweite ausgelesen werden.

11.7 Raspberry Pi im WLAN

Häufig wird der Raspberry Pi wie ein klassisches Motherboard betrieben. Mit Tastatur, Maus und Bildschirm wird er zum vollwertigen Computer. Darüber hinaus ist es aber auch möglich, den Pi vollständig über ein WLAN zu steuern. Dies macht ihn natürlich für Robotik-Anwendungen besonders interessant. Hier möchte man üblicherweise weder Tastatur noch Bildschirm an der zentralen Recheneinheit anschließen. Die drahtlose Fernkommunikation ist dagegen ein ideales Verfahren, um Daten mit mobilen Roboter-Systemen auszutauschen.

Der Raspberry Pi 3 ist die erste Version mit integriertem WLAN-Modul. Dadurch wird die Flexibilität nochmals deutlich verbessert. Der Pi ist damit sofort und ohne weiteres Zubehör netzwerkfähig. Der bei älteren Modellen erforderliche WLAN-Stick wird nicht mehr benötigt. Ein Broadcom BCM43438 Chip sorgt für zuverlässige WLAN-Kommunikation nach IEEE-802.11 a/b/g/n im 2,4 GHz Band. Auch bringen alle neueren Raspbian-Varianten die erforderlichen Treiber bereits mit, sodass keine zusätzlichen Installationsarbeiten erforderlich sind.

Nachdem das Raspian-Betriebssystem auf eine SD-Karte geschrieben wurde, muss nur noch der WLAN-Zugang eingerichtet werden. Dazu müssen mit dem PC noch zwei Dateien in der Boot-Partition der SD-Karte erstellt werden.

1. Eine leere Datei ssh bewirkt, dass der SSH-Dienst sofort aktiviert wird.
2. Eine Datei wpa_supplicant.conf mit den Zugangsdaten des WLAN-Netzwerks wird beim ersten Start des Raspberry Pi in das Verzeichnis /etc/wpa_supplicant kopiert. Die Datei muss die Bezeichnung des WLANs (SSID) und dessen Passwort enthalten:

```
network={
        ssid="wlan-bezeichnung"
        psk="passwort"
        key_mgmt=WPA-PSK
}
```

Unter Raspbian Stretch muss diese den folgenden Inhalt haben:

```
country=DE
ctrl_interface=DIR=/var/run/wpa_supplicant GROUP=netdev
update_config=1
network={
        ssid="wlan-bezeichnung"
        psk="passwort"
        key_mgmt=WPA-PSK
}
```

Dabei ist zu beachten, dass in wpa_supplicant vor und nach den Gleichheitszeichen keine Leerzeichen verwendet werden dürfen. Der Ländercode muss in Großbuchstaben angegeben werden. Es ist zu beachten, dass dieses Vorgehen mit NOOBS nicht möglich ist. Das Raspbian-Image muss direkt auf die SD-Karte geschrieben werden.

Sobald der Raspberry Pi hochgefahren ist, kann man sich mit dem Default-Passwort raspberry einloggen. Anschließend empfiehlt es sich, sudo passwd pi ein neues Passwort für den Benutzer pi einzurichten. Die IP-Adresse des RasPi kann man im Router abrufen:

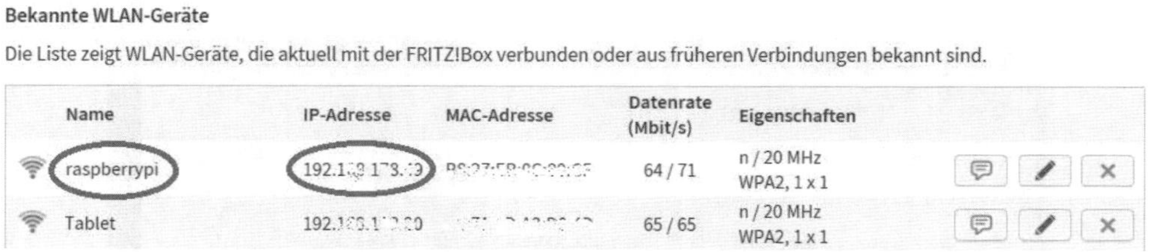

Bekannte WLAN-Geräte

Die Liste zeigt WLAN-Geräte, die aktuell mit der FRITZ!Box verbunden oder aus früheren Verbindungen bekannt sind.

Name	IP-Adresse	MAC-Adresse	Datenrate (Mbit/s)	Eigenschaften
raspberrypi	[illegible]	[illegible]	64 / 71	n / 20 MHz WPA2, 1 x 1
Tablet	[illegible]	[illegible]	65 / 65	n / 20 MHz WPA2, 1 x 1

Abbildung 11.8: Raspberry Pi in der WLAN-Tabelle

Zum Einloggen ist "putty" das Mittel der Wahl. Das Programm kann über

https://www.putty.org/

auf jeden Rechner geladen werden. Nach der Installation müssen nur noch die IP-Adresse und der Standard-Port 22 eingetragen werden.

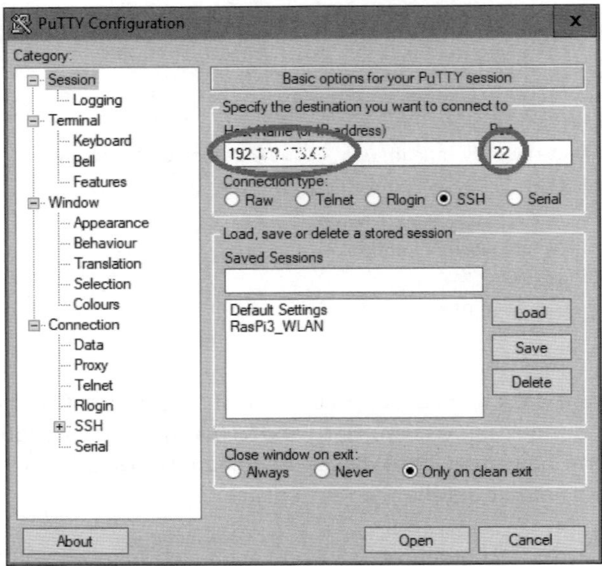

Abbildung 11.9: Einloggen mit putty

Danach kann man via SSH auf den Raspberry Pi zugreifen:

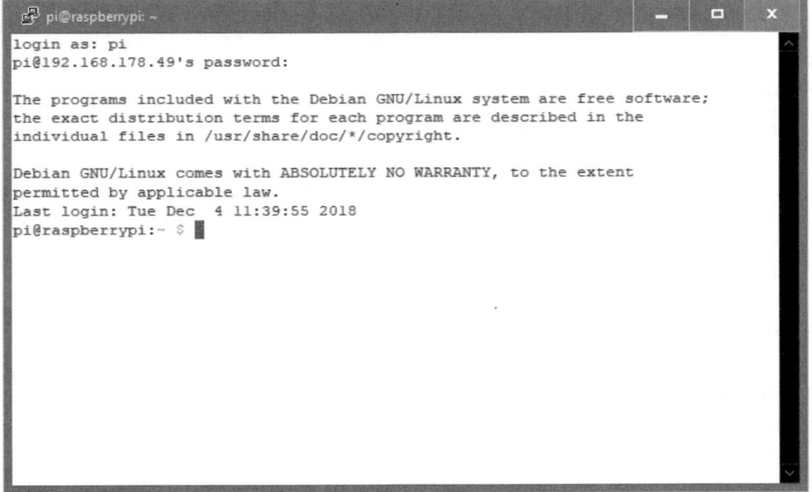

Abbildung 11.10: Zugriff via SSH

Nun kann man den Pi vollständig über das Terminal steuern und so auch alle erforderlichen Programme etc. starten. Im folgenden Kapitel wird ein mobiler Roboter beschrieben, der vollständig über ein WLAN-Netz gesteuert wird. Zudem verfügt dieser Fahrroboter über eine eigene Kamera, deren Video-Bild ebenfalls über WLAN zu einem Rechner übertragen wird. Die Aktivierung der dazu notwendigen Programme und Server wird dann über SSH erfolgen.

Kapitel 12 • Roboterfahrzeuge und autonomes Fahren

Roboterfahrzeuge können relativ einfach aufgebaut werden und eignen sich daher gut als Einstiegsprojekte. Prinzipiell genügt ein Sensor, ein Antriebsmotor und eine einfache Lenkung, um einen autonomen Fahrroboter aufzubauen. Laufroboter oder gar humanoide Systeme stellen dagegen bereits deutlich höhere Anforderungen an die Fähigkeiten des Konstrukteurs.

Dennoch kann der Bau von Fahrrobotern äußerst lehrreich und hochinteressant sein. Zudem existiert beim Übergang vom Fahren zum Laufen keine scharf definierte Grenze. So sind die Methoden, welche für die Steuerung eines selbst-balancierenden Fahrroboters benötigt werden, den Anforderungen eines zweibeinigen Laufroboters bereits recht ähnlich. In beiden Fällen muss kontinuierlich ein dynamisches Gleichgewicht aufrecht erhalten werden.

Zudem ist die Beschäftigung mit selbstfahrenden Systemen hochaktuell. Autonome Mobilität ist eines der bedeutendsten Anwendungsgebiete der modernen Robotik und der Künstlichen Intelligenz. In kaum einem anderen Forschungsbereich wird auch nur ein annähernd so hoher Aufwand betrieben. Viele Automobilhersteller sind mit Milliardenaufwänden in dieses Gebiet eingestiegen. Hinzu kommt eine fast unübersehbare Anzahl von Kooperationen, welche die IT-Technik weiter vorantreiben.

Zweifellos werden künftig in selbstfahrenden Autos Mikrocontroller, Prozessoren und Computer sämtliche Steuerungsaufgaben übernehmen. Dem Menschen bleibt die Rolle des Fahrgastes. Nach dem Einsteigen und der Angabe des Fahrziels kann er sich zurücklehnen und entspannen, bis das Ziel erreicht ist. Lenken, Gasgeben, Bremsen und sogar die optimale Streckenfindung werden vom Fahrzeug selbst übernommen. Das vollständig autonome Auto hat nicht nur die aktuelle Verkehrssituation im Blick. Es erfasst darüber hinaus sämtliche wichtigen Wetter- und Umweltdaten und achtet auf andere Fahrzeuge und Fußgänger. Das Fahren wird aller damit Voraussicht nach schneller, sicherer und vor allem bequemer werden.

Es ist daher durchaus interessant, sich mit diesen Aufgaben auch in kleinerem Maßstab zu beschäftigen. Durch den Einsatz von kostengünstigen Sensoren ist es sehr einfach geworden, kleine autonome Roboter aufzubauen. Robotermodelle, die sich in einer "natürlichen" Umgebung autonom bewegen, können bereits echte Herausforderungen bieten. Wohnräume sind mit Möbeln und anderen Gegenständen ausgestattet, und stellen für Roboterfahrzeuge ähnlich anspruchsvolle Probleme dar wie Fußgänger, Bordsteinkanten oder Laternenpfähle für selbstfahrende Autos. Darin liegt jedoch auch die besondere Herausforderung. Man muss sich für den Aufbau und die Programmierung derartiger Fahrzeuge mit den ähnlichen Problemen befassen wie die Ingenieure der großen Automobilhersteller. Der Bau von Heimrobotern bietet also die Möglichkeit, sich mit den Anforderung, aber auch den Gefahren des autonomen Fahrens zu beschäftigen.

Gelingt es mit Hilfe von Sensoren und eigener Intelligenz die selbstkonstruierten Roboter soweit zu optimieren, dass sie sich über längere Zeit hinweg kollisionsfrei in der Wohnung bewegen, kann man dies bereits als beachtlichen Erfolg verbuchen. Ist diese erste Hürde genommen, können weitere Aufgaben in Angriff genommen werden:

- Verfolgung von Linien oder Markierungen
- Suchen einer Lichtquelle in der Umgebung
- Bewegung entlang einer Wand
- Automatische Vermessung von Zimmern und Räumen
- Verfolgen eines anderen Roboters oder einer Person
- Transport von Gegenständen
- Staubsaugen
- Rasenmähen
- etc.

Mit fortschreitender Erfahrung kann man dann sogar dazu übergehen, echte Helfer in Haus und Garten zu konstruieren. In Abhängigkeit von der Aufgabe, die der Roboter erfüllen soll, müssen dann unterschiedliche Konzepte verfolgt werden. Die folgenden grundlegenden Konstruktionsmerkmale spielen dabei eine zentrale Rolle:

- Gehäuse bzw. Chassis
- Antriebssystem
- Controller oder Prozessor
- Sensoren

Vor allem die Gehäuseform und die Art der Sensoren sind wichtig. Wenn er einer Linie folgen soll, dann muss der Fahrroboter natürlich auch über Sensoren verfügen, die Helligkeits- oder Farbunterschiede am Boden erkennen. Hier kommen häufig Infrarot-Sensoren zum Einsatz. Soll an einer Zimmerwand entlang gefahren werden, sind Sensoren an den Fahrzeugseiten erforderlich. Für das Verfolgen einer Person wären Bewegungssensoren oder sogar elektronische Kameras sinnvoll.

Wenn man sich eingehender mit diesen Themen beschäftigen will, sollte man auf einen modularen Aufbau der Roboter achten. Es macht wenig Sinn, für jede neue Anwendung einen eigenen Roboter zu konstruieren. Das wäre extrem zeitaufwändig und zudem mit hohen Kosten verbunden. Wesentlich besser ist es, eine Plattform zu schaffen, auf welcher dann verschieden Sensoren, Aktoren und softwaretechnische Verfahren ausgetestet werden können.

Basierend auf den in Kapitel 10 vorgestellten Grundelementen sollen im folgenden daher einige Roboterfahrzeuge und Anwendungen zum Thema "Autonomes Fahren" vorgestellt werden.

12.1 Für den Einstieg: Auf zwei Rädern durch die Welt

Einen Klassiker unter den Fahrrobotern mit zwei aktiven Rädern stellt der Asuro dar (s. auch Kapitel 10). Die vielen Klone und Nachbauten zeigen, wie beliebt dieses System ist. Für Eigenbau einer einfache Variante genügen die folgenden Komponenten:

- 1x Basisplatte
- 2x Getriebe- oder Schrittmotoren
- Stützvorrichtung oder selbst-lenkendes Bugrad
- Motorcontroller
- Mikrocontroller
- Akkus
- Sensoren nach Bedarf

Die Abbildung 10.2 zeigt ein solches komplett im Eigenbau erstelltes System. Alternativ ist hierfür das Joy-It Robot Car Kit empfehlenswert (s. Abschnitt 10). Dieses enthält neben der Basisplatte sogar vier Getriebemotoren. Davon werden zunächst nur zwei verwendet. Als Stützeinrichtung kann ein halbierter Tischtennisball oder ein selbstlenkendes Rad eingesetzt werden.

Eine einfache Variante des so entstehenden Fahrzeugs zeigt die nachfolgende Abbildung.

Abbildung 12.1: Zweirad-System als Variante des Joy-It Robot Car Kits

Für einen ersten Test kann man das Fahrzeug mit einem Arduino ausstatten. Für die Motorsteuerung kommt im einfachsten Fall L293-Treiber (s. Abschnitt 5.9) zum Einsatz. Der gesamte Schaltplan mit zwei Motoren sieht dann so aus:

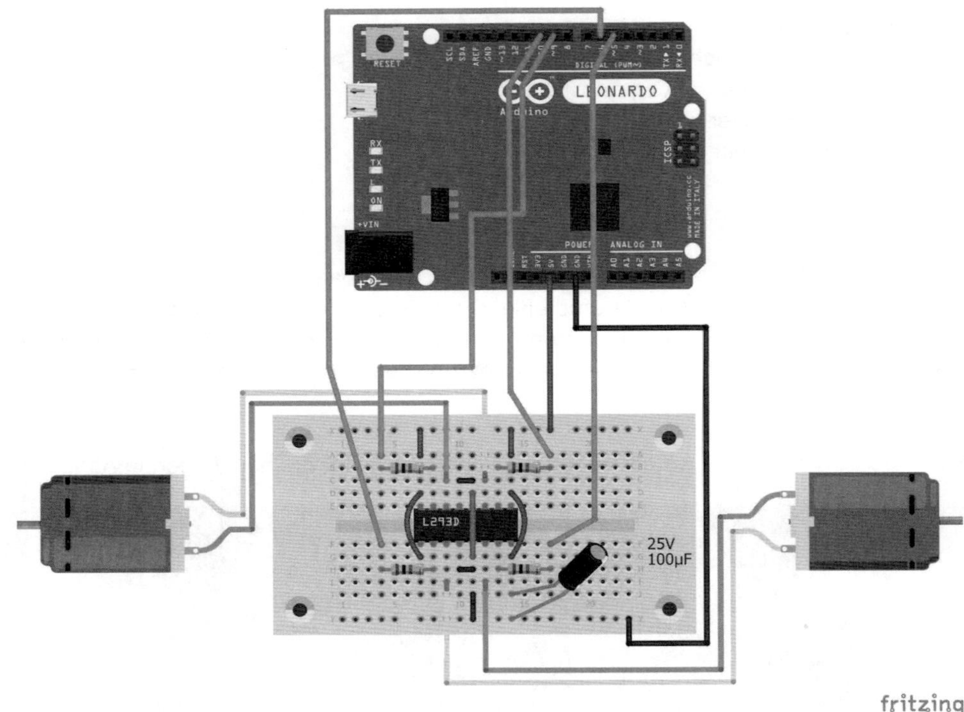

Abbildung 12.2: Zweirad-System mit L293-Motortreiber

Um den Aufbau zu überprüfen, kann der folgende Sketch eingesetzt werden:

```
// Buggy_square_drive.ino
// UNO @ IDE 1.8.5

#define PWM_MAX 255
#define MaxSpeed  120  // default 100
#define MinSpeed -120  // default 120
#define BaseSpeed  70  // default  70

const byte PWM_LEFTMOTOR  =  9;  // speed left motor
const byte DIR_LEFTMOTOR  = 10;  // direction (forward / backward) left
motor
const byte PWM_RIGHTMOTOR =  5;  // speed right motor
const byte DIR_RIGHTMOTOR =  6;  // direction (forward / backward) right
                                 // motor

int motorSpeed;
int rightMotorSpeed, leftMotorSpeed;

void setup()
```

```
{ Serial.begin(115200);
  pinMode(DIR_LEFTMOTOR, OUTPUT); pinMode(DIR_RIGHTMOTOR, OUTPUT);
  pinMode(PWM_LEFTMOTOR, OUTPUT); pinMode(PWM_RIGHTMOTOR, OUTPUT);
  Serial.begin(115200);
  drive(0, 0);     // motors stop
}

void loop()
{ Serial.println("Going straight");
  drive(BaseSpeed, BaseSpeed);
  delay(2000);

  Serial.println("TURN!");
  drive(BaseSpeed, -BaseSpeed);
  delay(800);
}

void rightMotor(int motorSpeed)
{ if (motorSpeed >= 0)
  { digitalWrite(DIR_RIGHTMOTOR, HIGH);
    analogWrite(PWM_RIGHTMOTOR, PWM_MAX-abs(motorSpeed));
  }
  else
  { digitalWrite(DIR_RIGHTMOTOR, LOW);
    analogWrite(PWM_RIGHTMOTOR, abs(motorSpeed));
  }
}

void leftMotor(int motorSpeed)
{ if (motorSpeed >= 0)
  { digitalWrite(DIR_LEFTMOTOR, HIGH);
    analogWrite(PWM_LEFTMOTOR, PWM_MAX-abs(motorSpeed));
  }
  else
  { digitalWrite(DIR_LEFTMOTOR, LOW);
    analogWrite(PWM_LEFTMOTOR, abs(motorSpeed));
  }
}

void drive(int leftSpeed, int rightSpeed)   // L: -255 ... 255 , R: -255 ...
                                            // 255
{ leftMotor(leftSpeed); rightMotor(rightSpeed);
}
```

Der Fahrroboter sollte damit ein Quadrat mit einer Kantenlänge von ca. 0,5 m abfahren. Falls die Drehung in den Ecken nicht genau 90° beträgt, kann man die Drehzeit in

```
Serial.println("TURN!");
drive(BaseSpeed, -BaseSpeed);
delay(800);
```

entsprechend anpassen. Längere Zeiten bewirken größere Drehwinkel, kürzer reduzieren die Drehung. Die Kantenlänge des Quadrats kann in

```
Serial.println("Going straight");
drive(BaseSpeed, BaseSpeed);
delay(2000);
```

justiert werden. Dieses Fahrzeug wird später zu einem lichtsuchenden Roboter ausgebaut (s. Kapitel 12.3).

12.2 Autonomes Fahren durch Linienverfolgung

Das Abfahren einer fest vorgegebene geometrischen Figur hat mit autonomen Fahren noch nicht viel zu tun. Diese Aufgabe könnte bereits mit Hilfe analoger Elektronik recht einfach gelöst werden. Einige einfache Timer wie etwa der bekannte NE555 würden ausreichen, um eine entsprechende Steuerung umzusetzen.

Deutlich anspruchsvoller ist es, ein Fahrzeug zu entwickeln, das mit Hilfe optischer Sensoren einer auf dem Boden aufgemalten Linie folgen kann. Hierzu sind zwei Photosensoren und eine LED als Lichtquelle erforderlich. Der Antrieb des Fahrzeugs erfolgt über zwei DC-Getriebemotoren und einen ULN2003-Motortreiber. Die folgende Abbildung zeigt einen Schaltplan dazu.

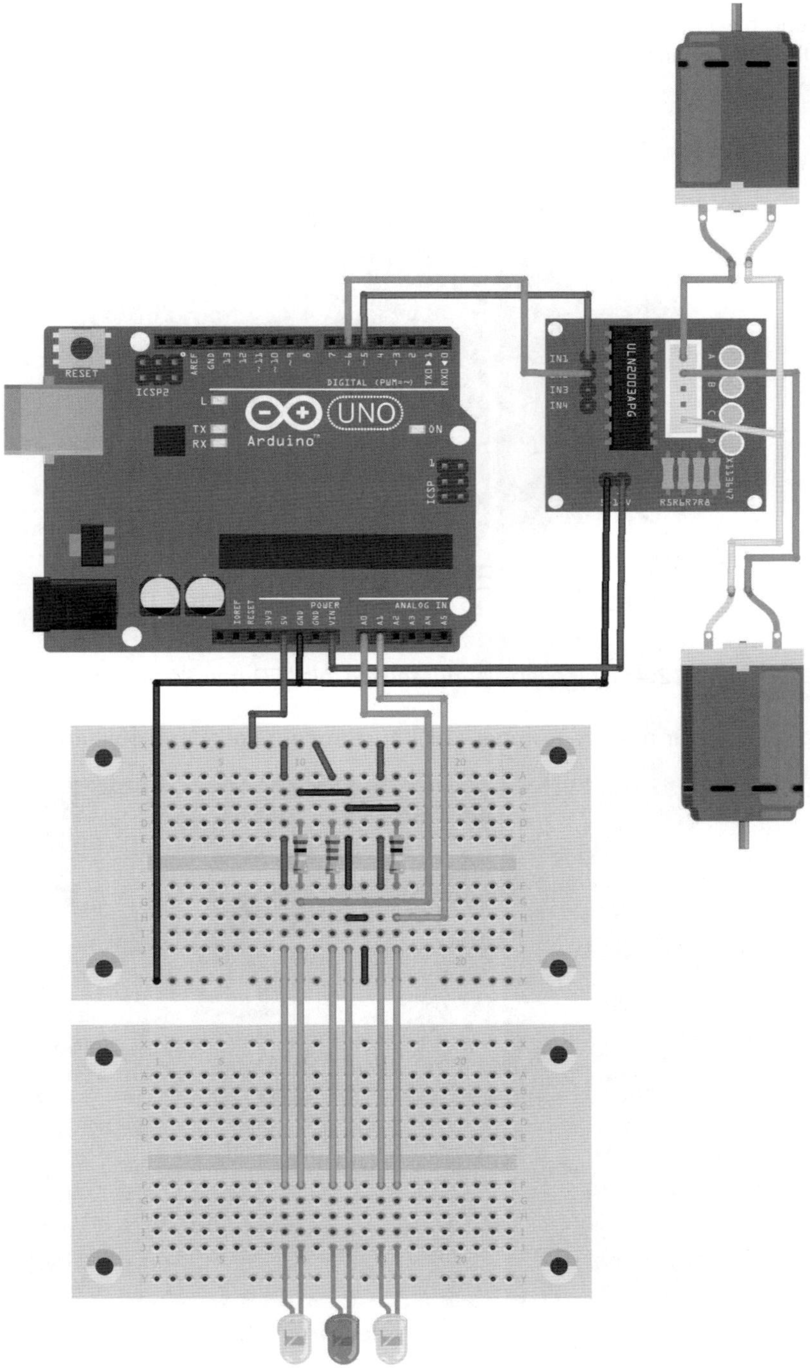

Abbildung 12.3: Schaltplan zum Linienverfolger

Die LED und die Phototransistoren müssen vorne am Fahrzeug angebracht werden. Dazu werden die Komponenten am besten auf ein separates Breadboard montiert, so wie in der folgenden Abbildung.

Abbildung 12.4: Linienverfolgungssensor mit LED und Phototransistoren

Ein Aufbaubeispiel für das Joy-It Robot-Car Kit ist in der folgenden Abbildung dargestellt:

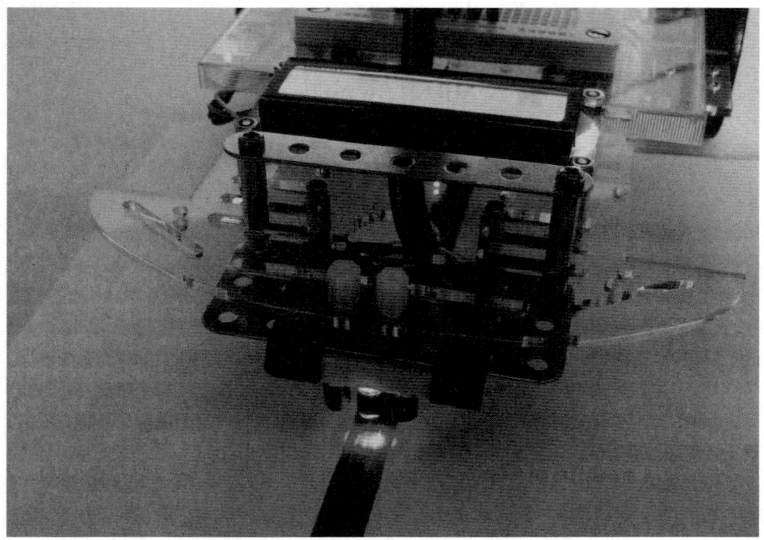

Abbildung 12.5: Linienverfolgungssensor am Joy-It Robot Car Kit

Im einfachsten Fall kann diese Aufgabe softwaretechnisch bereits mit einem sogenannten Zweipunktregler gelöst werden. Ein Sketch für den Arduino könnte dazu so aussehen:

```
// CarKit_line_follower_simple.ino
// UNO @ IDE 1.8.5

#define forwardLeft 5
#define forwardRight 6

int PD_L, PD_R;        // photodetector left / right
int delta;

void setup()
{ pinMode(forwardLeft, OUTPUT);
  pinMode(forwardRight, OUTPUT);
  Serial.begin(115200);
}

void loop()
{ PD_L = analogRead(0);
  PD_R = analogRead(1);
  delta = PD_R - PD_L;
  // Serial.println(delta);

  Serial.print(PD_L);
  Serial.print(" ");
  Serial.print(PD_R);
  Serial.println();

  // delay(500);

  if(delta < 0)
  { analogWrite(forwardRight, 20);
    analogWrite(forwardLeft, 90);
  }
  else
  { analogWrite(forwardRight, 90);
    analogWrite(forwardLeft, 20);
  }
}
```

Das Programm misst die Helligkeitswerte der beiden Liniensensoren. Diese sind an der Unterseite des Fahrzeugs angebracht und erfassen den Bereich auf der rechten bzw. linken Seite der Leitlinie. Wird eine Helligkeitsdifferenz detektiert, reduziert das Programm die Geschwindigkeit eines Antriebsmotors. Droht das Fahrzeug nach links auszubrechen, wird der rechte Motor gebremst, bei einem Ausbruch nach rechts der linke. Mit dieser einfachen

Methode kann das Fahrzeug bereits einer Linie folgen. Allerdings wird schnell klar, dass das Fahrverhalten nicht optimal ist. Der autonom fahrende Roboter zeigt ein zitterndes Pendelverhalten rund um die Bodenlinie und verliert häufig die Führung.

Abbildung 12.6: Linienverfolgung

Deutlich verbessert wird die Situation durch die Anwendung eines sogenannten PID-Reglers. Dieser ermöglicht durch proportionale, differentielle und integrale Regelungsanteile eine optimale Anpassung des Robotersystems an die geforderte Aufgabe. Der Regler errechnet genau wie bei der Zweipunktversion aus der Differenz der beiden Liniensensoren eine Stellgröße für die Motoren. Die Störgröße, in diesem Fall ein Abweichen von der Bodenlinie, bewirkt eine Veränderung der Regelgröße, die vom Regler kompensiert werden muss. Kapitel 13 geht detaillierter auf die Grundlagen der Regelungstechnik ein. An dieser Stelle soll daher nur kurz auf die Funktionsweise des hier verwendeten Algorithmus eingegangen werden.

Der proportionale Anteil multipliziert die Regelabweichung mit einem konstanten Verstärkungsfaktor und gibt das Ergebnis unverzögert weiter. Dieser Anteil arbeitet relativ schnell. Allerdings verbleibt stets eine gewisse Regelabweichung, da die Schleifenverstärkung des Kreises nicht beliebig groß werden kann. Regelabweichungen werden daher nur bis zu einem gewissen Maß kompensiert.

Auf einen integralen wirkende Anteil wird hier verzichtet. Dieser Reglerzweig hat lediglich Vorteil, dass er eine sehr exakte Regelung ermöglicht und prinzipiell alle Abweichungen vollständig eliminieren kann. Diese vollständige Beseitigung einer Regelabweichung ist in diesem Fall aber nicht erforderlich, da geringe Abweichungen von optimalen Linienführung keine Rolle spielen.

Der differential wirkende Anteil bewertet dagegen Signaländerungen. Er reagiert damit sozusagen bereits auf die Ankündigung einer Regelabweichung. Ein Regler mit D-Anteil kann dadurch sehr schnell werden und abrupte Änderungen ausgleichen. Der zugehörige Sketch sieht so aus:

```
// CarKit_line_follower_PID.ino
// UNO @ IDE 1.8.5

#define forwardLeft 5
#define forwardRight 6
#define Kp 0.1    // default: 0.1 - 1.5
#define Kd 1      // default: 0.0 - 2.0
#define MaxSpeed 120  // default 100
#define BaseSpeed 70  // default  70

int PD_L, PD_R;       // photodetector left / right
int error, lastError;
int motorSpeed;
int rightMotorSpeed, leftMotorSpeed;

void setup()
{ pinMode(forwardLeft, OUTPUT);
  pinMode(forwardRight, OUTPUT);
  Serial.begin(115200);
}

void loop()
{ PD_L = analogRead(0);
  PD_R = analogRead(1);
  error = PD_R - PD_L;

  Serial.print(PD_R);
  Serial.print(" ");
  Serial.print(PD_L);
  Serial.println();

  motorSpeed = Kp * error + Kd * (error - lastError);
  lastError = error;

  rightMotorSpeed = BaseSpeed + motorSpeed;
  leftMotorSpeed = BaseSpeed - motorSpeed;

  // liit values
  if (rightMotorSpeed > MaxSpeed ) rightMotorSpeed = MaxSpeed;
  if (leftMotorSpeed > MaxSpeed ) leftMotorSpeed = MaxSpeed;
  if (rightMotorSpeed < 0)rightMotorSpeed = 0;
```

```
        if (leftMotorSpeed < 0)leftMotorSpeed = 0;

        analogWrite(forwardRight, rightMotorSpeed);
        analogWrite(forwardLeft, leftMotorSpeed);
    }
```

Ist das Regelsystem optimal abgestimmt, kann das autonome Roboterfahrzeug auch komplizierten Linienverläufen exakt folgen. Der Roboter ist dann in der Lage, mit hohen Geschwindigkeiten zu agieren, die Lenkbewegungen sind wohldosiert und es kommt kaum mehr zum Führungsverlust. Mit optimal justierten PD-Reglern kann die Geschwindigkeit und Präzision von Roboterfahrzeugen die Fähigkeiten menschlicher Fahrer sogar deutlich übersteigen.

Die Linienverfolgung ist eine der einfachsten Aufgaben in der Robotik. In den letzten Jahren wurden auch wesentlich aufwändigere und komplexere Probleme erfolgreich gelöst. Dazu gehören etwa der aufrechte Gang auf zwei Beinen oder das Fangen von Bälle mittels eines servogesteuerten Roboterarms. Auch hier ist immer ein komplexes Netzwerk von Regelalgorithmen am Werk.

Abbildung 12.7: Linienverfolgungs-Robot-Car

Um die Einflüsse von Umgebungslicht abzumildern, kann man die Sensoren mit einer Abschattung schützen.

12.3 Musterbeispiel der Bionik: Lichtsuchende Roboter

Die Verfolgung einer Linie ist eines der einfachsten Beispiel dafür, wie ein Fahrzeug autonom auf einem vorgegebenen Weg bleiben kann. Einen Schritt weiter geht das Verfolgen einer Lichtquelle. Die Lichtquelle kann entweder fest fixiert oder auch beweglich sein. Diese Aufgabe ist ein bekanntes Beispiel aus der Bionik. Diese wissenschaftliche Fachrichtung beschäftigt sich als interdisziplinäres Forschungsfeld mit der Übertragung von biologischen Systemen auf technische Bereiche.

Der Aufbau eines lichtsuchenden Roboters erlaubt das Simulieren eines sogenannten Augentierchens (lat. Euglena). Diese Mikroorganismen verfügen über einen Augenfleck (lat. Stigma) als charakteristisches Merkmal. Das Stigma ist jedoch kein primitives Auge im eigentlichen Sinne. Vielmehr beschattet dieser Pigmentfleck einen Photorezeptor, wenn er zwischen eine Lichtquelle und den Rezeptor gerät. Durch Auswertung der sich dadurch ändernden Lichtintensität ist es dem Augentierchen möglich, sich in Abhängigkeit von der Lichteinfallsrichtung zu bewegen.

Viele Euglena-Arten verfügen über Chloroplasten. Wie bei den Pflanzen werden diese auch beim Augentierchen zur Photosynthese verwendet. Aus diesem Grund ist es für Euglena lebenswichtig, Bereiche mit möglichst intensiver Lichteinstrahlung zu erreichen. So erhöht der Photorezeptor im Zusammenspiel mit dem Augenfleck die Überlebenschancen des Tierchens ganz erheblich.

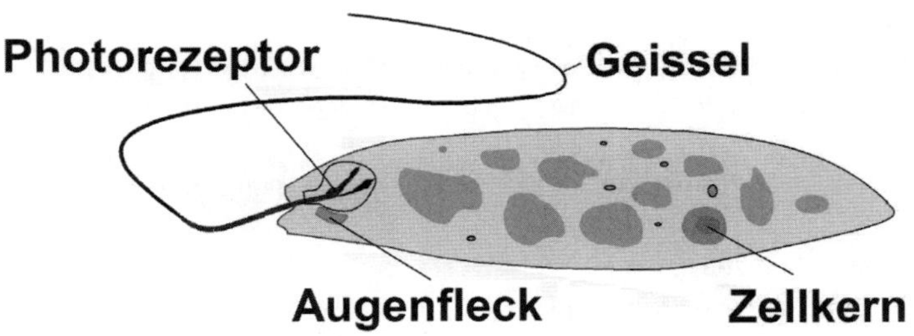

Abbildung 12.8: Euglena mit dem charakteristischen Augenfleck

Um das Verhalten von Euglena nachzuahmen, kann ein Lichtsuchroboter verwendet werden, der sich auf eine Lichtquelle oder helle Lichtbereiche zubewegt. Diese Aufgabe ist bereits mit nur einem einzelnen Lichtsensor lösbar. Allerdings muss der Roboterorganismus dafür nach links und rechts pendeln, um die Richtung des hellsten Lichts zu erkennen. Ein Arduino-Sketch dazu kann so aussehen (s. A. Downloadpaket):

```
// Buggy_LightSeeker_Single_Sensor.ino
// LEONARDO @ IDE 1.8.5

const byte ledPin = 13;
const byte PWM_LEFTMOTOR =  9;     // speed left motor
const byte DIR_LEFTMOTOR =  10;    // direction (forward / backward) left
motor
const byte PWM_RIGHTMOTOR =  5;   // speed right motor
const byte DIR_RIGHTMOTOR =  6;   // direction (forward / backward) right
motor

#define LIGHT_PIN A0
#define PWM_MAX 255

const int SEARCH_DRIVE_TIME = 200;
const int TURN_DRIVE_TIME = 200;
const int MOVE_DRIVE_TIME = 200;
const int STOP_DRIVE_TIME = 200;
const int NUM_LIGHT_LEVELS = 3;
const int FULL_SPEED = 200;
const int HALF_SPEED = 100;


int light_levels[NUM_LIGHT_LEVELS];

void setup()
{ pinMode(DIR_LEFTMOTOR, OUTPUT); pinMode(DIR_RIGHTMOTOR, OUTPUT);
  pinMode(PWM_LEFTMOTOR, OUTPUT); pinMode(PWM_RIGHTMOTOR, OUTPUT);

  analogWrite(PWM_RIGHTMOTOR, 150); analogWrite(PWM_RIGHTMOTOR, 150);

  Serial.begin(115200);
  Serial.println("Search for light");
}

void loop()
{   drive(0, FULL_SPEED); delay(SEARCH_DRIVE_TIME);  drive(0, 0);
    delay(STOP_DRIVE_TIME);
    light_levels[0] = analogRead(LIGHT_PIN);

    drive(0, -FULL_SPEED); delay(SEARCH_DRIVE_TIME); drive(0, 0);
    delay(STOP_DRIVE_TIME);
    drive(FULL_SPEED, 0); delay(SEARCH_DRIVE_TIME); drive(0, 0);
    delay(STOP_DRIVE_TIME);
    light_levels[2] = analogRead(LIGHT_PIN);
```

```
    drive(-FULL_SPEED, 0); delay(SEARCH_DRIVE_TIME); drive(0, 0);
    delay(STOP_DRIVE_TIME);
    light_levels[1] = analogRead(LIGHT_PIN);

    int max_light = 0;
    int max_light_index = 0;
    for ( int i = 0; i < NUM_LIGHT_LEVELS; i++ )
    { if ( light_levels[i] > max_light )
      { max_light = light_levels[i];
        max_light_index = i;
      }
      Serial.print(light_levels[i]);
      Serial.print(" ");
    }
    Serial.println();
    Serial.print("Max light: ");
    Serial.println(max_light_index);

    // Move to light

    if ( max_light_index == 0 )
    { Serial.println("Chasing light to the left");
      drive(-HALF_SPEED, FULL_SPEED);
      delay(TURN_DRIVE_TIME);
      drive(FULL_SPEED, FULL_SPEED);
      delay(MOVE_DRIVE_TIME);
      drive(0, 0);
      delay(STOP_DRIVE_TIME);
    }
    else if ( max_light_index == 1 )
    { Serial.println("Chasing light straight ahead");
      drive(FULL_SPEED, FULL_SPEED);
      delay(MOVE_DRIVE_TIME);
      drive(0, 0);
      delay(STOP_DRIVE_TIME);
    }
    else
    { Serial.println("Chasing light to the right");
      drive(FULL_SPEED, -HALF_SPEED);
      delay(TURN_DRIVE_TIME);
      drive(FULL_SPEED, FULL_SPEED);
      delay(MOVE_DRIVE_TIME);
      drive(0, 0);
      delay(STOP_DRIVE_TIME);
    }
}
```

```
void rightMotor(int motorSpeed)
{ if (motorSpeed >= 0)
  { digitalWrite(DIR_RIGHTMOTOR, HIGH);
    analogWrite(PWM_RIGHTMOTOR, PWM_MAX-abs(motorSpeed));
  }
  else
  { digitalWrite(DIR_RIGHTMOTOR, LOW);
    analogWrite(PWM_RIGHTMOTOR, abs(motorSpeed));
  }
}

void leftMotor(int motorSpeed)
{ if (motorSpeed >= 0)
  { digitalWrite(DIR_LEFTMOTOR, HIGH);
    analogWrite(PWM_LEFTMOTOR, PWM_MAX-abs(motorSpeed));
  }
  else
  { digitalWrite(DIR_LEFTMOTOR, LOW);
    analogWrite(PWM_LEFTMOTOR, abs(motorSpeed));
  }
}

void drive(int leftSpeed, int rightSpeed)   // L: -255 ... 255 , R: -255 ...
255
{ leftMotor(leftSpeed); rightMotor(rightSpeed);
}
```

In der Hauptschleife des Programms werden die Motoren so angesteuert, dass der Robot eine Pendelbewegung ausführt:

```
drive(0, FULL_SPEED); delay(SEARCH_DRIVE_TIME);  drive(0, 0);
delay(STOP_DRIVE_TIME);
```

Dabei wird in verschiedenen Positionen die auf den Sensor treffende Lichtintensität bestimmt. Im nächsten Schritt wird aus den gemessenen Werten das Maximum ermittelt. Anschließend bewegt sich der Roboter in Richtung dieses Maximums also nach links, nach rechts oder geradeaus.

Der Hardwareaufbau ist sehr einfach. Ein geeigneter Lichtsensor wie etwa der Phototransistor BPW40 wird an den Analogeingang A0 des Arduinos angeschlossen und am "Euglena"-Bot nach vorne ausgerichtet. Die folgende Abbildung zeigt einen Aufbauvorschlag dazu:

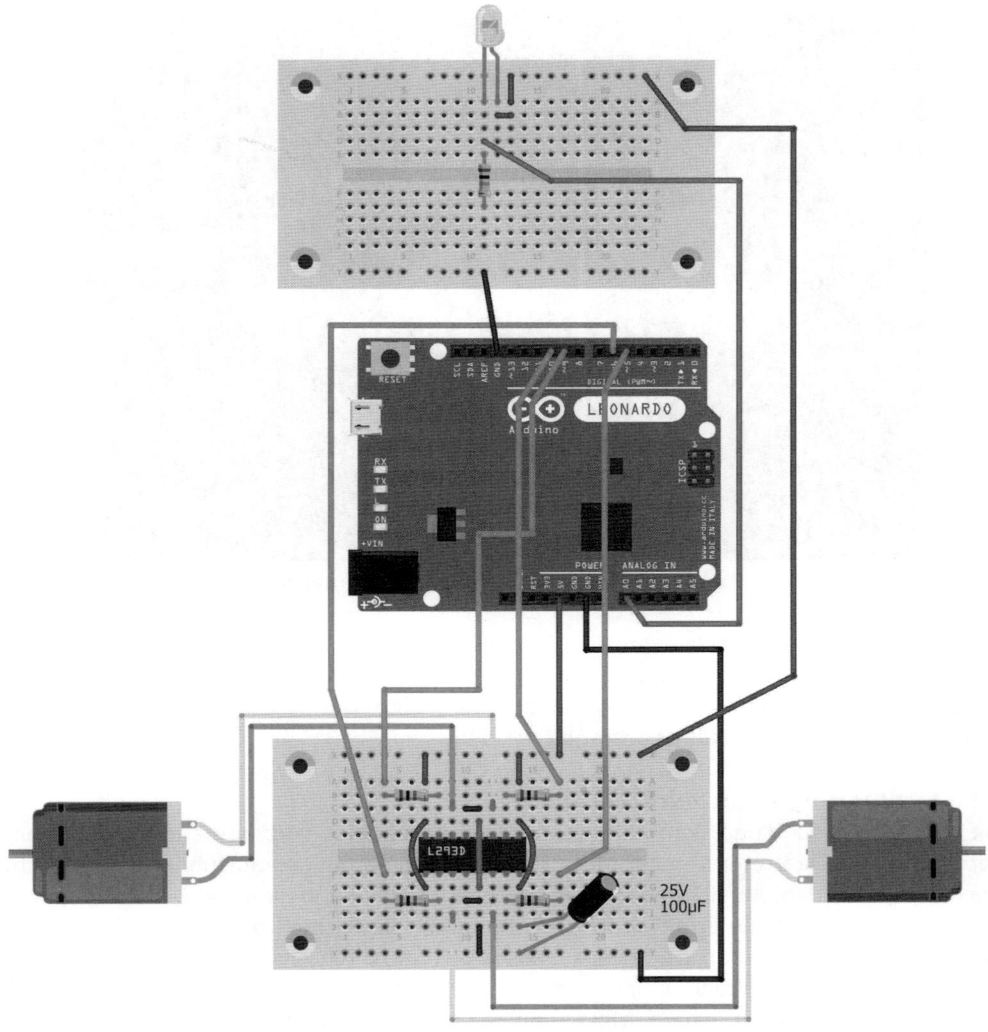

Abbildung 12.9: Schaltung zum Light-Seeker mit einem Sensor

Dann wird nur noch eine Lichtquelle wie etwa eine LED-Taschenlampe benötigt. In einem abgedunkelten Raum wird die Taschenlampe auf den Lichtsensor ausgerichtet. Euglena-Bot beginnt nun mit pendelnden Bewegungen nach rechts und links. Anschließend bewegt sich der Roboter ein Stück in Richtung der Lichtquelle. Wird die Lichtquelle bewegt, folgt der Bot wie an einem unsichtbaren Band der LED-Lampe.

Abbildung 12.10: Lichtverfolger in Aktion

Dieses Beispiel zeigt, dass es vergleichsweise einfach ist, einen Roboter einer Signalquelle folgen zu lassen. Im großen Maßstab werden ähnliche Verfahren verwendet, um etwa Lastkraftwagen virtuell zu einer LKW-Kette zu verbinden. Der gesamte Zug kann dann von lediglich einem einzigen Fahrer gesteuert werden.

12.4 Lichtverfolger mit zwei Sensoren

Mit einem zweiten "Auge" kann die Lichtverfolgung deutlich verbessert werden. Ein entsprechend ausgestatteter Roboter muss keine Pendelbewegungen ausführen um das Lichtmaximum zu finden. Ähnlich wie bei der Linienverfolgung kann dann die Differenz aus den beiden Helligkeitswerten ermittelt werden. Damit ist die Position der Lichtquelle schneller und einfacher bestimmbar. Der zweite Sensor wird dazu mit dem Analogport A1 verbunden. Die restliche Schaltung ist identisch mit dem Aufbau aus dem letzten Abschnitt. Die Optosensoren werden in einem Winkel von ca. 45° zur Fahrtrichtung ausgerichtet, siehe Abbildung. Dadurch wird gewährleistet, dass die zu suchende Lichtquelle in einem weiten Bereich erfasst werden kann.

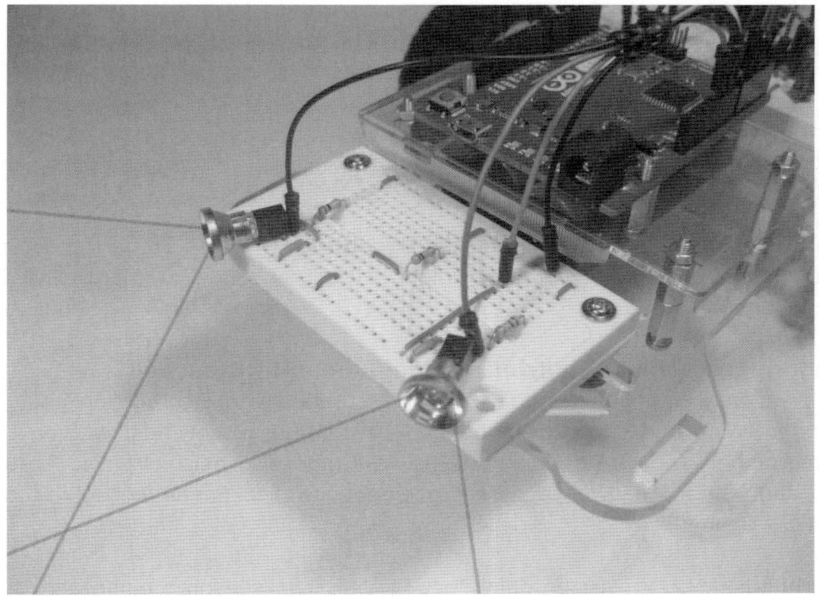

Abbildung 12.11: Ausrichtung der Photodioden bzw. -transistoren

Softwareseitig erfolgt die Steuerung wieder über eine PI-Regelung. In der Programm-Hauptschleife wird dazu das Fehlersignal als Differenz der Sensorwerte berechnet:

```
void loop()
{ PD_L = analogRead(0);
  PD_R = analogRead(1);
  error = PD_R - PD_L;

  Serial.print(PD_R);
  Serial.print(" ");
  Serial.print(PD_L);
  Serial.println();

  motorSpeed = Kp * error + Kd * (error - lastError);
  lastError = error;

  rightMotorSpeed = BaseSpeed + motorSpeed;
  leftMotorSpeed = BaseSpeed - motorSpeed;

   // limit values
  if (rightMotorSpeed > MaxSpeed ) rightMotorSpeed = MaxSpeed;
  if (leftMotorSpeed > MaxSpeed ) leftMotorSpeed = MaxSpeed;
  if (rightMotorSpeed < 0)rightMotorSpeed = 0;
  if (leftMotorSpeed < 0)leftMotorSpeed = 0;
```

```
    drive(leftMotorSpeed, rightMotorSpeed);
  }

  ...
```

Das vollständige Programm findet sich wieder im Downloadpaket.

Über den nun bereits bestens bekannten PI-Algorithmus wird das Steuersignal für die Motoren erzeugt. Bei optimaler Einstellung folgt der Roboter schnell und präzise jeder Lichtquelle.

12.5 Fledermaustechnik: Kollisionsvermeidung mit Ultraschall

Optische Sensoren sind gut geeignet für die Detektion von Lichtquellen oder visuellen Markierungen. Aufgrund der extrem hohen Ausbreitungsgeschwindigkeit von Licht sind Laufzeitmessungen dagegen sehr aufwändig. Will man also beispielsweise Abstände bestimmen, dann sind Schallwellen besser geeignet, da sich Schall wesentlich langsamer ausbreitet als Licht.

Zur Entfernungsmessung werden daher häufig Ultraschallsensoren eingesetzt. Komplette Sende/Empfänger-Module sind sehr preisgünstig und einfach in der Handhabung. Seit vielen Jahren sind entsprechend robuste Einheiten in Fahrzeugen zur Kollisionsvermeidung oder als Einparkhilfen im Einsatz. Mit Hilfe von Ultraschallsensoren ist ein Roboter in der Lage, Kollisionen mit festen oder auch mobilen Gegenständen oder Fahrzeugen zu vermeiden.

Die folgende Tabelle fasst die wichtigsten Eigenschaften der Ultraschallmesstechnik zusammen:

Reichweite:	1 ... 250 cm
Messbereich:	Kegel mit ca. 30° Öffnungsweite
Genauigkeit:	im Millimeterbereich

Ein Nachteil der Technologie ist die hohe Empfindlichkeit gegenüber Interferenzen. Bei Verwendung mehrerer Sensoren mit der gleichen Frequenz muss darauf geachtet werden, dass sich die Signale nicht überlagern. Die einzelnen Module dürfen dann nur mit einem ausreichenden zeitlichen Abstand aktiviert werden.

Zudem sind die Resultate abhängig von der Lufttemperatur und dem Luftdruckdruck. Schall ist eine mechanisch-elastische Welle, die sich in einem physischen Medium in Form von Longitudinalwellen ausbreitet. Die Ausbreitung erfolgt umso schneller, je dichter das Medium ist. Deshalb ist die Schallgeschwindigkeit in Wasser wesentlich höher als in der Luft. Aus dem gleichen Grund verfälschen Temperatur- bzw. Luftdruckschwankungen die Messergebnisse von Ultraschallmodulen.

Ab einer Frequenz von über 20 kHz liegen Ultraschallwellen oberhalb der menschlichen Hörschwelle. Tiere wie Hunde oder Katzen können dagegen auch höhere Frequenzen wahrnehmen. Fledermäuse sind sogar in der Lage, Ultraschallwellen auszusenden. Sie können sich damit auch in Höhlen und bei völliger Dunkelheit orientieren. Dieses Prinzip der Echoortung wird auch von Walen und einigen Nagetiere verwendet. Der Ultraschalls wird dabei nicht nur zur Orientierung, sondern zum Orten von Beute oder zur Kommunikation eingesetzt.

Die Entfernungsmessung mit Ultraschallsensoren beruht auf der Messung der Laufzeit, die ein Schallimpuls benötigt, um eine bestimmte Strecke zu durchlaufen. Da die Schallgeschwindigkeit bekannt ist, kann man daraus die Entfernung eines Hindernisses berechnen. Komplette Module bestehen aus zwei Einheiten:

- Sender (auch Tx für Transmitter)
- Empfänger (auch Rx für Receiver)

Der Sender sendet Schallwellen einer bestimmte Frequenz aus. In der Regel wird mit ca. 40 kHz gearbeitet. Der Empfänger registriert den Schall, welcher von Hindernissen in der näheren Umgebung zurückgeworfen wird.

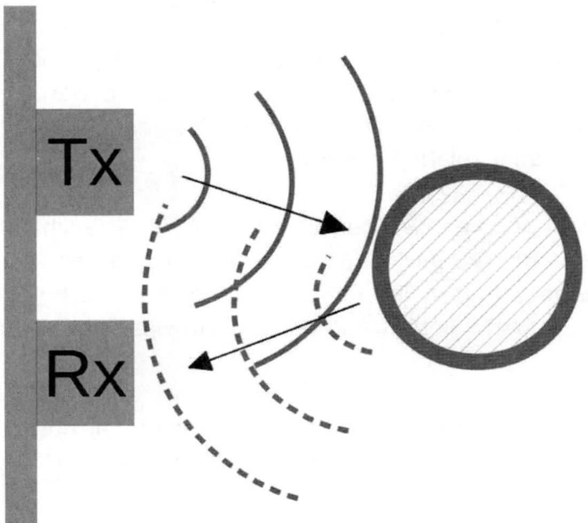

Abbildung 12.12: Objektdetektion mit Ultraschall

Die folgende Abbildung zeigt die Abstrahlcharakteristik einer typischen Ultraschallkapsel:

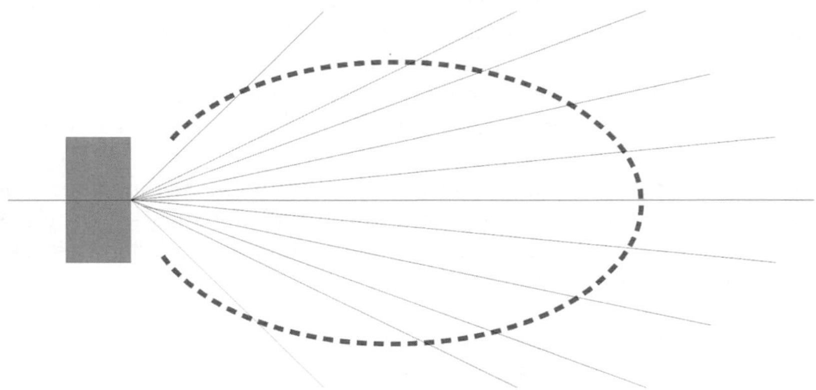

Abbildung 12.13: Abstrahlcharakteristik einer Ultraschallkapsel

Der effektive Messbereich der meisten Module liegt bei ca. 30°. Damit ist der Erfassungsbereich im Vergleich zu anderen Sensortypen relativ groß. In den Randgebieten ist die Messgenauigkeit allerdings geringer als in den zentralen Bereichen. Oftmals werden Ultraschallsensoren daher auf Servos oder anderen rotierenden Einrichtungen angebracht, um Messungen im zentralen Aufnahmebereichs vornehmen zu können. Der große Erfassungsbereich hat den Nachteil, dass Hindernisse nicht präzise geortet werden können. Positionsbestimmungen bleiben daher relativ ungenau.

Für sehr kleine Entfernungen von weniger als 2 cm ist die Ultraschallmessung nicht geeignet, da die Schallaufzeit zu gering wird, um sie exakt zu erfassen. Zudem ist zu beachten, dass die Oberflächeneigenschaften von Hindernissen einen entscheidenden Einfluss auf die Signalqualität haben. Ein harte Betonwand erzeugt ein wesentlich stärkeres Echo als etwa ein Vorhang aus Stoff.

Der Anschluss der Module an eine Arduino ist sehr einfach (s. a. Abschnitt 75). Ein vollständiger Schaltplan für ein Ultraschall-gesteuertes Fahrzeug kann so aussehen:

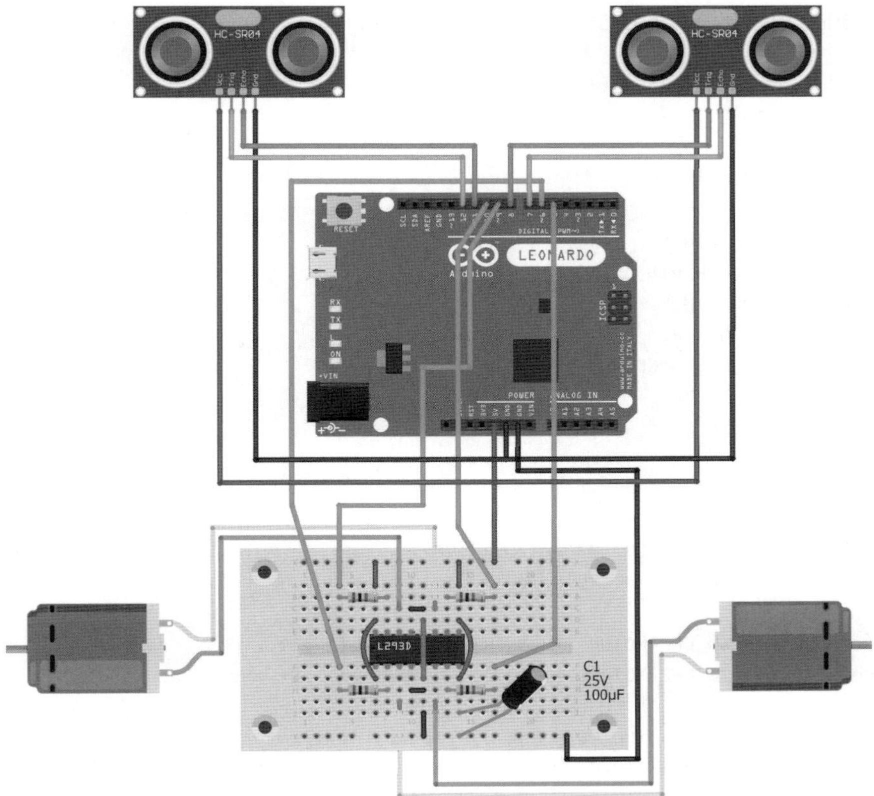

Abbildung 12.14: Schaltbild zur Ultraschallsteuerung

Abbildung 12.15: Ultraschallmodule an einem Roboterfahrzeug

Der zugehörige Sketch ist bereits etwas umfangreicher:

```
// Buggy_ultrasound_anti collision.ino
// UNO @ IDE 1.8.5

#include <NewPing.h>

#define ECHO_PIN_L     11
#define TRIGGER_PIN_L  12
#define ECHO_PIN_R      7
#define TRIGGER_PIN_R   8
#define MAX_DISTANCE 30  // range limitation

unsigned int d_L, d_R;

#define PWM_MAX 255
#define MaxSpeed  120  // default 100
#define MinSpeed -120  // default 120
#define BaseSpeed  70  // default  70

const byte PWM_LEFTMOTOR  =  9;  // speed left motor
const byte DIR_LEFTMOTOR  = 10;  // direction (forward / backward) left
                                 // motor
const byte PWM_RIGHTMOTOR =  5;  // speed right motor
const byte DIR_RIGHTMOTOR =  6;  // direction (forward / backward) right
                                 // motor

int motorSpeed;
int rightMotorSpeed, leftMotorSpeed;
int cal = 57;

NewPing sonar_L(TRIGGER_PIN_L, ECHO_PIN_L, MAX_DISTANCE);
NewPing sonar_R(TRIGGER_PIN_R, ECHO_PIN_R, MAX_DISTANCE);

void setup()
{ Serial.begin(115200);
  pinMode(DIR_LEFTMOTOR, OUTPUT); pinMode(DIR_RIGHTMOTOR, OUTPUT);
  pinMode(PWM_LEFTMOTOR, OUTPUT); pinMode(PWM_RIGHTMOTOR, OUTPUT);
  Serial.begin(115200);
  drive(0, 0);    // motors stop
}

void loop()
{ delay(30);  // min.: 30 ms
  d_L = sonar_L.ping()/ cal;
  if (d_L > 0) d_L = MAX_DISTANCE - d_L;
```

```
  delay(30);  // min.: 30 ms
  d_R = sonar_R.ping()/ cal;
  if (d_R > 0) d_R = MAX_DISTANCE - d_R;

  Serial.print("D l: "); Serial.print(d_L);
  Serial.print("   D r: "); Serial.print(d_R);
  Serial.println();

  if ((d_R > 5) && (d_L > 5))
    { Serial.println("TURN!");
      drive(BaseSpeed, -BaseSpeed);
      delay(1000);
    }
  else
    { rightMotorSpeed = BaseSpeed - 10 * d_R;
      leftMotorSpeed = BaseSpeed - 10 * d_L;
    }

  if (rightMotorSpeed > MaxSpeed ) rightMotorSpeed = MaxSpeed;
  if (leftMotorSpeed > MaxSpeed ) leftMotorSpeed = MaxSpeed;
  if (rightMotorSpeed < MinSpeed)rightMotorSpeed = MinSpeed;
  if (leftMotorSpeed < MinSpeed)leftMotorSpeed = MinSpeed;

  drive(leftMotorSpeed, rightMotorSpeed);
}

void rightMotor(int motorSpeed)
{ if (motorSpeed >= 0)
  { digitalWrite(DIR_RIGHTMOTOR, HIGH);
    analogWrite(PWM_RIGHTMOTOR, PWM_MAX-abs(motorSpeed));
  }
  else
  { digitalWrite(DIR_RIGHTMOTOR, LOW);
    analogWrite(PWM_RIGHTMOTOR, abs(motorSpeed));
  }
}

void leftMotor(int motorSpeed)
{ if (motorSpeed >= 0)
  { digitalWrite(DIR_LEFTMOTOR, HIGH);
    analogWrite(PWM_LEFTMOTOR, PWM_MAX-abs(motorSpeed));
  }
  else
  { digitalWrite(DIR_LEFTMOTOR, LOW);
    analogWrite(PWM_LEFTMOTOR, abs(motorSpeed));
```

```
    }
}

void drive(int leftSpeed, int rightSpeed)   // L: -255 ... 255 , R: -255 ...
                                            // 255
{ leftMotor(leftSpeed); rightMotor(rightSpeed);
}
```

Über

```
NewPing sonar_L(TRIGGER_PIN_L, ECHO_PIN_L, MAX_DISTANCE);
NewPing sonar_R(TRIGGER_PIN_R, ECHO_PIN_R, MAX_DISTANCE);
```

werden hier zunächst zwei Sonar-Objekte definiert. Diese werden dann in der Hauptschleife nacheinander abgefragt. Detektiert eines der Module ein Hindernis, wird ein Ausweichmanöver eingeleitet, indem das dem Hindernis gegenüberliegende Rad abgebremst wird.

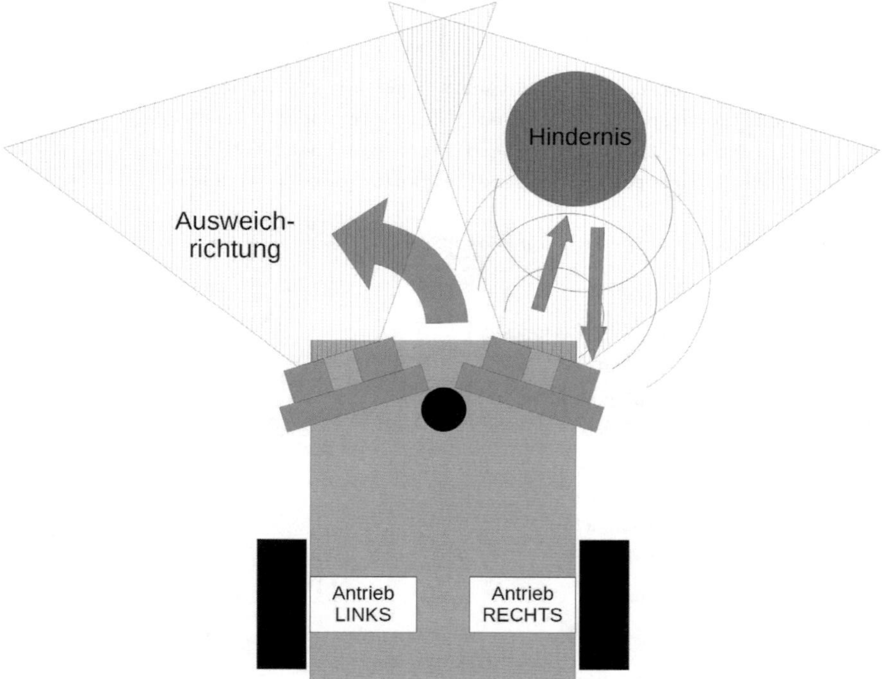

Abbildung 12.16: Umfahren eines Hindernisses

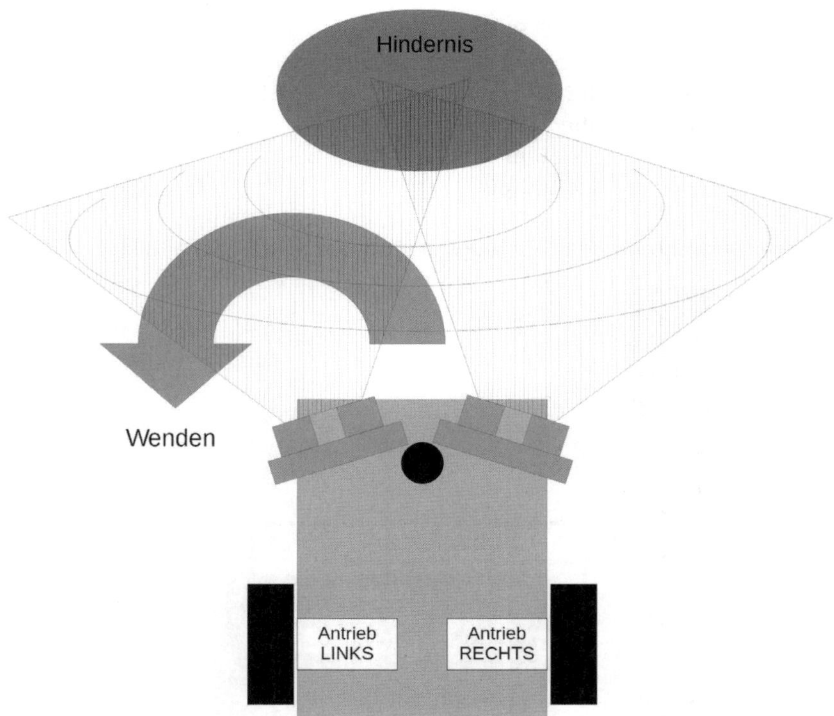

Abbildung 12.17: Wenden vor einem zentralen Hindernis

Ein Problem entsteht, wenn sich das Hindernis direkt vor dem Fahrzeug befindet. In diesem Fall empfangen beide Sensoren gleichzeitig Echosignale. Hier wird über die if-Abfrage:

```
if ((d_R > 5) && (d_L > 5))
  { Serial.println("TURN!");
    drive(BaseSpeed, -BaseSpeed);
    delay(1000);
```

eine Wende eingeleitet. Falls diese Abfrage fehlt, würde das Fahrzeug vor einer Wand, in einer Ecke oder vor einem zentral in der Fahrtrichtung gelegenen Hindernis stehen bleiben.

12.6 Bluetooth-gesteuerter Zwei-Rad-Robot

Nachdem im Kapitel 11 die Bluetooth-Steuerung vorgestellt wurde, soll diese elegante Methode der Smartphone-Kontrolle in einem Roboterfahrzeug eingesetzt werden. Als Chassis kommt ein Zweirad-System mit Motorsteuerung und passivem Stützrad zum Einsatz. Die Motorkontrolle erfolgt über den L293-Chip.

Chassis:	Zwei aktive Räder plus Stützrad
Hauptcontroller:	Arduino LEONARDO
Motorcontroller:	L293
Lenkung:	Einzelmotorsteuerung

Funkempfänger:	HC-06 Bluetoothmodul
Funksender:	Smartphone oder Tablet
Energiequelle:	NiCad- oder Li-Ionen-Akku (7,2 ... 9 V)
Stromversorgung:	Über Arduino
Elkos:	1 x 10 µF
	1 x 100 µF

Die elektrische Verdrahtung des Fahrzeugs zeigt das folgende Schaltbild:

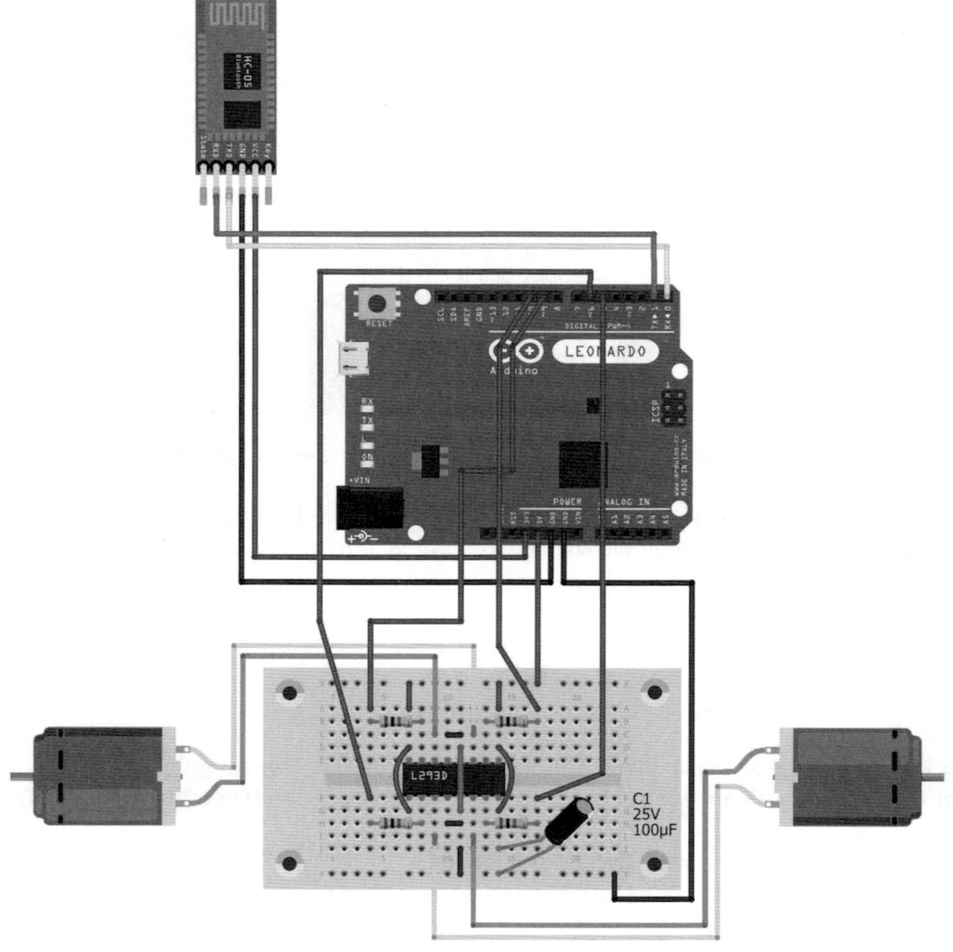

Abbildung 12.18: Elektrischer Aufbau der Bluetooth-Steuerung

Die folgenden Tabellen zeigen nochmals die Verbindungen zum Bluetooth-Modul und zum Motortreiber:

Bluetooth-Modul:

Arduino	HC-06-Modul
TX	RXD
RX	TXD
+5 V	Vcc
GND	GND

Motorcontroller:

Arduino D05:	PWM-Signal linker Motor
Arduino D06:	Richtung (vorwärts / rückwärts) linker Motor
Arduino D09;	PWM-Signal rechter Motor
Arduino D10:	Richtung (vorwärts / rückwärts) rechter Motor

Die folgende Abbildung zeigt einen Aufbauvorschlag zu diesem Roboterfahrzeug:

Abbildung 12.19: Bluetooth-gesteuertes Roboterfahrzeug

Der zugehörige Arduino-Sketch sieht so aus:

```
// AppControl_2D.ino
// IDE 1.8.5
// Arduino Leonardo
// Bluetooth control via XY_DC_motor_control.apk

// Connection of HC06 Bluetooth device to Arduino:
// Arduino - pin TX    to HC06 pin RXD
// Arduino - pin RX    to HC06 pin TXD
// Arduino - +5V       to HC06 pin VCC
// Arduino - GND       to HC06 pin GND
```

```
# include <avr/io.h>
# include <avr/interrupt.h>
# define F_CPU 16000000          // Xtal op 16MHz
# define USART_BAUDRATE 9600
# define BAUD_PRESCALE (((( F_CPU / 16) + ( USART_BAUDRATE / 2) ) / ( USART_
  BAUDRATE )) - 1)

#include <Wire.h>

const byte ledPin = 13;
const byte PWM_LEFTMOTOR =  5;    // speed left motor
const byte DIR_LEFTMOTOR =  6;    // direction (forward / backward) left
                                  // motor
const byte PWM_RIGHTMOTOR =  9;   // speed right motor
const byte DIR_RIGHTMOTOR =  10;  // direction (forward / backward) right
                                  // motor

const byte ReceiveMaxLOW = 127;
const byte ReceiveMax = 128;
const byte DCMax = 254;
const byte DCMaxMAX = 255;

volatile byte state = LOW;
volatile byte ReceiveX;
volatile byte ReceiveY;
volatile byte startcomms = 0;

int DC_LEFT = 0;
byte DIR_LEFT = 0;
int DC_RIGHT = 0;
byte DIR_RIGHT = 0;

void setup()
{ pinMode(ledPin, OUTPUT);
  pinMode(PWM_LEFTMOTOR, OUTPUT);
  pinMode(DIR_LEFTMOTOR, OUTPUT);
  pinMode(PWM_RIGHTMOTOR, OUTPUT);
  pinMode(DIR_RIGHTMOTOR, OUTPUT);

  analogWrite(PWM_LEFTMOTOR, 0);
  digitalWrite(DIR_LEFTMOTOR, 0);
  analogWrite(PWM_RIGHTMOTOR, 0);
  digitalWrite(DIR_RIGHTMOTOR, 0);

  Serial.begin(115200);
```

```
  // initialize serial communicationto HC06
  UCSR1B = (1 << RXEN1 ) | (1 << TXEN1 );
  UCSR1C = (1 << UCSZ10 ) | (1 << UCSZ11 );
  UBRR1H = (BAUD_PRESCALE >> 8);
  UBRR1L = BAUD_PRESCALE;
  UCSR1B |= (1 << RXCIE1);
  sei();
}

void loop()
{ digitalWrite(ledPin, state);
  if (startcomms == 1)
  { if ((ReceiveY >=ReceiveMax)&&(ReceiveX >= ReceiveMax)) // forward right
      { DIR_LEFT = 0; // forward
        DIR_RIGHT = 0; // forward
        DC_LEFT = ((ReceiveY - ReceiveMaxLOW)*2);
        if (DC_LEFT > DCMax)DC_LEFT = DCMaxMAX;
        if (DC_LEFT < 0)DC_LEFT = 0;
        DC_RIGHT = ((ReceiveY - ReceiveMaxLOW)*2)-(ReceiveX
        - ReceiveMaxLOW);
        if (DC_RIGHT > DCMax)DC_RIGHT = DCMaxMAX;
        if (DC_RIGHT < 0)DC_RIGHT = 0;
      }
    else if ((ReceiveY >= ReceiveMax)&&(ReceiveX <= ReceiveMaxLOW))
    // forward left
      { DIR_LEFT = 0; // forward
        DIR_RIGHT = 0; // forward
        DC_LEFT = ((ReceiveY - ReceiveMaxLOW)*2)-(ReceiveMaxLOW-ReceiveX);
        if (DC_LEFT > DCMax)DC_LEFT = DCMaxMAX;
        if (DC_LEFT < 0)DC_LEFT = 0;
        DC_RIGHT = ((ReceiveY - ReceiveMaxLOW)*2);
        if (DC_RIGHT > DCMax)DC_RIGHT = DCMaxMAX;
        if (DC_RIGHT < 0)DC_RIGHT = 0;
      }
    else if ((ReceiveY <= ReceiveMaxLOW)&&(ReceiveX <= ReceiveMaxLOW))
    // forward left
      { DIR_LEFT = 1; // backwards
        DIR_RIGHT = 1; // backwards
        DC_LEFT = DCMaxMAX-(((ReceiveMaxLOW-ReceiveY)*2)-(ReceiveMaxLOW-
        ReceiveX));
        if (DC_LEFT > DCMax)DC_LEFT = DCMaxMAX;
        if (DC_LEFT < 0)DC_LEFT = 0;
        DC_RIGHT = DCMaxMAX-((ReceiveMaxLOW-ReceiveY)*2);
        if (DC_RIGHT > DCMax)DC_RIGHT = DCMaxMAX;
        if (DC_RIGHT < 0)DC_RIGHT = 0;
```

```
          }
        else if ((ReceiveY <= ReceiveMaxLOW)&&(ReceiveX >= ReceiveMax))
        // forward left
        {
        DIR_LEFT = 1; // backwards
        DIR_RIGHT = 1; // backwards
        DC_LEFT = DCMaxMAX-((ReceiveMaxLOW-ReceiveY)*2);
        if (DC_LEFT > DCMax)DC_LEFT = DCMaxMAX;
        if (DC_LEFT < 0)DC_LEFT = 0;
        DC_RIGHT = DCMaxMAX-(((ReceiveMaxLOW-ReceiveY)*2)-(ReceiveX-
        ReceiveMaxLOW));
        if (DC_RIGHT > DCMax)DC_RIGHT = DCMaxMAX;
        if (DC_RIGHT < 0)DC_RIGHT = 0;
        }
        else
        { DIR_LEFT = 85;  // forward
          DIR_RIGHT = 85; // forward
          DC_LEFT =85;
          DC_RIGHT =85;
        }
}
    analogWrite(PWM_LEFTMOTOR, DC_LEFT);
    digitalWrite(DIR_LEFTMOTOR, DIR_LEFT);
    analogWrite(PWM_RIGHTMOTOR, DC_RIGHT);
    digitalWrite(DIR_RIGHTMOTOR, DIR_RIGHT);

    Serial.print(ReceiveX); Serial.print("\t");
    Serial.println(ReceiveY);
    delay(100);
}

// interrupt routine for serial communication
ISR (USART1_RX_vect)
{   startcomms = 1;
    state = !state;                 // flash led D13
    UCSR1B &= ~(1 << RXCIE1);       // disable RX interrupt
    ReceiveX = UDR1;
    while ((UCSR1A & (1 << RXC1)) == 0) {};
    ReceiveY = UDR1;
    UCSR1B |= (1 << RXCIE1);        // Re-enable RX interrupt
}
```

Nach dem Laden des Sketch muss die zugehörige App auf ein Android-Smartphone oder Tablet geladen werden. Dazu überträgt man die Installationsdatei

```
XY_DC_motor_control.apk
```

auf das Smartphone. Dies kann entweder über Bluetooth, USB oder WLAN erfolgen. Anschließend wird die App auf dem Smartphone installiert. Anschließend muss die Verbindung zwischen dem Handy und dem Bluetooth-Modul des Robots hergestellt werden. Dies erfolgt über die Anwendung "Einstellungen" auf dem Smartphone. Nachdem die beiden Systeme über Bluetooth gekoppelt sind, kann die Steuer-App gestartet werden.

Zunächst muss über die Schaltfläche

```
"BT Module Selection"
```

das HC-05/06-Modul ausgewählt werden. Dabei ist zu beachten, dass die Bluetooth-Funktion am Android-Gerät aktiviert ist.

Nun sollten die Status-LEDs am Bluetooth-Empfänger aufhören zu blinken und dafür permanent leuchten. In der App sollte die Anzeige "Connected" erscheinen. Jetzt kann das Fahrzeug über die graue Schaltfläche präzise gesteuert werden. Zudem werden dort die gesendeten Werte angezeigt.

Wie üblich, sollte man bei der ersten Inbetriebnahme des Fahrzeugs dafür sorgen, dass die Räder keinen Bodenkontakt haben ("Aufbocken"), um unkontrollierte Fahrbewegungen zu vermeiden.

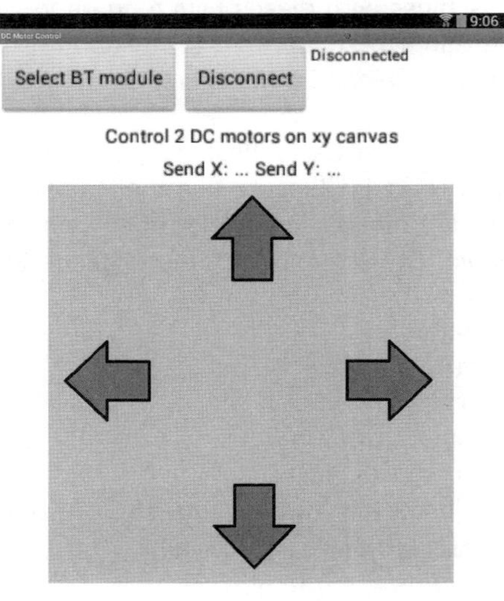

Abbildung 12.20: Oberfläche der Motor-Control-App

Nach einem ausführlichen Test der Steuerfunktionen kann man den Robot dann aber auf den Boden setzen und losfahren lassen. Es zeigt sich, dass sich der Fahrroboter über Bluetooth sehr feinfühlig steuern lässt.

Einer Erweiterung mit verschiedenen Sensoren oder auch einer WLAN-Kamera steht nun nichts mehr im Wege. Mit einem entsprechenden Fahrzeug kann man dann auch unzugängliche Umgebungen wie etwa Hohlräume oder lange Röhren etc. erkunden.

12.7 Vier Räder und Servolenkung

Die Steuerung eines Fahrzeugs mit zwei aktiven Rädern ist prinzipiell sehr einfach. Dennoch hat sie sich im Alltag kaum durchgesetzt. Praktisch alle Straßenfahrzeuge verfügen über vier oder mehr Räder, von welchen mindestens zwei angetrieben werden. Die Lenkung erfolgt jedoch nicht über die Antriebskraft der Räder, sondern über einen Lenkmechanismus. Das Prinzip des autonomen Fahrens im allgemeinen Straßenverkehr kann daher mit einem radstellungsgelenkten Roboterfahrzeug am besten nachvollzogen werden. Für einen ersten Einstieg soll deshalb zunächst ein klassisches Fahrzeug vorgestellt werden, das über zwei angetriebene Räder und über eine klassische Lenkung verfügt. Der Lenkmechanismus wird dabei von einem Modellbauservo gesteuert.

Wird dieses Fahrzeug über Funk gesteuert, hat man praktisch eines der beliebten RC-Fahrzeuge vor sich, mit dem man in Wohnräumen oder auf geeigneten Plätzen erste Erfahrungen gewinnen kann. Im Anschluss wird dieses Fahrzeug dann weiter zu einen Autonomen Roboter ausgebaut, von der einfachen Kollisionsvermeidung bis hin zum Einsatz einer Kamera für die Bildübertragung aus einer Cockpit-Perspektive.

Als Chassis ist das Fahrwerk des Pi-Car-V bestens geeignet. Als Steuerzentrale soll jedoch zunächst ein Arduino UNO zum Einsatz kommen. Die Funkbrücke wird mit einem nRF24-Modul realisiert. Die Motorsteuerung erfolgt über den TB6612-Motorcontroller, der im PiCar-Bausatz enthalten ist. Damit ergibt sich die folgende Stückliste:

Chassis:	PiCar-V
Prozessor:	Arduino UNO
Motorcontroller:	TB6612
Lenkung:	Mikro-Servo 9g
Funkempfänger:	nRF24-Modul
Funksender:	nRF24 mit Arduino NANO und Joystick
Energiequelle:	NiCad- oder Li-Ionen-Akku (7,2 ... 9 V)
Stromversorgung:	L7805 – 5 V Regler
Elkos:	1 x 10 µF
	1 x 100 µF

Die folgende Abbildung zeigt den vollständigen Schaltplan.

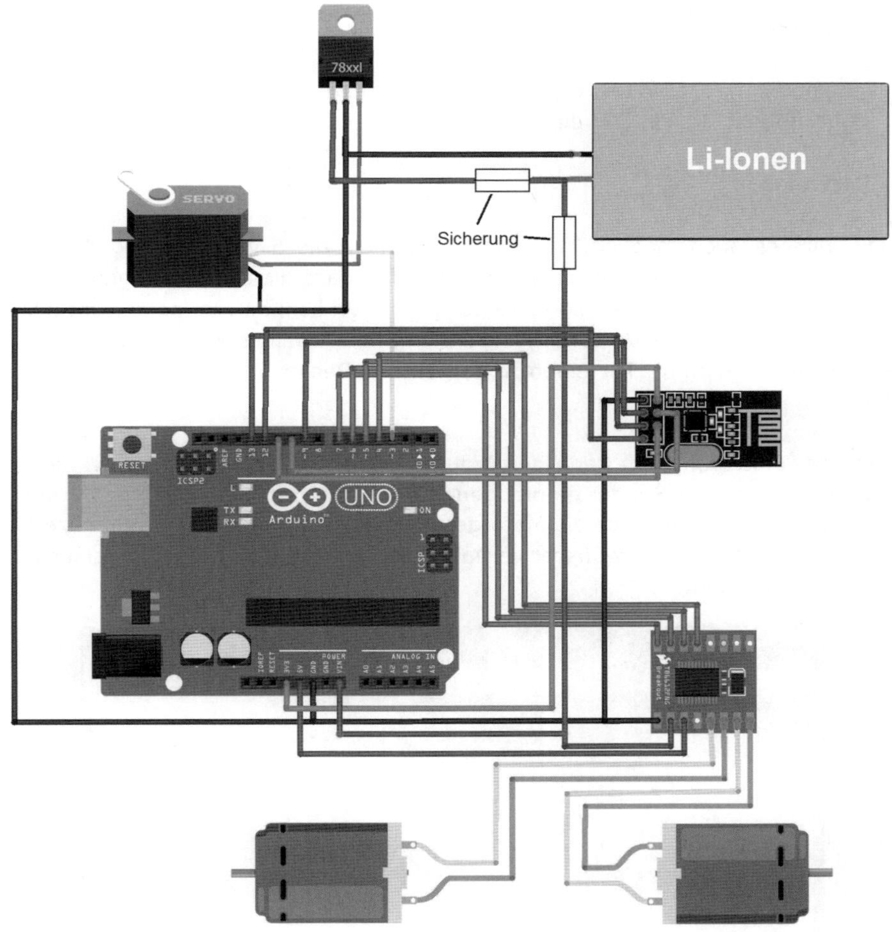

Abbildung 12.21: Schaltplan zum Fahrzeug mit nRF24-Fernsteuerung

Da der Fritzing-Schaltplan bereits recht umfangreich ist, sind die Verbindungen zusätzlich in der folgenden Tabelle aufgeführt:

nRF24L01	Arduino
GND	GND
VCC	3V3
CE	D9
CSN	D10
SCK	D13
MOSI	D11
MISO	D12
INT	UNUSED

motor control

left motor:	Pin D4: dir;	pin D5: speed
right motor:	Pin D7: dir;	pin D6: speed

Servosignal: D3

Prinzipiell wäre es auch möglich, den Servo direkt an die 5-V-Versorgung des Arduinos anzuschließen. Allerdings zeigt es sich immer wieder, dass dies zu Störungen bis hin zum Reset des Controllers führt. Insbesondere bei intensiven Lenkbewegungen zieht der Servo sehr viel Strom, sodass die Versorgungsspannung des Arduinos soweit einbrechen kann, dass es zum Reset kommt. Mit einem externen 5-V-Regler (7805) wird dieses Problem behoben.

Zum Test der Funkverbindung kann der Arduino mit einem PC verbunden werden. Dann kann man die vom nRF24-Sender empfangenen Daten auf dem seriellen Monitor einsehen. Sowohl die Lenkposition als auch die Motorgeschwindigkeit werden hierbei angezeigt. Falls sich das Fahrzeug nicht wie gewünscht verhalten sollte, kann man die Terminalausgabe zur Fehlersuche heranziehen.

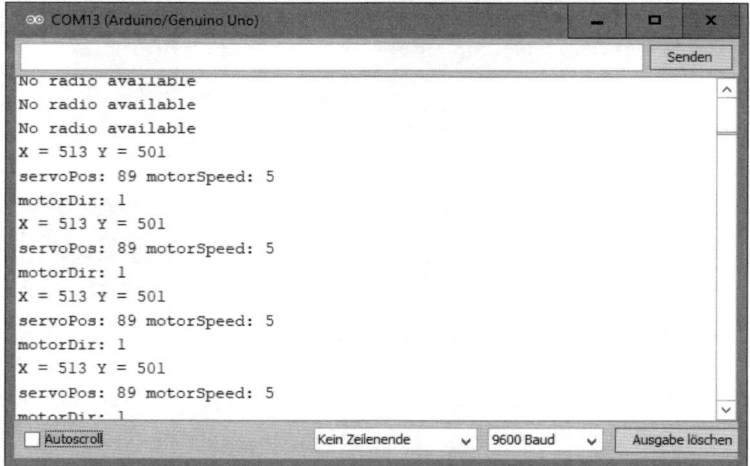

Abbildung 12.22: Ausgabe der gesendeten Daten im seriellen Monitor

Abschließend zeigt die folgende Abbildung noch einen Aufbauvorschlag zum ferngelenkten PiCar.

Abbildung 12.23: Pi-Car mit NRF24-Fernsteuerung

12.8 Pi-Car mit WLAN-Anbindung

Mit einem Arduino und einer nRF24-Funkbrücke lässt sich das Pi-Car sehr gut fernsteuern. Neben dem Sender und Empfänger sind keine weiteren Geräte erforderlich. Das Fahrzeug kann also auch weitab von einem Datenfunknetz in der freien Natur betrieben werden. Möchte man das Fahrzeug jedoch ohnehin nur in den eigenen vier Wänden nutzen, kann man auch auf eine andere Funktechnologie zurückgreifen. In praktisch allen Haushalten mit Internetanschluss ist heutzutage WLAN verfügbar. Da der Raspberry Pi in der Version 3 über ein passendes Empfangsmodul verfügt, kann auf spezielle Funkkomponenten verzichtet werden, wenn man das Pi-Car mit einem Raspberry der neuesten Generation betreibt.

Mit der Verwendung des hauseigenen WLANs ergeben sich zudem ganz neue Möglichkeiten. Zusätzlich zur Steuerung des Fahrzeugs kann man dann auch beispielsweise ein Kamerabild übertragen. Somit bietet sich die Möglichkeit, die Fahrt des Pi-Cars aus der Fahrerperspektive zu verfolgen.

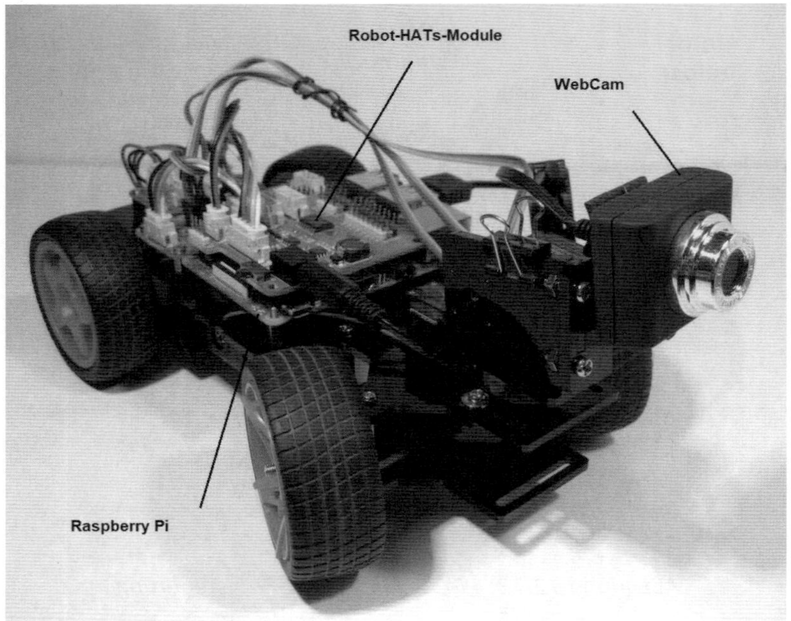

Abbildung 12.24: Pi-Car mit WebCam

Um das PiCar als Kamerafahrzeug zu betreiben, müssen die entsprechenden Python Programme auf den RasPi im Fahrzeug geladen werden. Dazu loggt man sich via putty in den RasPi ein (s. Kap. 11.7). Die Programme befinden sich in einem Github-Ordner. Der Download erfolgt über die folgenden Anweisungen:

```
cd ~/
git clone https://github.com/sunfounder/SunFounder_PiCar-V.git .
```

Mit

```
cd ~/SunFounder_PiCar-V
```

gelangt man in das Programmverzeichnis. Die Installation des Programmpakets erfolgt über:

```
sudo ./install_dependencies
```

Nachdem die Installation fertig gestellt ist, kann der der Server auf dem Pi gestartet werden. Im remote_control-Verzeichnis findet sich dafür ein Start-Skript:

```
cd ~/SunFounder_PiCar-V/remote_control
sudo ./start
```

Daraufhin meldet sich der Pi mit einen Systemcheck:

```
pi@raspberrypi: ~/SunFounder_PiCar-V/remote_control
pi@raspberrypi:~/SunFounder_PiCar-V/remote_control $ sudo ./start
Server running
Performing system checks...

DEBUG "front_wheels.py": Set debug off
DEBUG "front_wheels.py": Set wheel debug off
DEBUG "Servo.py": Set debug off
DEBUG "back_wheels.py": Set debug off
DEBUG "TB6612.py": Set debug off
DEBUG "TB6612.py": Set debug off
DEBUG "PCA9685.py": Set debug off
DEBUG "camera.py": Set debug off
DEBUG "camera.py": Set pan servo and tilt servo debug off
DEBUG "Servo.py": Set debug off
DEBUG "Servo.py": Set debug off
None
System check identified no issues (0 silenced).
March 13, 2019 - 13:15:45
Django version 1.11.20, using settings 'remote_control.settings'
Starting development server at http://0.0.0.0:8000/
Quit the server with CONTROL-C.
```

Abbildung 12.25: Systemcheck des Servers auf dem RasPi

Zusätzlich werden die Servos auf die aktuelle Null-Position gefahren. Danach steht der Server für die Steuerung des Fahrzeugs zur Verfügung. Nun kann der Client auf einem Rechner gestartet werden.

Dieser steht als Python 3 plus PyQ t5 Paket zur Verfügung. Diese Pakete müssen also zunächst auf dem Rechner installiert werden. Python 3 kann unter

https://www.python.org/downloads/

aus dem Netz geladen werden. Das PyQt5-Paket findet sich unter

https://www.riverbankcomputing.com/software/pyqt/download5/

Details zur Installation sind unter

http://pyqt.sourceforge.net/Docs/PyQt5/installation.html

bereitgestellt. Die folgende Abbildung zeigt die erfolgreiche IstallatiopOn von PyQt5:

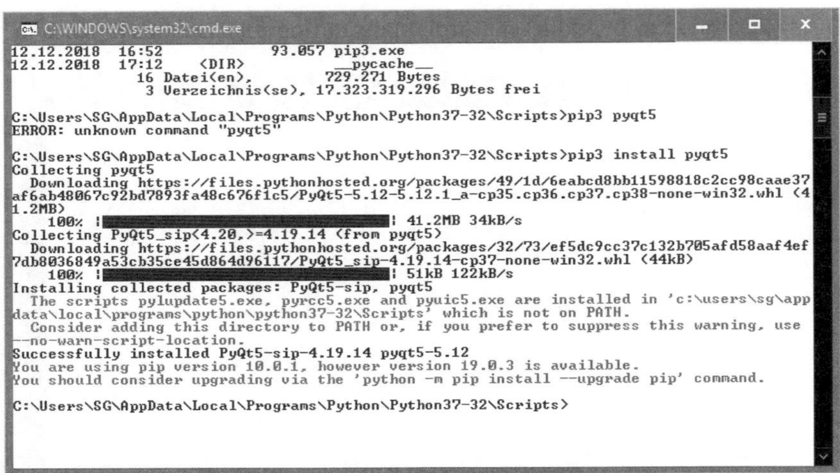

Abbildung 12.26: Installation von PyQt5

Nach der Installation kann Python3 gestartet werden. Dann wird der Client über

```
client.py
```

aktiviert. Im Start-up-Bildschirm muss nun noch die WLAN-IP-Adresse des Pi-Car eingegeben werden. Als Port wird die Voreinstellung 8000 übernommen.

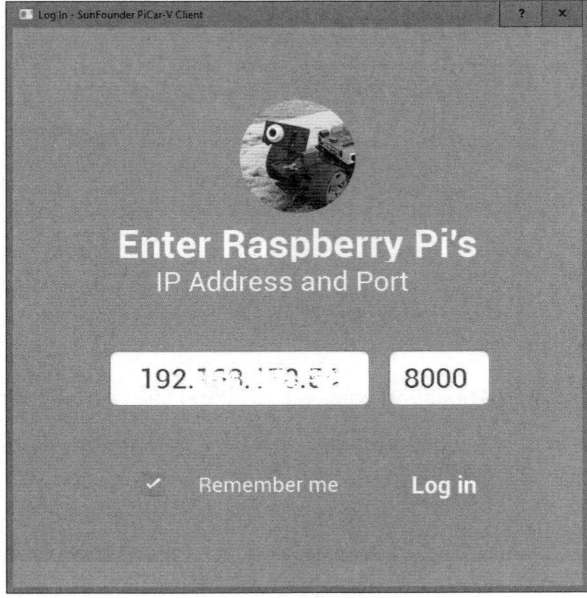

Abbildung 12.27: Start des Clients unter Python3

Nach einigen Sekunden erscheint das Kontroll-Cockpit des Pi-Cars. Wenn dies nicht der Fall ist, sollte die IP-Adresse des Raspberry Pi erneut überprüft werden.

Abbildung 12.28: Kontroll-Cockpit des Pi-Cars

Das Cockpit zeigt die von der Kamera aufgenommene Ansicht in Echtzeit. Im unteren Teil des Cockpits finden sich einige Zifferntasten, mit welchen die Geschwindigkeit des Fahrzeugs eingestellt werden kann. Die Stufe 1 steht dabei für die geringste, die Stufe 5 für die maximale Geschwindigkeit. Die Einstellungen können entweder über die Maus oder über die entsprechenden Tasten auf der Tastatur aktiviert werden.

Die Steuerung des Fahrzeugs dagegen erfolgt ausschließlich über die Tastatur. Dabei gilt die folgende Tastenbelegung:

W: Fahren in Vorwärtsrichtung
S: Fahren in Rückwärtsrichtung
A: Steuern der Vorderräder nach links
D: Steuern der Vorderräder nach rechts

Die Kamera kann über die Cursortasten bewegt werden:

↑, ↓: Kamera nach oben bzw. untenstehenden
←, →: Kamera nach links bzw. rechts.

Die Schaltfläche mit dem Pfeil nach links oder drücken von Alt + ← führt zur vorhergehenden Seite, z. B. zum Login, zurück.

Über die Einstellungsschaltfläche unten rechts (*) oder drücken von Alt + S gelangt man zu den Kalibrierungseinstellungen:

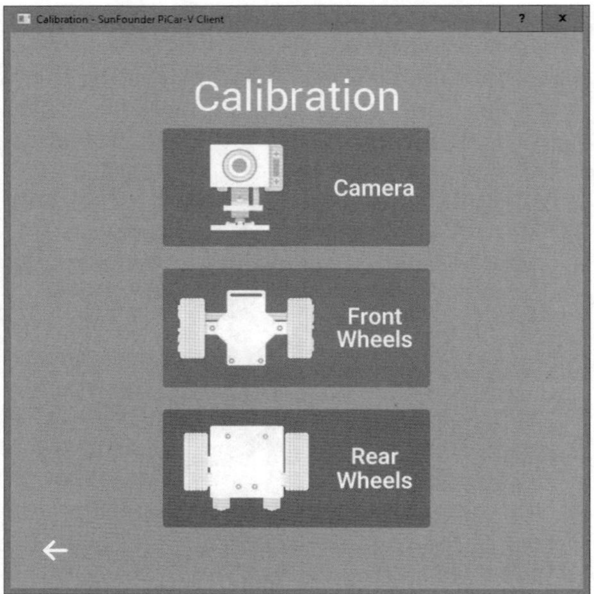

Abbildung 12.29: Kalibrationseinstellungen des Pi-Cars

Die folgenden Optionen stehen zur Verfügung:

Kamera:	Alt + C
Vorderräder:	Alt + F
Hinterräder:	Alt + R

Die Aktivierung der einzelnen Menüpunkte erfolgt über die Maus oder über die obengenannten Tastaturkürzel.

Die Kameraposition kann über die Pfeiltasten ↑, ←, ↓ und → oder W, A, S und D feinjustiert werden. Bei optimaler Einstellung sollte die Kamera wie in der Abbildung aussehen. Die Kamera sollte sich in der Mittellinie des Fahrzeugs ausgerichtet sein und genau nach vorne zeigen.

Die Lenkung kann im entsprechenden Menü über die Kursortasten ←, → bzw. über die Buchstaben A und D justiert werden. Der Lenkservo ist dabei so einzustellen, dass die Vorderräder parallel zum Chassis stehen. Das Fahrzeug sollte dann ohne Steuerkommandos exakt geradeausfahren.

Abschließend kann noch die Drehrichtung der Hinterräder angepasst werden. So wird erreicht, dass das Pi-Car durch Drücken der Taste W in Vorwärtsrichtung und der Taste S in Rückwärtsrichtung fährt. Die Einstellung erfolgt wieder über die Cursor-Tasten ← und

→ bzw. über "A" und "D" ein. Mit jedem Klicken wird die Drehung des ausgewählten Rads umgekehrt. Nachdem die Kalibrierung abgeschlossen ist, kann zur Bedienoberfläche zurückgekehrt werden. Das Pi-Car ist nun einsatzbereit.

Alternativ zum Python-Server kann auch das Web-Interface genutzt werden. Hierfür ist lediglich die IP-Adresse in einem Browser (z. B. Firefox, Chrome oder Opera) einzugeben. Allerdings zeigt die Praxis, dass die Steuerung über das Webinterface nicht ganz so zuverlässig arbeitet wie über die Python-Anwendung. Vorteilhaft bei der browserbasierten Steuerung ist allerdings, dass diese auch auf mobilen Geräten wie Smartphones oder Laptops eingesetzt werden kann.

12.9 Geländegängiger Raupen-Robot

Autonome Fahrroboter mit Rädern können ausgezeichnet auf glatten Böden wie Teppichen oder Parkett operieren. In anspruchsvollerem Gelände dagegen treten schnell Probleme auf. Bereits Teppichkanten oder Bodenunebenheiten können dazu führen, dass der Robot hängt. Abhilfe schaffen hier Raupenantriebe. Wie bereits in Abschnitt 10.4 erläutert, können entsprechend ausgerüstete Fahrzeuge auch in unebenen oder anspruchsvollem Gelände arbeiten. Auch in Außenbereichen sind Raupenfahrzeuge den mit Rädern angetriebene Gefährten meist klar überlegen. Der folgende Schaltplan zeigt den elektrischen Aufbau eines Raupen-Robots. Zusätzlich zum Antrieb selbst verfügt der Robot über einen IR-Entfernungsmesser mit Servoscanner.

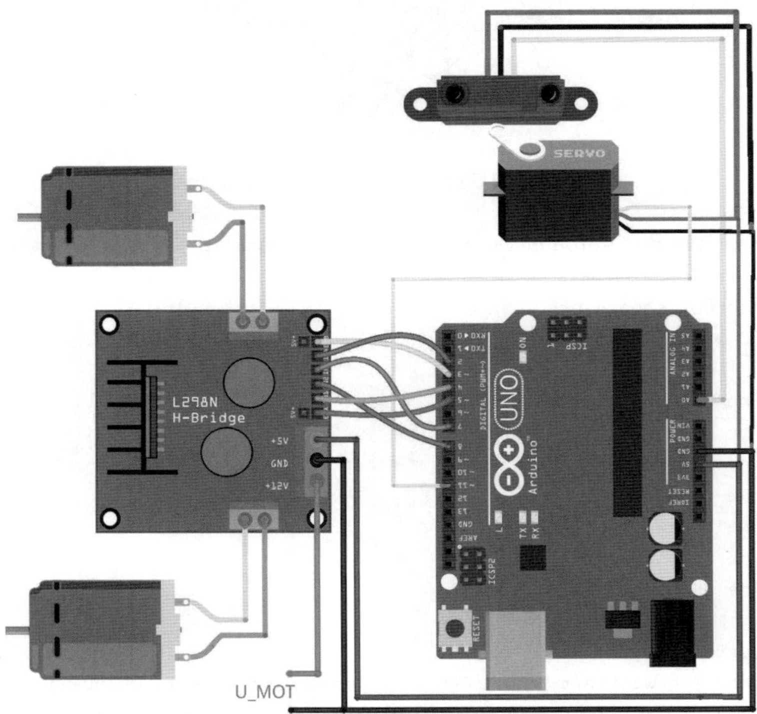

Abbildung 12.30: Schaltbild zum CaterBot

Der komplette CaterBot sieht dann so aus:

Abbildung 12.31: CaterBot mit IR-Scanner

Für einen ersten Test des Aufbaus kann das folgende Programm verwendet werden:

```
// Caterbot_square_drive.ino
// UNO @ IDE 1.8.5

#define DACmax 255
#define forwardRight 4
#define backwardRight 8
#define forwardLeft 7
#define backwardLeft 2
#define enableRight 3
#define enableLeft 5

void setup()
{ pinMode(forwardLeft, OUTPUT);   pinMode(forwardRight, OUTPUT);
  pinMode(backwardLeft, OUTPUT);  pinMode(backwardRight, OUTPUT);
  pinMode(enableRight, OUTPUT);  pinMode(enableLeft, OUTPUT);
```

```
  drive(0,0);      // motors off
}

void loop()
{ drive(255, 255); delay(1000); // forwards
  drive(255,-255); delay(750);  // turn right
}


void rightMotor(int motorSpeed)
{ if (motorSpeed >= 0)
  { digitalWrite(forwardRight, HIGH); digitalWrite(backwardRight, LOW);
    analogWrite(enableRight, motorSpeed);
  }
  else
  { digitalWrite(forwardRight, LOW); digitalWrite(backwardRight, HIGH);
    analogWrite(enableRight, DACmax-motorSpeed);
  }
}

void leftMotor(int motorSpeed)
{ if (motorSpeed >= 0)
  { digitalWrite(forwardLeft, HIGH); digitalWrite(backwardLeft, LOW);
    analogWrite(enableLeft, motorSpeed);
  }
  else
  { digitalWrite(forwardLeft, LOW); digitalWrite(backwardLeft, HIGH);
    analogWrite(enableLeft, DACmax-motorSpeed);
  }
}

void drive(int leftSpeed, int rightSpeed)    // L: -255 ... 255 , R: -255 ...
                                             // 255
{ leftMotor(leftSpeed); rightMotor(rightSpeed);
}
```

Der Roboter fährt damit ein vorgegebenes Quadrat ab. Die beiden delay()-Anweisungen in

```
drive(255, 255); delay(1000); // forwards
drive(255,-255); delay(750);  // turn right
```

geben dabei die Größe des Quadrats bzw. die genauen Winkel an. Falls die Winkel von 90° abweichen, kann die delay Zeit für die Rechtsdrehung entsprechend angepasst werden.

Soll sich der Raupen-Bot autonom bewegen, muss der Sketch erweitert werden. Als Sensor kommt hier der Sharp-IR-Entfernungsmesser zum Einsatz. Um einen größeren Abtastbereich abdecken zu können, wurde der Sensor auf einen Servo montiert. Damit lässt sich die nähere Umgebung vor dem Roboter erfassen. Der vollständige Sketch zum CaterBot sieht so aus (s. a. Downloadpaket):

```
// CaterBot_anti_collision_optical.ino
// UNO @ IDE 1.8.5

#define DACmax 255
#define forwardRight 4  // IN1
#define backwardRight 8 // IN2
#define forwardLeft 7   // IN3
#define backwardLeft 2  // IN4
#define enableRight 3   // ENB
#define enableLeft 5    // ENA
#define ServoPin 11
#define SensorPin A0

#include <Servo.h>
Servo myservo;  // create servo object

int pos = 90;
float volts, distance, distanceL, distanceR;

void setup()
{ pinMode(forwardLeft, OUTPUT);   pinMode(forwardRight, OUTPUT);
  pinMode(backwardLeft, OUTPUT);  pinMode(backwardRight, OUTPUT);
  pinMode(enableRight, OUTPUT);  pinMode(enableLeft, OUTPUT);

  drive(0,0);     // motors off

  myservo.attach(ServoPin);
  myservo.write(pos);

  // while(1);

  Serial.begin(115200);
}

void loop()
{ // drive(255, 255); delay(1000); // forwards
  // drive(255,-255); delay(750);  // turn right

  volts = analogRead(SensorPin)*0.00488;
  distance = 25*pow(volts, -1.10);
```

```
  Serial.println(distance);

  if (distance > 25)
    { drive(255, 255);
      delay(100);
    }
  else
    { drive(0, 0);

      for (pos = 90; pos <= 135; pos += 1)
      { myservo.write(pos); delay(15);
        volts = analogRead(SensorPin)*0.00488;
        distanceR = 25*pow(volts, -1.10);
      }

      for (pos = 135; pos >= 45; pos -= 1)
      { myservo.write(pos);
        delay(15);
        volts = analogRead(SensorPin)*0.00488;
        distanceL = 25*pow(volts, -1.10);
      }

      for (pos = 45; pos <= 90; pos += 1)
      { myservo.write(pos);
        delay(15);
      }

      if (distanceL > distanceR)
      { drive(255,-255);     // turn left
        delay(750);
      }
      else
      { drive(-255,255);     // turn right
        delay(750);
      }
    }
}


void rightMotor(int motorSpeed)
{ if (motorSpeed >= 0)
  { digitalWrite(forwardRight, HIGH); digitalWrite(backwardRight, LOW);
    analogWrite(enableRight, motorSpeed);
  }
  else
  { digitalWrite(forwardRight, LOW); digitalWrite(backwardRight, HIGH);
```

```
    analogWrite(enableRight, DACmax-motorSpeed);
  }
}

void leftMotor(int motorSpeed)
{ if (motorSpeed >= 0)
  { digitalWrite(forwardLeft, HIGH); digitalWrite(backwardLeft, LOW);
    analogWrite(enableLeft, motorSpeed);
  }
  else
  { digitalWrite(forwardLeft, LOW); digitalWrite(backwardLeft, HIGH);
    analogWrite(enableLeft, DACmax-motorSpeed);
  }
}

void drive(int leftSpeed, int rightSpeed)   // L: -255 ... 255 , R: -255 ...
                                            // 255
{ leftMotor(leftSpeed); rightMotor(rightSpeed);
}
```

Im normalen Fahrbetrieb ist der Sensor nach vorne ausgerichtet. Kommt ein Hindernis in den Erfassungsbereich des Sharp-Sensors, werden die Motoren zunächst gestoppt. Dann wird der Servo aktiviert und die nähere Umgebung abgetastet. Schließlich setzt der Robot seine Fahrt in die Richtung fort, in welcher der IR-Sensor keine Hindernisse erfasst hat.

Abbildung 12.32: CaterBot in schwerem Gelände

12.10 StepperBot und Odometrie

Unter Seglern ist bekannt, dass die Navigation allein nach Kompasskurs und Log nicht sehr zuverlässig ist. Wenn allerdings keine anderen Mittel zur Verfügung stehen, kann man sich auch damit, zumindest über kürzere Entfernungen hinweg, ganz gut behelfen. Das Gegenstück zu diesem Verfahren wird in der Robotik als Odometrie bezeichnet.

Auch hier soll die Position bzw. den Weg eines mobilen Roboters nur anhand der Daten seines Antriebssystems bestimmt werden. Bei durch Rädern angetriebene Robots kann dazu die Anzahl der Radumdrehungen herangezogen werden. Bei mit Beinen ausgerüsteten Robotern kann Schrittzahl entsprechende Informationen liefern. Erfolgt der Antrieb über Gleichstrommotoren, dann ist es praktisch nicht möglich, den zurückgelegten Fahrweg alleine aus den Motordaten wie Motorstrom und Laufzeit zu bestimmen. Die Fehlertoleranzen wären hier bei weitem zu hoch. Meist wird dann eine Schlitzscheibe eingesetzt (s. Abb.) die über eine Gabellichtschranke ausgelesen wird. Durch die Zählung der so erzeugten digitalen Impulse erhält man eine verhältnismäßig genaue Wegstreckenmessung.

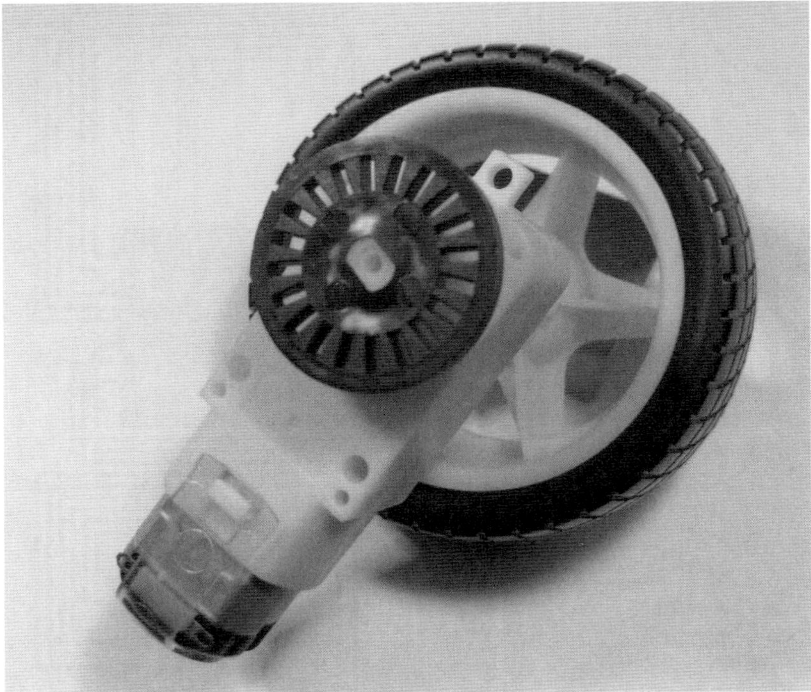

Abbildung 12.33: Getriebemotor mit Schlitzscheibe

Anders liegen die Dinge bei Verwendung von Schrittmotoren oder Steppern im Antriebssystem. Hier besteht bereits von vornherein die Möglichkeit, eine genaue Weglänge abzufahren. Diese kann wie folgt berechnet werden:

```
Weglänge = Radumfang * Anzahl der Radumdrehungen
```

Die Anzahl der Radumdrehungen kann wiederum aus der Anzahl der Einzelschritte des verwendeten Steppers bestimmt werden. Hier kann die hohe Positionierungspräzision von Schrittmotoren also vorteilhaft eingesetzt werden. Auch Drehungen um fest vorgegebene Winkel können damit exakt festgelegt werden. Die folgende Abbildung zeigt das Schaltbild zu einem mit Schrittmotoren angetrieben Zweirad-Roboter.

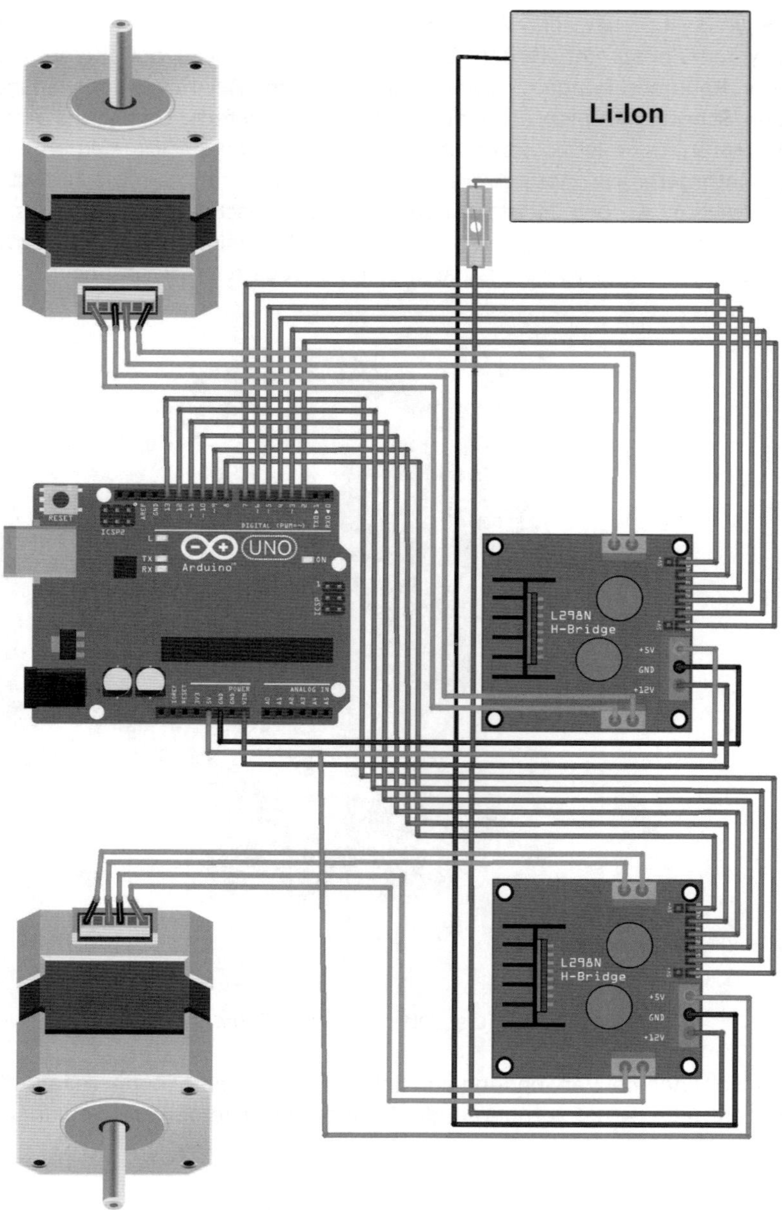

Abbildung 12.34: Schaltplan zum StepperBot

Ein Aufbaubeispiel zum StepperBot zeigt Abb. 10.2.

Das folgende Programm sorgt dafür, dass der Robot ein exaktes Quadrat abfährt.

```
// StepperBot_square_dance.ino
// IDE 1.8.5

#include <Stepper.h>

// number of steps for motor
#define STEPS 192
#define distCal 3
#define angleCal 0.5

int enablePinL = 3;
int enablePinR = 2;

Stepper stepperR(STEPS, 8, 9, 10, 11);
Stepper stepperL(STEPS, 5, 4, 6, 7);

int stepperSpeedL = 20;   // 40 ... 60
int stepperSpeedR = 20;   // 40 ... 60

int dist, dir, angle, angleDir;

void moveDist(int dist, int dir);
void rotate(int angle);

void setup()
{ // set motor speeds
  stepperL.setSpeed(stepperSpeedL); pinMode(enablePinL, OUTPUT);
  stepperR.setSpeed(stepperSpeedR); pinMode(enablePinR, OUTPUT);
}

void loop()
{ moveDist(30, 1);    // distance 10 cm - forward
  delay(1000);
  rotate(90, 1);      // 90° - left turn
  delay(1000);
}

void moveDist(int dist, int dir)
{digitalWrite(enablePinL, HIGH); digitalWrite(enablePinR, HIGH);
  for (int i = 0; i < dist*distCal; i++)
  {  stepperL.step(dir); stepperR.step(dir);
  }
```

```
  digitalWrite(enablePinL, LOW); digitalWrite(enablePinR, LOW);
}

void rotate(int angle, int angleDir)
{digitalWrite(enablePinL, HIGH); digitalWrite(enablePinR, HIGH);
 for (int i = 0; i < angle*angleCal; i++)
  {stepperL.step(angleDir); stepperR.step(-angleDir);
  }
 digitalWrite(enablePinL, LOW); digitalWrite(enablePinR, LOW);
}
```

Durch entsprechende Anpassungen in der Hauptschleife können dann auch komplexere Muster abgefahren werden. Der folgende Sketch deckt eine Fläche mit einer mäanderförmigen Fahrstrecke ab (Ausschnitt, vollständiger Sketch im Downloadpaket):

```
void loop()
{ moveDist(50, 1);    // distance 50 cm - forward
  delay(1000);
  rotate(90, 1);      // 90° - right turn
  delay(1000);
  moveDist(50, 1);    // distance 50 cm - forward
  delay(1000);

  for(int i = 1; i <= 2; i++)
  { rotate(90, 1);      // 90° - right turn
    delay(1000);
    moveDist(10, 1);    // distance 10 cm - forward
    delay(1000);
    rotate(90, 1);      // 90° - right turn
    delay(1000);
    moveDist(40, 1);    // distance 10 cm - forward
    delay(1000);
    rotate(90, -1);     // 90° - left turn
    delay(1000);
    moveDist(10, 1);    // distance 10 cm - forward
    delay(1000);
    rotate(90, -1);     // 90° - left turn
    delay(1000);
    moveDist(40, 1);    // distance 10 cm - forward
    delay(1000);
  }

  rotate(90, 1);      // 90° - right turn
  delay(1000);
  moveDist(10, 1);    // distance 10 cm - forward
  delay(1000);
```

```
    rotate(90, 1);          // 90° - right turn
    delay(1000);
    moveDist(50, 1);        // distance 0 cm - forward
    delay(3000);
}
```

So entsteht die folgende Fahrstrecke:

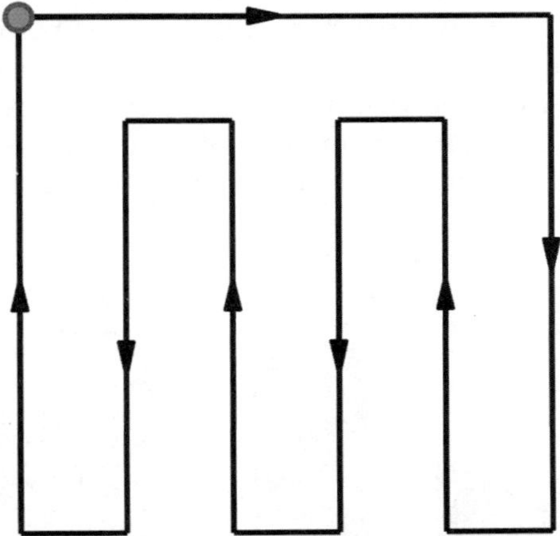

Abbildung 12.35: Mäanderförmiges Abfahren einer Fläche

Auf diese Weise kann man beispielsweise ein Feld nach verlorengegangenen Gegenständen absuchen lassen. Aber auch im Gartenbereich oder in der Fußbodenreinigung sind derartige Fahrmuster von Bedeutung. Allerdings muss hierbei natürlich sichergestellt sein, dass der Robot mit hoher Präzision zu seinem Ausgangspunkt zurückkehrt. Der Schlupf der Räder auf dem Boden oder auch das Auslassen einzelner Schritte bei der Ansteuerung der Motoren muss daher durch entsprechende Maßnahmen sicher unterbunden werden.

12.11 Umweltdaten sammeln: EnviRoBot

Oftmals sollen Roboterfahrzeuge nicht nur autonom agieren, sondern dabei auch Umweltdaten selbständig erfassen. Ein Roboterfahrzeug, das mit entsprechenden Sensoren ausgestattet ist, kann beispielsweise verschiedene Räumlichkeiten bezüglich ihres Temperaturprofils vermessen. Dies kann zum Zweck der Energieeinsparung oder aber auch zur Vermeidung von Schimmelbildung etc. von größtem Interesse sein. Aber auch Lichtverhältnisse sind oftmals von Bedeutung. Über einen Optosensor am Roboter können diese automatisch aufgezeichnet werden. Noch bedeutender ist oft die Erfassung von Gaskonzentrationen. So kann man mit entsprechend ausgerüsteten Robotern ohne Bedrohung von Menschenleben explosionsgefährdete Umgebungen erkunden. Der in diesem Abschnitt vorgestellte EnviRoBot verfügt über die folgenden drei Sensoren :

- Temperatur
- Lichtstärke
- Gaskonzentration

Natürlich kann die Sensorik problemlos mit weiteren Messwandlern ergänzt werden. So können beispielsweise Lage, Feuchtigkeits- oder auch Luftdrucksensoren weiter wichtige Informationen liefern.

Für die Temperaturerfassung steht eine große Auswahl von Sensorvarianten zur Verfügung. Wie in Abschnitt 7.7 beschrieben, ist der Einsatz von kalibrierten Sensorelementen besonders einfach. Bausteine wie etwa der LM35-Temperatursensor liefern eine kalibrierte Ausgangsspannung, deren Wert direkt einer Temperatur in Grad Celsius entspricht. Der Messbereich von -55 °C bis +150 °C und die Messgenauigkeit von 0,5 °C sind für die meisten Anwendungsfälle ausreichend. Deshalb wurde dieser Sensor für den EnviRoBot ausgewählt. Als Lichtsensor kann der PBW40 verwendet werden, dieser wurde bereits in Abschnitt 7.9 genauer beschrieben. Als Gassensor kommt der MQ-2 (s. Kapitel 7.15) zum Einsatz. Die folgenden Abbildungen zeigen das Schaltbild und einen Aufbauvorschlag für entsprechend ausgerüstetes Fahrzeug.

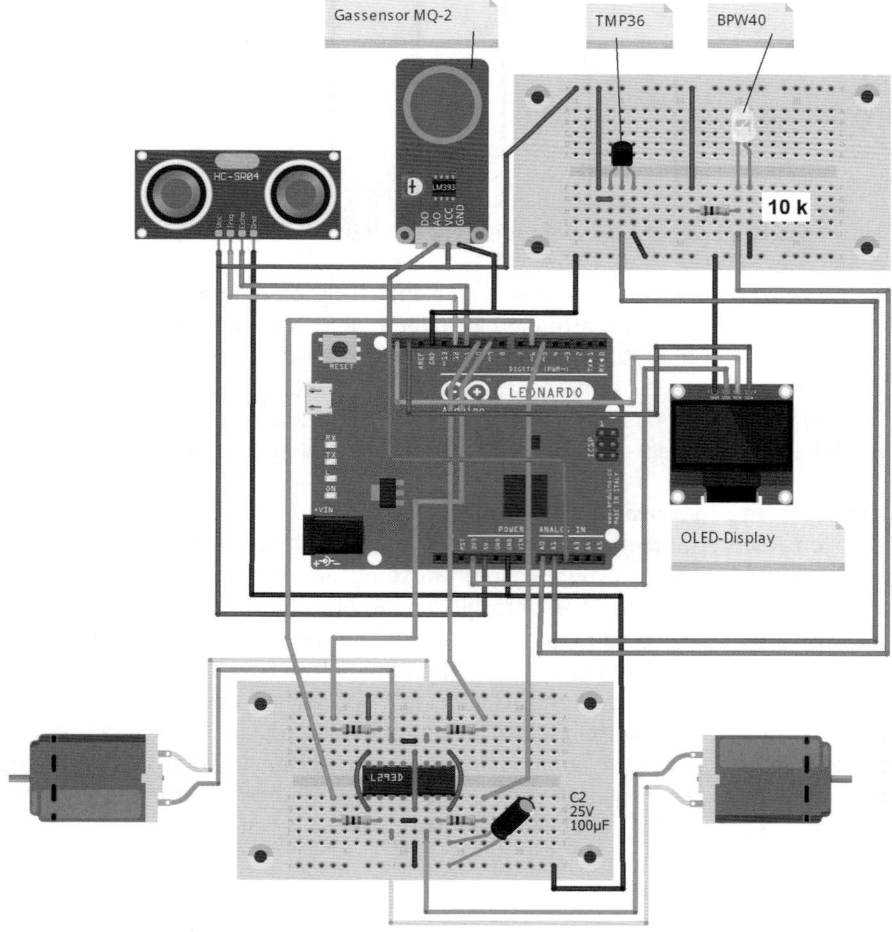

Abbildung 12.36: Schaltung zum EnviRoBot

Abbildung 12.37: EnviRoBot mit verschiedenen Sensoren

Die Messdaten können entweder lokal in einem Display angezeigt, im Controller des Fahrzeugs gespeichert oder via Funkübertragung an einen zentralen Rechner gesendet werden. Das folgende Programm-Beispiel zeigt die erste Version, bei welcher die Daten in einem LC-Display sichtbar gemacht werden.

```
// Buggy_EnviRoBot.ino
// LEONARDO @ IDE 1.8.5

#include <NewPing.h>
#include <SPI.h>
#include <Wire.h>
#include <Adafruit_GFX.h>
#include <Adafruit_SSD1306.h>

#define ECHO_PIN     11
#define TRIGGER_PIN  12
#define MAX_DISTANCE 100  // range limitation
#define ADC_temp 0
#define ADC_light 1
#define ADC_gas 2

unsigned int dist;
float tempLM35 = 0, TempCal = 0.1075;
unsigned int light_intensity;
```

```
unsigned int gas_conc;

#define PWM_MAX 255
#define MaxSpeed  120  // default 100
#define MinSpeed -120  // default 120
#define BaseSpeed  70  // default  70

const byte PWM_LEFTMOTOR  =  9;  // speed left motor
const byte DIR_LEFTMOTOR  = 10;  // direction (forward / backward) left
                                 // motor
const byte PWM_RIGHTMOTOR =  5;  // speed right motor
const byte DIR_RIGHTMOTOR =  6;  // direction (forward / backward) right
                                 // motor

int motorSpeed;
int rightMotorSpeed, leftMotorSpeed;
int cal = 57;          // calibration for US-sensor

Adafruit_SSD1306 display(-1);   // reset not used -> -1
NewPing sonar(TRIGGER_PIN, ECHO_PIN, MAX_DISTANCE);

void setup()
{ Serial.begin(115200);
  pinMode(DIR_LEFTMOTOR, OUTPUT); pinMode(DIR_RIGHTMOTOR, OUTPUT);
  pinMode(PWM_LEFTMOTOR, OUTPUT); pinMode(PWM_RIGHTMOTOR, OUTPUT);
  Serial.begin(115200);
  display.begin(SSD1306_SWITCHCAPVCC, 0x3C);
  display.setTextColor(WHITE); display.setTextSize(1);
  display.clearDisplay();

  drive(0, 0);    // motors stop
}

void loop()
{ display.clearDisplay();
  delay(30);  // min.: 30 ms
  dist = sonar.ping()/ cal;
  tempLM35 = analogRead(ADC_temp) * TempCal;
  light_intensity = analogRead(ADC_light)/10.23;
  gas_conc = analogRead(ADC_gas);

  display.setCursor(20,1); display.print("Distance: ");
  display.setCursor(80,1); display.print(dist);
  display.print(" cm");

  display.setCursor(20,10); display.print("Temp: ");
```

```
  display.setCursor(80,10); display.print(tempLM35, 1);
  display.print(" C");

  display.setCursor(20,20); display.print("Light: ");
  display.setCursor(80,20); display.print(light_intensity);
  display.print(" %");

  display.setCursor(20,30); display.print("Gas: ");
  display.setCursor(80,30); display.print(gas_conc);
  display.print(" ppm");

  display.display();

  if ((dist > 0 ) && (dist< 20))
    { Serial.println("TURN!");
      drive(BaseSpeed, -BaseSpeed);
      delay(1000);
    }
  else
    { rightMotorSpeed = BaseSpeed;
      leftMotorSpeed = BaseSpeed;
    }


  if (rightMotorSpeed > MaxSpeed ) rightMotorSpeed = MaxSpeed;
  if (leftMotorSpeed > MaxSpeed ) leftMotorSpeed = MaxSpeed;
  if (rightMotorSpeed < MinSpeed)rightMotorSpeed = MinSpeed;
  if (leftMotorSpeed < MinSpeed)leftMotorSpeed = MinSpeed;

  drive(leftMotorSpeed, rightMotorSpeed);
}

void rightMotor(int motorSpeed)
{ if (motorSpeed >= 0)
  { digitalWrite(DIR_RIGHTMOTOR, HIGH);
    analogWrite(PWM_RIGHTMOTOR, PWM_MAX-abs(motorSpeed));
  }
  else
  { digitalWrite(DIR_RIGHTMOTOR, LOW);
    analogWrite(PWM_RIGHTMOTOR, abs(motorSpeed));
  }
}

void leftMotor(int motorSpeed)
{ if (motorSpeed >= 0)
  { digitalWrite(DIR_LEFTMOTOR, HIGH);
```

```
    analogWrite(PWM_LEFTMOTOR, PWM_MAX-abs(motorSpeed));
  }
  else
  { digitalWrite(DIR_LEFTMOTOR, LOW);
    analogWrite(PWM_LEFTMOTOR, abs(motorSpeed));
  }
}

void drive(int leftSpeed, int rightSpeed)    // L: -255 ... 255 , R: -255 ...
                                             // 255
{ leftMotor(leftSpeed); rightMotor(rightSpeed);
}
```

Abbildung 12.38: Messdaten des EnviRoBots

Kapitel 13 • Meisterwerke der Regelungstechnik: Selbstbalancierende Robots

Bereits beim Thema Linienverfolgung spielte die Regelungstechnik eine zentrale Rolle. Auch der Lichtsucher "Euglena" führt letztlich auf ein regelungstechnisches Problem. Die beiden Anwendungen gehören jedoch zu den einfachsten Aufgaben in der Robotik. In den letzten Jahren wurden auch wesentlich aufwändigere und komplexere Probleme erfolgreich gelöst. Dazu gehören etwa der aufrechte Gang auf zwei Beinen oder das Fangen von Bällen mittels eines servogesteuerten Roboterarms. Auch hier ist immer ein komplexes Netzwerk von Regelalgorithmen am Werk.

Aktive Regelungen sind nicht nur in der Technik, sondern auch in der Natur zu finden. Ein wichtiger biologischer Regelkreise hält die Körpertemperatur des Menschen auf genau 37° C. Auch der Blutdruck oder der Blutzuckerspiegel werden durch Regelkreise kontrolliert.

Einer der ersten technischen Regler sorgte dafür, dass die Drehzahl von Dampfmaschinen konstant gehalten wurden. Inzwischen Zeit hat die Regelungstechnik in allen Gebieten des modernen Lebens Einzug gehalten. Erst mit Hilfe der Regelungstechnik wurden viele wichtige Anwendungen wie

- Antiblockiersysteme in Fahrzeugen
- konstante Temperaturen in Heiz- und Kühlgeräten
- stabile Frequenzen in Wechselstromnetzen

möglich. Auch im nicht-professionellen Bereich werden immer wieder regelungstechnische Prinzipien und Algorithmen eingesetzt. Besonders interessant und beeindruckend ist die Anwendung bei physikalisch instabilen Systemen wie

- das freie Schweben einer Kugel in einem geregelten Magnetfeld
- invertierte Pendel
- die Lagestabilisierung von RC-Helikoptern oder Drohnen

Neben schnellen Regelungen sind für diese Aufgaben auch weitere Methoden für die Verarbeitung von Sensordaten erforderlich. Zu den am häufigsten eingesetzten Verfahren zählt die Kalman-Filterung. Diese spielte bereits im Apollo-Programm eine zentrale Rolle und brachte die Astronauten sicher zum Mond und wieder zurück.

Ein hochinteressantes Beispiel für die Anwendung komplexer Regeltechnik sind selbstbalancierende Roboter. Diese haben weltweit das Interesse vieler Forscher, Studenten und Hobbyanwender geweckt. Prinzipiell betrachtet, handelt es sich um invertierte Pendel auf Rädern. Das invertierte Pendel ist aufgrund seiner instabilen Natur ein klassisches Beispiel für die Anwendung eines aktiven Regelkreises.

Der bekannte Segway Personal Transporter (Segway PT, oder einfach "Segway") ist ein elektrisch angetriebenes Transportmittel mit zwei auf einer Achse montierten Rädern, wobei die zu befördernde Person zwischen den Rädern steht. Da einachsige Fahrzeuge prinzipiell instabil sind, sorgt eine elektronische Antriebsregelung für die nötige Balance. Der Fahrer steht auf einer Plattform und kann sich an einer Lenkstange festhalten. Jedes Rad wird per Einzelradantrieb von einem separaten Elektromotor angetrieben. Unterschiedliche Drehzahlen der Räder ermöglichen eine Kurvenfahrt, ähnlich wie bei Kettenfahrzeugen. Ein Schwenken der Lenkstange nach rechts oder links bewirkt die dementsprechende Kurvenfahrt. Sobald sich der Fahrer mit der Lenkstange zur Seite neigt, wird das von den Neigungssensoren wahrgenommen und das jeweilige Rad dreht sich langsamer und leitet so eine Kurve ein. Diese personentragenden Roboterfahrzeuge erfreuten sich aufgrund ihrer Manövrierfähigkeit, insbesondere ihres geringen Wenderadiuses, sehr schnell großer Beliebtheit. Damit wurden sie unter Anderem auch zum Auslöser für die Popularität selbst-balancierender Roboter.

Auch der aufrechte Gang auf zwei Beinen ist letztendlich ein regeltechnisches Problem. Ein selbst-balancierendes Roboterfahrtzeug kann als erste Annäherung an diese Aufgabe angesehen werden. Nach einer kurzen Einführung in die Grundlagen der allgemeinen Regelungstechnik soll daher im Abschnitt 13.1 der Aufbau und die Programmierung eines selbst-balancierenden Systems erläutert werden.

13.1 Zwei- und Dreipunktregelung

Einer der einfachsten Regelsysteme ist der Zweipunktregler. Dennoch können damit bereits viele Aufgaben zufriedenstellend gelöst werden. Dieser Reglertyp kennt nur zwei Zustände: "Ein" oder "Aus". Er nimmt somit eine Sonderstellung ein und wird nicht durch die klassische PID-Theorie erfasst. Anwendungsbeispiele sind Bimetall-Schalter oder Positionsreglungen mit Lichtschranken. Elektronische Zweipunktregler erlauben meist bereits eine gute Anpassung an die Regelstrecke, wenn die Schaltfrequenz des Regelkreises optimal justiert wird. Eine bestimmte Welligkeit, also eine Oszillation um den Sollwert der Regelgröße, muss allerdings akzeptiert werden.

Wichtigste Komponente dieses idealen Zweipunktreglers ist der Komparator, der zwei Spannungen vergleicht. Durch positive Rückführung, die sogenannte Mitkopplung, eines einstellbaren kleinen Anteil der Ausgangsgröße wird ein Hystereseverhalten erreicht. Damit lassen sich übermäßig häufige Schaltvorgänge in der nähe des Sollwerts vermeiden. Eine einfache Erweiterung ist der Dreipunktregler. Im Gegensatz zum Zweipunktsystem kennt diese Variante auch einen Ruhezustand. Dieser wird erreicht, wenn der Istwert nur geringfügig vom Sollwert abweicht. Ein Beispiel dafür wurde bereits im Lichtsucher umgesetzt. Der Preis für die einfache Regelung ist jedoch, dass der Roboter eine energieaufwändige Pendelbewegung ausführen muss, um das Lichtmaximum zu finden.

Auch beim Linienfolger (s. Abschnitt 12.2) kam zunächst ein Zweipunkteregler zum Einsatz. Durch Verwendung eines PD-Reglers konnte das Fahrverhalten dann wesentlich verbessert werden. Anstelle eines pendelnden Kurvenfahrt mit häufigem Spurverlust zeigte das Roboterfahrzug damit ein geschmeidiges Fahrverhalten mit nahezu optimaler Linienführung. Die Beispiele zeigen, dass die Regelungstechnik eine zentrale Rolle in der Robotik spielt. Erst angepasste und optimierte Regler erlauben die Umsetzung komplexerer Aufgaben durch Roboter.

Im Kapitel 18.3 wird sich sogar zeigen, dass ein enger Zusammenhang zwischen abstrakten Begriffen wie Intelligenz oder Bewusstsein und der als rein technisch angesehenen Disziplin der Regelungstechnik besteht. Im folgenden Abschnitt wird deshalb ein etwas detaillierterer Blick auf die Regelungstheorie geworfen.

13.2 Grundlagen der digitalen Regelungstechnik

Häufig wird nicht klar zwischen Regelungen und Steuerungen unterschieden. Bei genauerer Betrachtung zeigen sich jedoch schnell wichtige Unterschiede. Bei Steuerungen wird die Ausgangsgröße nicht kontrolliert. Sie kann sich deshalb durch Störeinflüsse von außen verändern. So nimmt etwa die Geschwindigkeit eines Roboterfahrzeugs ohne Tempomat ab, wenn dieses eine Steigung überwinden muss.

Soll die Geschwindigkeit konstant gehalten werden, ist eine Rückkopplung erforderlich, um die Motorleistung anzupassen. Durch diese Rückkopplung entsteht ein aktiver Regelkreis. Die Ausgangsgröße, also die z. B die Drehzahl eines Motors wird kontinuierlich überwacht und bei einer Abweichung über die Stellgröße, etwa die Motorspannung, korrigiert. Die folgende Abbildung verdeutlicht den dadurch entstehenden geschlossenen Regelkreiskauf.

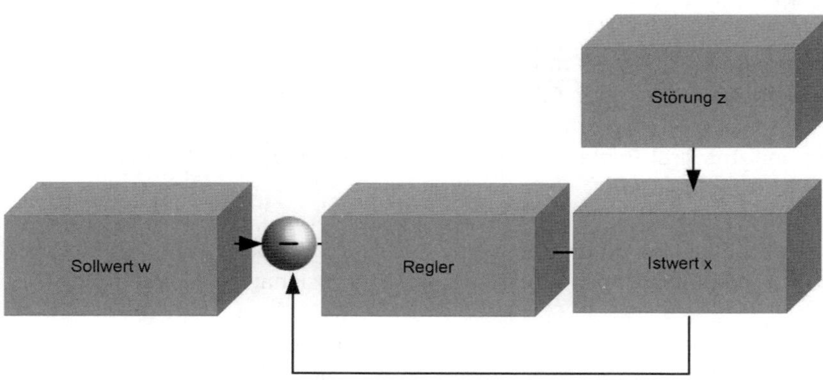

Abbildung 13.1: Regelkreis

Ein Regelkreis kann durch die folgenden fünf Werte charakterisiert werden:

1. Istwert x
2. Sollwert w
3. Regelabweichung e = w – x
4. Stellgröße y
5. Störgröße z

Damit kann das Verhalten eines Regelkreises genau berechnet werden. Prinzipiell werden drei Grundreglertypen unterschieden:

1. Proportional-Regler
2. Integral-Regler
3. Differential-Regler

Proportional-Regler multiplizieren die Regelabweichung mit seinem konstanten Verstärkungsfaktor Kp. Das Resultat wird ohne Zeitverzögerung weitergeleitet. Die zugehörige Übertragungsfunktion lautet:

y = Kp * error

Prinzipbedingt weist der Proportional-Regler stets endliche Regelabweichung auf.

Beim Integralregler kann dagegen jede Regelabweichung im Idealfall vollständig beseitigt werden. Dazu wird die Regelabweichung über einen gewissen Zeitbereich aufaddiert und mit einem Faktor Ki multipliziert. Dadurch liefern auch kleine Regelabweichungen im Laufe der Zeit einen Beitrag. So können auch geringe Regelabweichung im Idealfall vollständig beseitigt werden. Integralregler zeichnen sich durch hohe Präzision aus, zeigen aber ein langsameres Ansprechverhalten als reine Proportionalregler. Die Übertragungsfunktion lautet hier:

errorsum = errorsum + error
y = Ki * Ta * errorsum

Im Wert "errorsum" wird die Summe aller bisherigen Regelabweichungen gespeichert. Die Abtastzeit Ta ergibt sich aus der Taktrate der Istwertmessung.

Der Proportional-Integral-Regler vereint die Vorteile der beiden. Er erlaubt eine schnelle Regelung mit hoher Präzision.

Der dritte Variante ist der Differentialregler. Dieser führt aber häufig zu instabilen Regelkreisen, da schnelle Änderungen hier zu großen Steuersignalvariationen führen.

Reine Differentialregler werden daher selten verwendet. Proportional-Differentialregler kommen aber dann zur Anwendung, wenn die Regelstrecke selbst integrales Verhalten aufweist. Die Übertragungsfunktion dazu lautet:

y = Kp * error + Kd * (error – errorold)/Ta
errorold = error

Der Proportional-Integral-Differentialregler (DIP-Regler) stellt letztendlich die Universallösung in der Regelungstechnik dar. Nach geeigneter Optimierung können PID-Regler schnell und präzise arbeiten. Für den PID-Regler gelten die folgenden Gleichungen:

errorsum = errorsum + error
y = Kp * error + Ki * Ta * errorsum + Kd * (error – errorold)/Ta
errorold = error

Die in diesem Abschnitt erarbeiteten theoretischen Grundlagen sollen im nächsten Kapitel anhand des selbst-balancierenden Robot-Systems BalBot in die Praxis umgesetzt werden. Wie bereits erwähnt, wurden grundlegende regelungstechnische Überlegungen bereits beim Linienverfolger eingesetzt. Nach dem Durcharbeiten diese Kapitels sollten die dort verwendeten Ansätze nun kein Verständnisproblem mehr darstellen. Die Einstellung der betreffenden Algorithmen und Parameter ist ein sehr interessanter und lehrreicher Aufgabenbereich der regelungstechnischen Optimierung.

13.3 Balance auf einer Achse: BalBot

Einen funktionstüchtigen Segway nachzubauen, ist prinzipiell nicht besonders schwierig. Es existieren sogar komplette Bausätze dazu. Um sich mit der dazugehörigen Regelungstechnik zu befassen, genügt es jedoch auch, einen selbst-balancierenden Roboter in kleinerem Maßstab aufzubauen. Die Grundlagen hierfür sollen in den folgenden Abschnitten vorgestellt werden. Wenn man dann einige Erfahrungen gesammelt hat, kann man sich immer noch an den Bau eines manntragenden Segways heranwagen.

Um einen selbst-balancierenden Roboter im Gleichgewicht zu halten, müssen die Motoren der Kippneigung permanent entgegenwirken. Diese Aktion erfordert einen entsprechend optimierten Regelkreis, einen Sensor und geeignete Stellelemente. Als Sensorelement ist die Beschleunigungssensor- und Gyroskop-Einheit MPU6050 bestens geeignet. Der Baustein ermöglicht die präzise Erfassung sowohl der Beschleunigung als auch der Drehung in allen drei Raumachsen. Als Prozessoreinheit kann ein Arduino UNO verwendet werden. Die Motoren und Antriebsräder des Roboters dienen als Stellelemente.

Für den elektrische Aufbau verbindet man zuerst die MPU6050 mit dem Arduino. Dann kann man die korrekte Funktion bereits mit dem in Anschnitt 7.16 vorgestellten Testprogramm prüfen. Werden die Bewegungsdaten korrekt auf dem seriellen Monitor angezeigt, kann der Motortreiber mit dem Arduino verbunden werden. Hier kommt wieder der L298N, entweder direkt als IC oder als Modul, zum Einsatz. Als Stromquelle können entweder NiCads (z. B. 7 x 1,2 V = 8,4 V) oder zwei LiPos (2 x (3,7... 4,2) V = 7,4 V ... 8,4 V) verwendet werden. Die folgende Abbildung zeigt das vollständige Schaltbild.

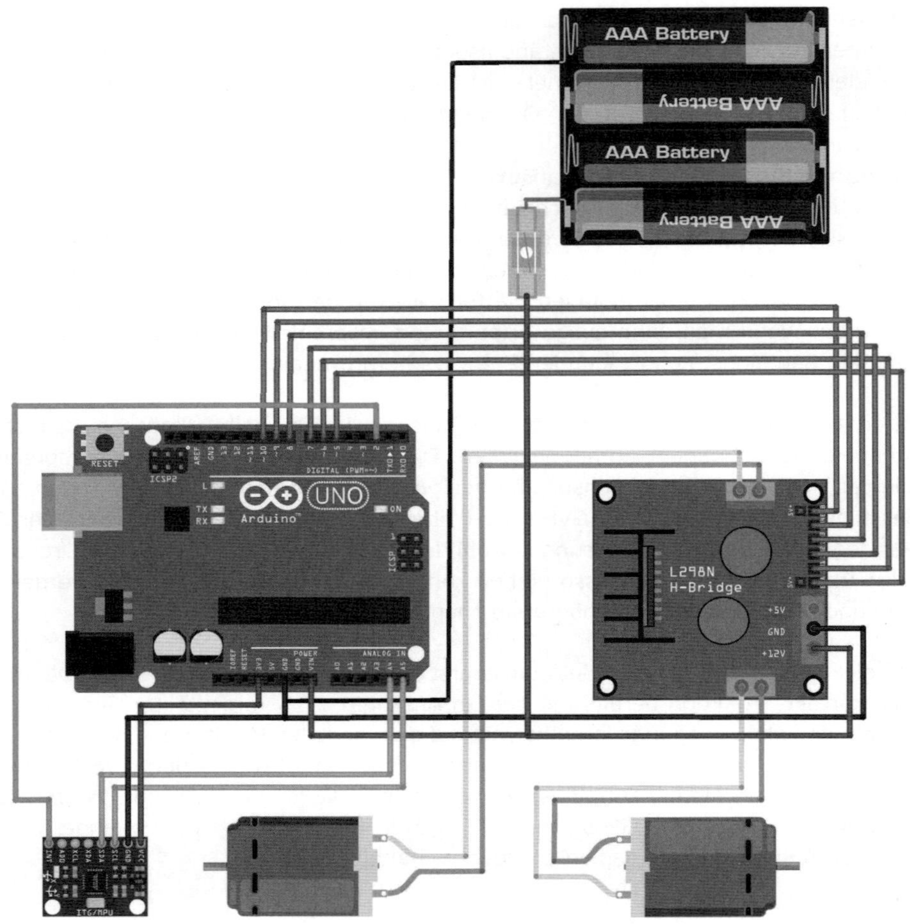

Abbildung 13.2: Schaltbild zum BalBot

Die folgende Tabelle listet nochmals die erforderlichen Verbindungen auf:

```
// MOTOR CONTROLLER
int ENA = 5;
int IN1 = 6;
int IN2 = 7;
int IN3 = 8;
int IN4 = 9;
int ENB = 10;
```

Abbildung 13.3: Beschleunigungssensor am Arduino

13.4 Selbstbalance-Algorithmen

Wie aus dem Abschnitt zur allgemeinen Regelungstechnik bekannt ist, erfordert das Konstanthalten einer Variablen einen entsprechend angepassten Regelkreis. Die Sollgröße ist in diesem Fall die Lage des Roboters. Sie soll möglichst wenig von der Senkrechten abweichen. Auch hier ist ein als PID-Regler das Mittel der Wahl.

Tatsächlich erreicht der BalBot mit optimal justierten Kp-, Ki- und Kd-Parametern ein erstaunlich stabiles dynamisches Gleichgewicht. Der Sollwert, d. h. Null-Grad-Neigung, wird fest in der Software eingestellt.

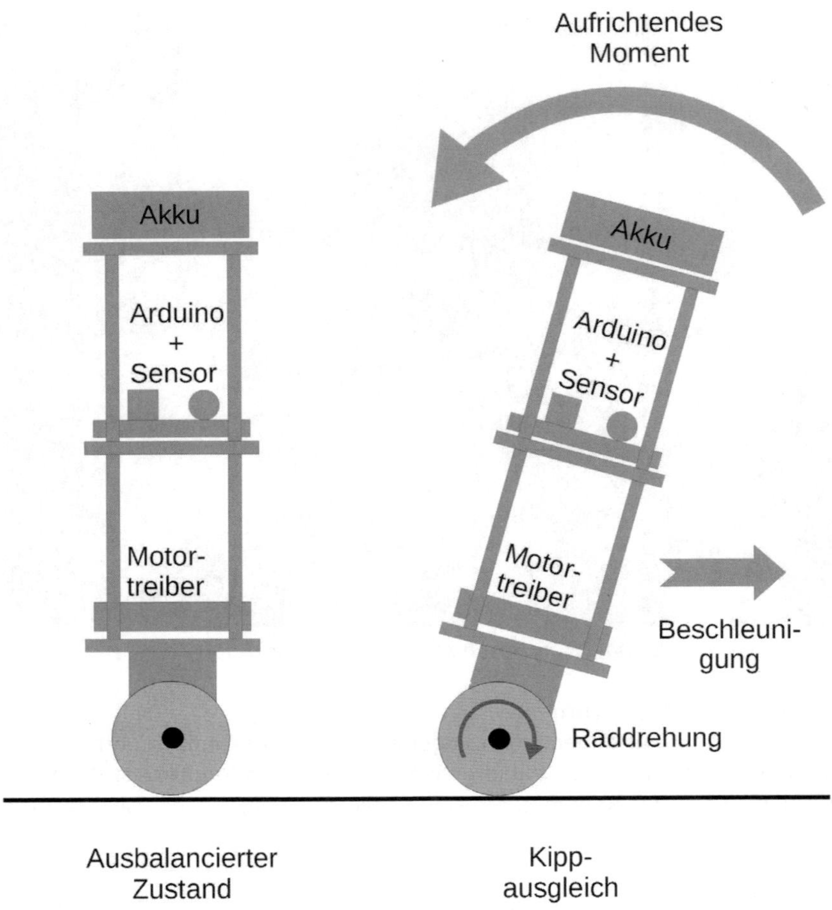

Abbildung 13.4: Prinzip des Kippausgleichs

Das MPU6050-Modul misst permanent die aktuelle Neigung des Roboters und leitet sie an den PID-Algorithmus im Arduino weiter. Der Sketch führt die Berechnungen zur Steuerung der Motoren aus. Droht der Robot in eine Richtung umzukippen, sorgt eine entsprechende Raddrehung dafür, dass das entstehende Kippmoment ausgeglichen wird. Der Roboter bleibt so dauerhaft in einer aufrechten Position, selbst wenn er leicht angeschubst oder gestoßen wird.

Der folgende Sketch zeigt,wie der BalBot in der Balance gehalten werden kann:

```
// BalBot.ino
// UNO @ IDE 1.8.5

#include <Wire.h>
#include "I2Cdev.h"
```

```
#include <PID_v1.h>
#include <LMotorController.h>
#include "MPU6050_6Axis_MotionApps20.h"

// MOTOR CONTROLLER
#define MIN_ABS_SPEED 20
#define ENA 5
#define IN1 6
#define IN2 7
#define ENB 10
#define IN3 8
#define IN4 9

// MPU control
MPU6050 mpu;
bool dmpReady = false;
byte mpuIntStatus, devStatus;    // 0 = success, !0 = error
unsigned int packetSize;         // default: is 42 bytes
unsigned int fifoCount;
byte fifoBuffer[64];

// orientation/motion vars
Quaternion q;             // [w, x, y, z]          quaternion container
VectorFloat gravity;      // [x, y, z]             gravity vector
float ypr[3];             // [yaw, pitch, roll]    yaw/pitch/roll container and
                          // gravity vector

//PID
double setpoint = 180;
double PIDin, PIDout;

double Kp = 400.0;     // 0 ... 1000 default: 400
double Kd =  30.0;     // 0 ... 100 default:   30
double Ki = 200.0;     // 0 ... 200 default:  200

PID pid(&PIDin, &PIDout, &setpoint, Kp, Ki, Kd, DIRECT);

double motorSpeedFactorLeft = 2.0;      // default: 2.0
double motorSpeedFactorRight = 1.6;     // default: 2.0

LMotorController motorController(ENA, IN1, IN2, ENB, IN3, IN4,
                             motorSpeedFactorLeft, motorSpeedFactorRight);

volatile bool mpuInterrupt = false;     // indicates whether MPU interrupt
                                        // pin has gone high
void dmpDataReady()
```

```
{ mpuInterrupt = true;
}

void setup()
{   Serial.begin(250000);
    Wire.begin();
    TWBR = 24; // 400kHz I2C clock (200kHz if CPU is 8MHz)
    mpu.initialize();
    Serial.println(mpu.testConnection() ? F("MPU6050 connection successful")
                                        : F("MPU6050 connection failed"));
    devStatus = mpu.dmpInitialize();

    mpu.setXGyroOffset(220);
    mpu.setYGyroOffset(76);
    mpu.setZGyroOffset(-85);
    mpu.setZAccelOffset(1788); // 1688 factory default for my test chip

    if (devStatus == 0)
    {   Serial.println(F("Enabling DMP..."));
        mpu.setDMPEnabled(true);
        attachInterrupt(0, dmpDataReady, RISING);
        mpuIntStatus = mpu.getIntStatus();
        Serial.println(F("DMP ready"));
        dmpReady = true;
        packetSize = mpu.dmpGetFIFOPacketSize();
        pid.S  etMode(AUTOMATIC);
        pid.SetSampleTime(10);
        pid.SetOutputLimits(-255, 255);
    }
    else
    {   Serial.print(F("DMP Initialization failed (code "));
        Serial.print(devStatus); // // 1: memory load failed, 2:
                                 // configuration updates failed
        Serial.println(F(")"));
    }
}

void loop()
{   if (!dmpReady) return;

    while (!mpuInterrupt && fifoCount < packetSize)
    {  pid.Compute();
       motorController.move(PIDout, MIN_ABS_SPEED);
    }

    mpuInterrupt = false;
```

```
        mpuIntStatus = mpu.getIntStatus();
        fifoCount = mpu.getFIFOCount();

        if ((mpuIntStatus & 0x10) || fifoCount == 1024)
        {   mpu.resetFIFO();
            Serial.println(F("FIFO overflow!"));
        }
        else if (mpuIntStatus & 0x02)
        {   while (fifoCount < packetSize) fifoCount = mpu.getFIFOCount();
            mpu.getFIFOBytes(fifoBuffer, packetSize);
            fifoCount -= packetSize;
            mpu.dmpGetQuaternion(&q, fifoBuffer);
            mpu.dmpGetGravity(&gravity, &q);
            mpu.dmpGetYawPitchRoll(ypr, &q, &gravity);

            Serial.println(ypr[1] * 180/M_PI);      // actual tilt

            PIDin = ypr[1] * 180/M_PI + 180;
       }
    }
```

Wie üblich findet sich das vollständige Programm auch im Downloadpaket.

Die Optimierung der PID-Werte könnte über komplexe Simulation beispielsweise mit MATLAB erfolgen. Im professionellen Bereich und bei entsprechend aufwändigen Reglern ist dieses Vorgehen inzwischen Standard.

Beim BalBot kommt man jedoch auch mit der klassischen manuellen Methode schnell zum Ziel. Hier werden die einzelnen Parameter nach und nach angepasst, bis schließlich ein optimaler Regelerfolg erzielt wird. Da entsprechende Verfahren sieht so aus:
Zunächst werden alle Parameter auf Null gesetzt:

Kp = 0
Ki = 0
Kd = 0

Dann wird der Proportionalitätsfaktor Kp langsam schrittweise erhöht. Bei zu geringem Kp wird der Roboter weiterhin umkippen, da die Korrekturen nicht schnell bzw. groß genug sind. Wird Kp schließlich zu groß, führt der Roboter wilde Vor- und Rückfahrbewegungen aus, ohne dass sich ein Gleichgewichtszustand einstellen kann. Kp muss dann wieder soweit reduziert werden, bis sich der Roboter nur noch leicht hin und her bewegt.

Idealerweise wird nun bereits ein aufrechtes Stehen erreicht, wobei es zu mehr oder weniger großen Ausgleichsbewegungen in beide Richtungen kommt. Häufig tritt auch noch eine gewisse Schwingneigung auf, d. h. der Roboter pendelt oder zittert rasch um die ideale Gleichgewichtslage.

Nun kann man damit beginnen, den Kd-Wert einzustellen. Ein optimaler Kd-Parameter verringert die Schwingungen, bis der Roboter nahezu bewegungslos in der aufrechten Position verharrt. Bei gut eingestelltem Kp und Kd bleibt der BalBot auch dann in der aufrechten Position, wenn er leicht mit der Hand angestoßen wird.

Abschließend kann noch der Ki festgelegt werden. Auch bei optimalen Kp und Kd hat der BalBot bei größeren Störungen noch eine gewisse Schwingneigung. Der Roboter oszilliert unter Störeinflüssen und kann sogar die Gleichgewichtslage verlieren. Der ideale Ki-Wert ist gefunden, wenn die Zeit für die Lagestabilisierung minimal wird.

Sind alle drei Parameter optimal eingestellt, rastet der Roboter regelrecht in der Senkrecht-Position ein, sobald der Fangbereich des Reglers erreicht wird. Wie von Geisterhand gehalten, steht der BalBot dann aufrecht da und gleicht selbst größere Störeinflüsse souverän aus.

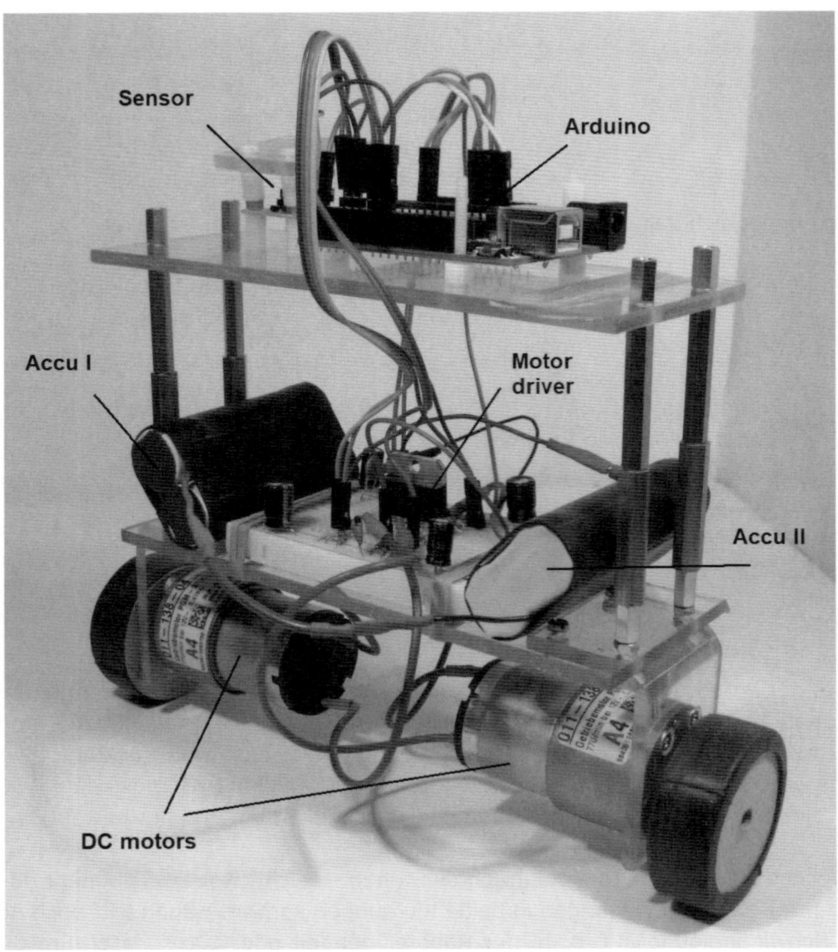

Abbildung 13.5: BalBot in Aktion

Abschließend zeigt die Abb. 13.6 noch den zeitlichen Verlauf des Kippwinkel im seriellen Plotter. Man erkennt eine praktisch zufällige Ausgleichsbewegung um die Ruhelage (0° Abweichung von der Senkrechten). Bei nicht optimal eingestellten Parametern ist hier eine oft sinusförmige Pendelbewegung zu erkennen, die auf eine entsprechende Regelschwingung hindeutet.

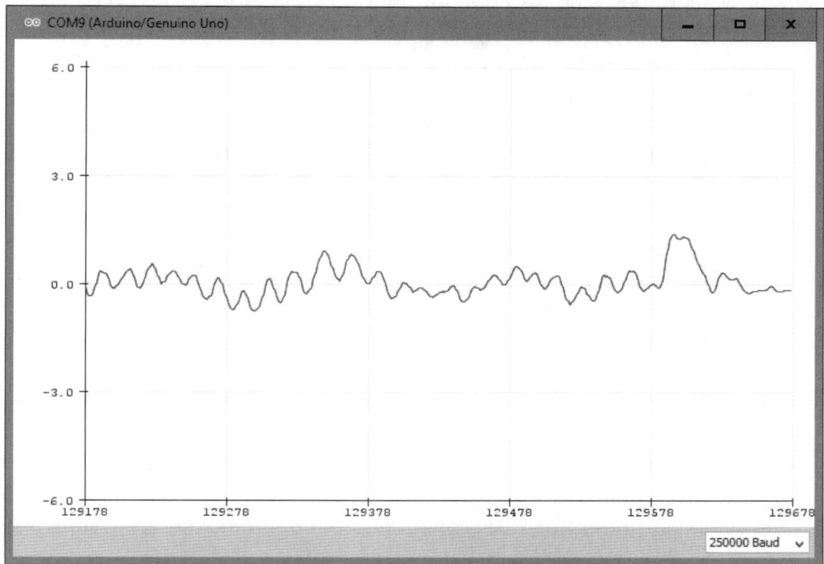

Abbildung 13.6: Kippwinkelverlauf im seriellen Plotter

Kapitel 14 • Unentbehrlich in der Industrie: Roboterarme und Manipulatoren

Die Ansteuerung von Roboterarmen gehört zu den komplexesten Aufgaben in der Robotik. Von zentraler Bedeutung sind hier die Freiheitsgrade (DOF für engl. **D**egrees **O**f **F**reedom). Jedes Gelenk oder jede mögliche Rotationsbewegung stellt einen eigenen Freiheitsgrad dar. Üblicherweise kann die Anzahl der Freiheitsgrade anhand der Anzahl der Aktoren an einem Roboterarm bestimmt werden. Dabei ist zu beachten, dass die Komplexität der Ansteuerung weit überproportional mit der Anzahl der Aktoren anwächst. Da jeder Freiheitsgrad neben dem aktuellen Stellelement oft auch noch einen Positionssensor oder einen Encoder o. Ä. benötigt, erfordern Roboterarme mit mehreren Freiheitsgraden bereits einen unerwartet hohen technischen Aufwand.

Zwischen jedem DOF befindet sich im Allgemeinen eine Verbindung mit einer bestimmten Länge. Es existieren aber auch Gelenke mit mehreren Freiheitsgraden. Ein typisches Beispiel hierfür ist die menschliche Schulter. Diese weist drei Freiheitsgrade auf, welche nahezu am selben Ort vereinigt sind.

Jeder Freiheitsgrad unterliegt gewissen Einschränkungen. So können bei weitem nicht alle Gelenke um 360 Grad gedreht werden. Man spricht hier von einer sogenannten Winkelbegrenzung. Beim Menschen beispielsweise kann kein Gelenk um mehr als ca. 200 Grad bewegt werden. Technische Einschränkungen ergeben sich aus mechanischen Blockierungen, maximalen Servowinkeln oder auch Begrenzungen bei den eingesetzten Sensoren.

Der Arbeitsbereich eines Roboterarms ist definiert durch das Raumgebiet, das der Greifer erreichen kann. Er ist abhängig von den Winkel- und Translationsbeschränkungen, den Armverbindungslängen, dem Winkel, in dem etwas aufgenommen werden muss usw. Oftmals kann der Arbeitsbereich durch verschiedene Konfigurationen variiert werden. Die typischen Arbeitsbereiche von Roboterarmen sind zylindrisch oder kugelförmig.

Das Haupteinsatzgebiet von Roboterarmen findet sich im industriellen Bereich. Hier finden sich sehr unterschiedliche Anforderungen. Beispielsweise muss ein Lackierroboter nur kleine Nutzlasten handhaben, er benötigt jedoch einen großen Arbeitsbereich. Andererseits kommt ein Montageroboter eventuell mit einem kleineren Arbeitsbereich aus, muss größere Lasten aufnehmen und diese sehr präzise und schnell bewegen. Zu den Hauptvarianten gehören:

- Schweißroboter
- Materialtransportroboter
- Lackierroboter
- Montageroboter

Greifer weisen häufig eine besonders hohe Komplexität mit mehreren eigenen Freiheitsgraden auf. Sie werden daher oft als separate Einheiten behandelt.

Im Hobbybereich sind hauptsächliche zwei Varianten von Roboterarmen zu finden:

- Roboterarme mit Servomotorsteuerung
- Arme mit DC-Getriebemotoren

Die folgenden beiden Kapitel befassen sich mit diesen beiden Typen.

14.1 Roboterarm mit Servosteuerung

Für den Aufbau eines Roboterarms werden die folgenden Komponenten benötigt:

- Sechs Servomotoren
- Grundplatte mit Drehteller
- Greifklaue
- Montagematerial
- Raspberry Pi
- Motorsteuerungs-Hat für Raspberry Pi

Der Aufbau eines Drehtellers ist vergleichsweise schwierig. Auch die Servohalter- und arme sind im Eigenbau nur relativ schwer herstellbar. Für weniger versierte Anwender empfiehlt sich daher wieder ein Bausatz. Eine gute Variante ist der JOY-iT Roboterarm "Grab-it" (s. Bezugsquellenverzeichnis). Der solide Bausatz enthält:

- 6x Hochlast-Servos mit einem Drehmoment von 21,5 kg x cm
- mit robustem Metallgetriebe
- Servohalter und Arme aus Aluminiumprofil-Rahmen
- 1 x Acrylgrundplatte (285 x 160 mm)
- alle erforderlichen mechanischen Kleinteile

Der Arbeitsradius des Roboterarm liegt bei 30 cm. Die Grundplatte ist für die Montage der gängigen Mikrocontroller bzw. Minicomputer wie Arduino und Raspberry Pi vorbereitet. Zusammen mit einer Motorsteuerungseinheit steht nach dem Aufbau des Systems ein sehr leistungsfähiger und universell einsetzbarer Roboterarm mit den folgenden technischen Daten zur Verfügung:

- Mechanischer Drehwinkel: 360°, Arbeitsbereich: 180°
- Antrieb durch 6 Servos, je 21,5-kg*cm-Drehmoment
- Versorgung mit 5 - 7,4 V

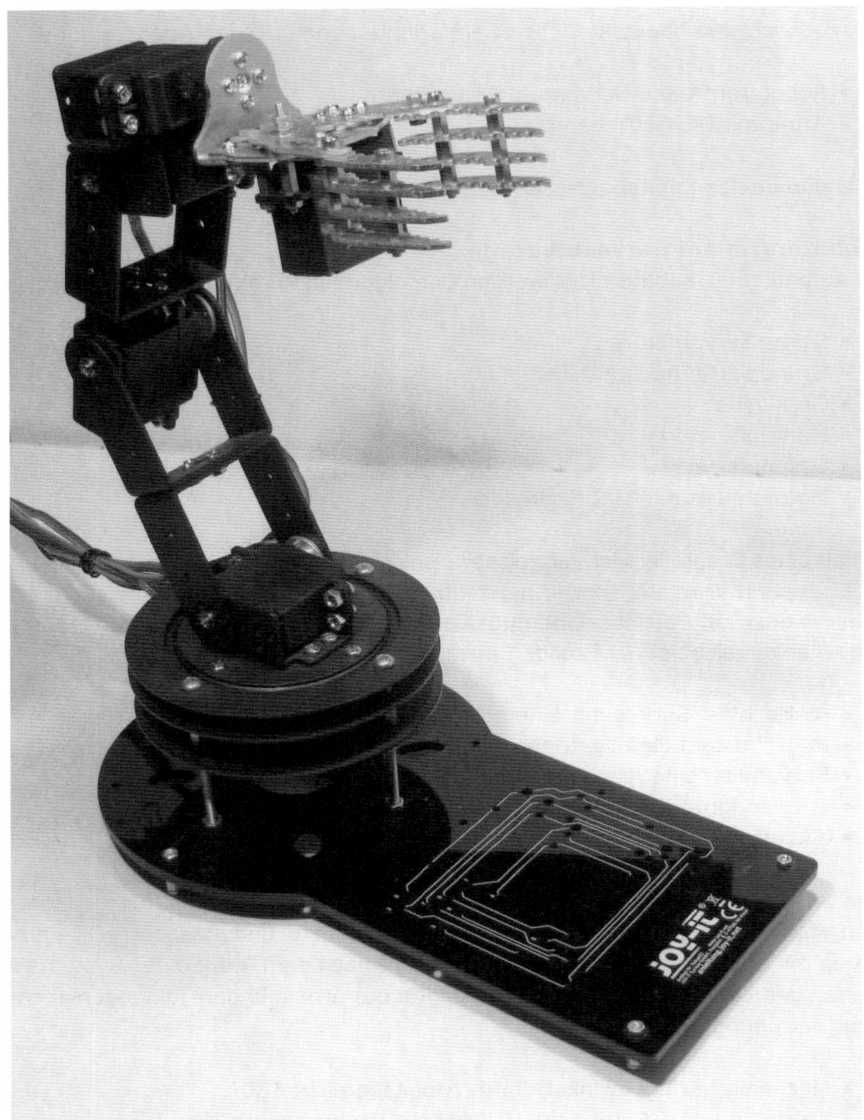

Abbildung 14.1: Servo-gesteuerter Roboterarm

Bei Verwendung des Raspberry Pi kann die Programmierung des Arms in Python erfolgen. Die prinzipielle Ansteuerung von Servomotoren mit dem Pi wurde bereits in Abschnitt 6.7 dargelegt.

Das folgende Python-Programm zeigt, wie der Roboterarm angesteuert wird. In diesem Beispiel ergreift der Arm an einer Position z. B. einen Ball und lässt diesen dann in einen Behälter fallen:

```
# arm_grab.py

from __future__ import division
import time
import Adafruit_PCA9685

midPos = 1.5
minPos = 2
maxPos = 1
moveTime = 0.4

shoulderTurn = 0
shoulderTilt = 1
ellbow = 2
handTilt = 3
handRotate = 4
handGrab = 5

# Initalising HAT
pwm = Adafruit_PCA9685.PCA9685(address=0x41)

# set PWM to 50 Hz
pwm.set_pwm_freq(50)

# set pulse length @ 50 Hz - 12 bit
pulse_length = 1000000 / 50 / 4096

def set_servo_pulse(channel, pulse):
    pulse *= 1000
    pulse /= pulse_length
    pulse = int(round(pulse))
    pwm.set_pwm(channel, 0, pulse)

def MoveToMidPos():
    # all midPos
    print('all midPos')
    set_servo_pulse(shoulderTurn, midPos)
    set_servo_pulse(shoulderTilt, midPos)
    set_servo_pulse(ellbow, midPos)
    set_servo_pulse(handTilt, midPos)
    set_servo_pulse(handRotate, midPos)
    set_servo_pulse(handGrab, midPos)
    time.sleep(2*moveTime)

def MoveToDownPos():
    print("down")
```

```
    set_servo_pulse(shoulderTilt, minPos)
    set_servo_pulse(ellbow, maxPos)
    time.sleep(moveTime)

def MoveToUPPos():
    print("up")
    set_servo_pulse(shoulderTilt, midPos)
    time.sleep(moveTime)

def Grab():
    # close claw - grab something
    print('grab')
    set_servo_pulse(handGrab, maxPos)
    time.sleep(moveTime)

def UnGrab():
    # open claw - release something
    print('ungrab')
    set_servo_pulse(handGrab, minPos)
    time.sleep(moveTime)

def RotateLeft():
    print('rotate left')
    set_servo_pulse(shoulderTurn, minPos)
    time.sleep(moveTime)

def RotateRight():
    print('rotate right')
    set_servo_pulse(shoulderTurn, midPos)
    time.sleep(moveTime)

print("Staring robot arm!")
print("For STOP use CTRL-C")
time.sleep(1)

def main():
    while(True):
        MoveToDownPos()
        Grab()
        MoveToUPPos()
        RotateLeft()
        UnGrab()
        time.sleep(1)

        MoveToUPPos()
        RotateRight()
```

```
try:
    main()

except KeyboardInterrupt:
    print("===================")
    print("Going to mid psition")
    MoveToMidPos()
    print("robot arm rests")
```

Abbildung 14.2: Bewegungsablauf beim Einsammeln eines Balls

14.2 Armsteuerung mit Gleichstrommotoren

Die Verwendung von Servomotoren in Roboterarmen hat den Vorteil, dass sich die Armbewegungen auf diese Weise sehr gut steuern lassen. Da sich jeder einzelne Servo sehr genau positionieren lässt, kann auch der Arm insgesamt und damit auch der Greifer präzise ausgerichtet werden. Allerdings sind Servos vergleichsweise teuer und, wenn die Hochlast-Variante eingesetzt wird, auch sehr schwer.

Deutlich günstiger liegen die Verhältnisse, wenn man mit Getriebemotoren arbeitet. Entsprechend ausgerüstete Arme kosten meist weniger als ein Drittel der Servo-Versionen. Der gravierendste Nachteil dieser Variante ist natürlich, dass man keine absolute Positionierungsmöglichkeit zur Verfügung hat. Im einfachsten Fall kann man sich durch eine Laufzeit-Steuerung behelfen. Hierzu bestimmt man die Winkel- oder Drehgeschwindigkeit der einzelnen Gelenke und stellt diese dann über eine Zeitsteuerung ein. Der Drehwinkel berechnet sich dabei nach

Drehwinkel = Winkelgeschwindigkeit x Motorlaufzeit

Für die Ansteuerung der Motoren für beide Drehrichtungen kann wieder eine H-Brücke (z. B. L298) eingesetzt werden. Für den Aufbau eines Armes können auch Eigenkonstruktionen herangezogen werden. Allerdings ist die Mechanik hier nochmals komplexer als bei der Verwendung von Servos. Deshalb ist es auch hier meist sinnvoll, einen Bausatz heranzuziehen. Eine weit verbreitete Version ist der Playtastic-Arm (s. Bezugsquellenverzeichnis). Dieser Arm verfügt über die folgenden Leistungsmerkmale und technische Daten:

5 x DC-Getriebe-Motor
4 x Gelenk (Schulter drehen und kippen, Ellbogen und Hand)
1 x funktioneller Handgreifer
1 x eingebauter Scheinwerfer (weiße LED)

Höhe:	max. 38 cm
Länge:	23 cm
Breite:	16 cm
Tragfähigkeit:	max. ca. 100 g
Gewicht:	660 g

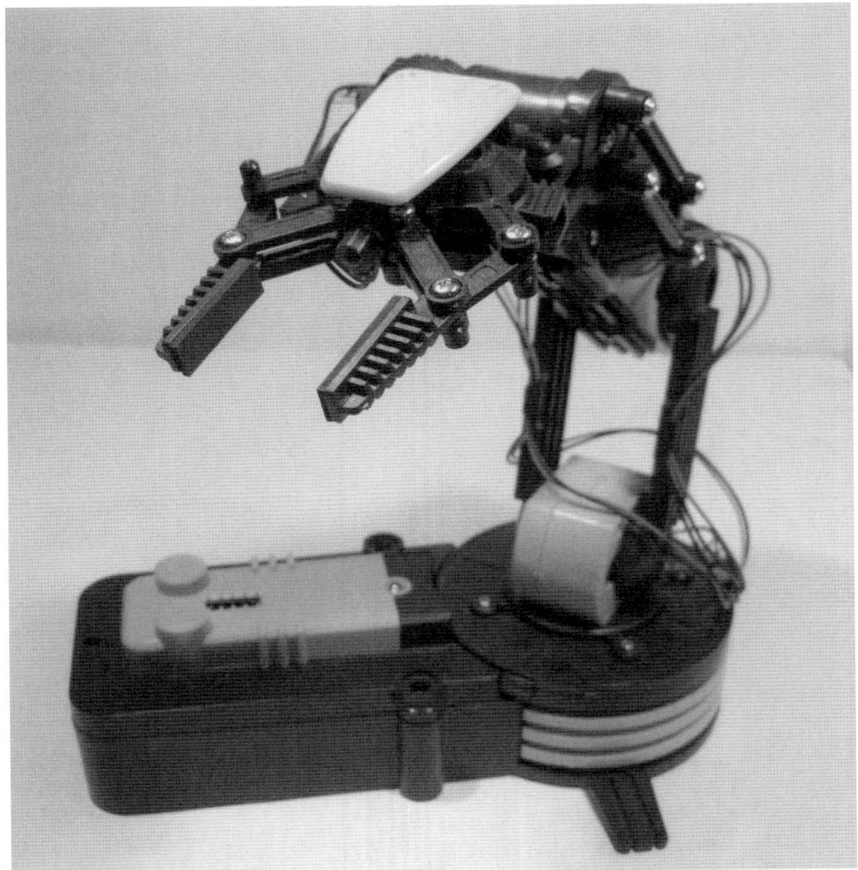

Abbildung 14.3: Roboterarm mit DC-Motoren

Der Bausatz wird mit einer Steuerkonsole geliefert, die das manuelle Bedienen des Armes ermöglicht. Um daraus einen echten Roboter-Arm mit Mikrocontroller-Steuerung zu machen, kann man einen Arduino mit passender Motorsteuerung anschließen. Die folgende Abbildung zeigt ein Schaltbild dazu.

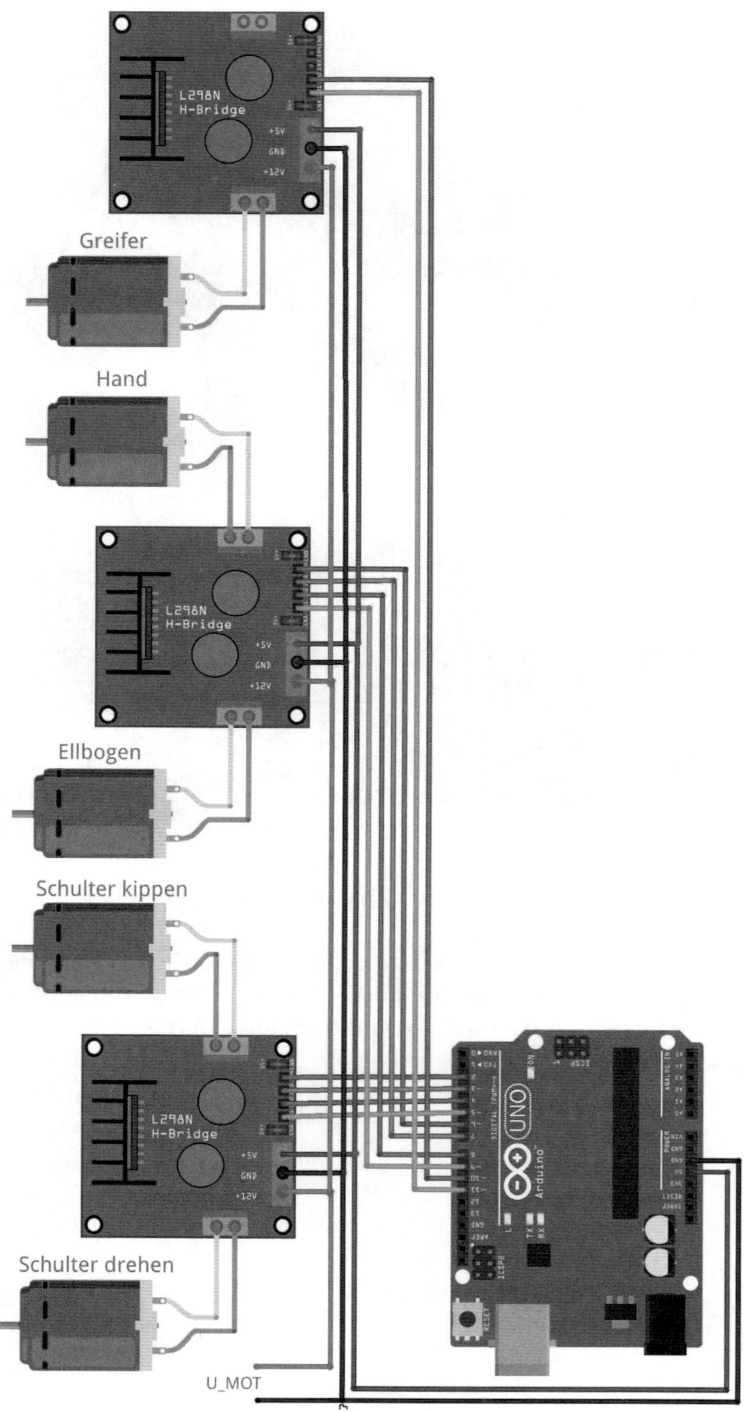

Abbildung 14.4: Schaltplan zur Armsteuerung mit DC-Motoren

Alternativ kann man die Steuerung auch mit einzelnen Treiber-ICs auf einem Breadboard aufbauen.

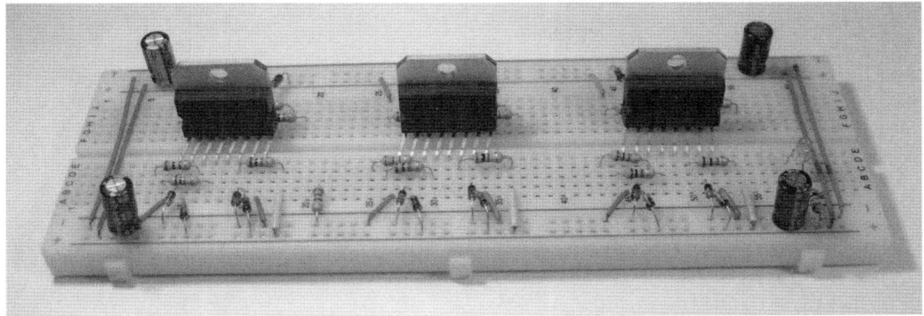

Abbildung 14.5: Motorsteuerung mit drei L298-Treibern

Softwareseitig kann der folgende Sketch verwendet werden. Damit kann jedes Gelenk und der Greifer einzeln angesteuert werden:

```
// PT_arm_control.ino
// UNO @ IDE 1.8.5

// pin def
#define shoulderTurnLeft 2
#define shoulderTurnRight 3
#define shoulderTiltForward 4
#define shoulderTiltBackward 5
#define ellbowUp 6
#define ellbowDown 7
#define handTiltUp 8
#define handTiltDown 9
#define handOpen 10
#define handClose 11
#define LED 13

void setup()
{ for(int i = 2; i <= 11; i++) pinMode(i, OUTPUT);
  pinMode(LED, OUTPUT);
}

void loop()
{ shoulderTurn(1, 1000);
  shoulderTurn(0, 1000);
  shoulderTilt(1, 1000);
  shoulderTilt(0, 1000);
  ellbow(1, 1000);
  ellbow(0, 1000);
```

```
  handTilt(1, 1000);
  handTilt(0, 1000);
  digitalWrite(LED, HIGH);
  handGrab(1, 1000);
  handGrab(0, 1000);
  digitalWrite(LED, LOW);
}

void shoulderTurn(int dir, int angle)
{ if (dir == 1)
    { digitalWrite(shoulderTurnLeft, HIGH); digitalWrite(shoulderTurnRight,
      LOW); }
  else
    { digitalWrite(shoulderTurnLeft, LOW); digitalWrite(shoulderTurnRight,
      HIGH); }
  delay(angle);
  digitalWrite(shoulderTurnLeft, LOW); digitalWrite(shoulderTurnRight, LOW);
}

void shoulderTilt(int dir, int angle)
{ if (dir == 1)
    { digitalWrite(shoulderTiltForward, HIGH);
      digitalWrite(shoulderTiltBackward, LOW); }
  else
    { digitalWrite(shoulderTiltForward, LOW);
      digitalWrite(shoulderTiltBackward, HIGH); }
  delay(angle);
  digitalWrite(shoulderTiltForward, LOW); digitalWrite(shoulderTiltBackward,
  LOW);
}

void ellbow(int dir, int angle)
{ if (dir == 1)
    { digitalWrite(ellbowUp, HIGH); digitalWrite(ellbowDown, LOW); }
  else
    { digitalWrite(ellbowUp, LOW); digitalWrite(ellbowDown, HIGH); }
  delay(angle);
  digitalWrite(ellbowUp, LOW); digitalWrite(ellbowDown, LOW);
}

void handTilt(int dir, int angle)
{ if (dir == 1)
    { digitalWrite(handTiltUp, HIGH); digitalWrite(handTiltDown, LOW); }
  else
    { digitalWrite(handTiltUp, LOW); digitalWrite(handTiltDown, HIGH); }
  delay(angle);
```

```
    digitalWrite(handTiltUp, LOW); digitalWrite(handTiltDown, LOW);
}

void handGrab(int dir, int angle)
{ if (dir == 1)
    { digitalWrite(handOpen, HIGH); digitalWrite(handClose, LOW); }
  else
    { digitalWrite(handOpen, LOW); digitalWrite(handClose, HIGH); }
  delay(angle);
  digitalWrite(handOpen, LOW); digitalWrite(handClose, LOW);
}
```

14.3 Roboterfahrzeug mit Greifarm

Besonders interessant ist die Kombination eines Greifarmes mit einem Roboterfahrzeug. Man erhält so eine universelle mobile Plattform, die in der Lage ist, Gegenstände selbständig aufzunehmen und zu transportieren.

Abbildung 14.6: Autonomes Fahrzeug mit Roboterarm

Die Ansteuerung aller Motoren kann über L298-Treiber erfolgen. Für ein individuelles Steuerprogramm sind die Sketche zum Raupen-Bot und für den Arm selbst zu kombinieren.

Kapitel 15 • Zwei, vier oder sechs Beine: Laufroboter in allen Varianten

Es ist bezeichnend, dass die Natur das Rad nie "erfunden" hat. Es ist bis heute unklar, warum diese geniale und energiesparende Konstruktion in der Evolution niemals auftaucht. Ein Grund könnte sein, dass Räder nur dann gut funktionieren, wenn auch geeignete Straßen vorhanden sind. Das wird sofort klar, wenn man versucht, einen Wald oder einen Acker mit einem Stadtauto zu durchqueren. Zwar nutzen einige Tiere wie Raupen, Gürteltiere, Salamander und Spinnen eine rollende Fortbewegungsart. Dabei rollt jedoch der gesamte Körper. Das klassische Rad als Körperteil kommt in der Natur dagegen nicht vor.

Neben den fehlenden Straßen ist die Versorgung mit Nährstoffen ein weiteres Problem eines biologischen Rades. Um das Wachstum eines Rades zu ermöglichen, wären Verbindungen, also Blutadern oder andere gefäßähnliche Organe, erforderlich. Dies sind jedoch in biologisch Körpern kaum realisierbar, da sie sich bei einer Drehung unweigerlich verdrillen würden. Zwar verfügen einige Lebewesen, wie etwa bestimme Bakterienstämme, über rotierende Körperteile. Dabei handelt es sich allerdings um sogenannte Flagellen bzw. fadenförmige Geißeln, die ähnlich wie Schiffsschrauben im Wasser rotieren. Diese haben jedoch kaum Ähnlichkeit mit einem klassischen Rad.

Das geeignete Fortbewegungsmittel in unwegsamen Gelände sind Beine. Hier hat die Natur an Varianten nicht gespart. Von Zweibeiner bis zum "Tausendfüßler" (mit immerhin bis zu über 700 Beinen) sind alle Versionen anzutreffen. Die hohe Geländetauglichkeit hat die Fortbewegung auf Beinen auch in der Robotik zu einem wichtigen Forschungsgebiet werden lassen. Insbesondere im militärischen Bereich hat sich gezeigt, dass Roboter, die sich auf Beinen fortbewegen, den fahrenden Varianten in natürlichem Gelände deutlich überlegen sind.

Das zwei- und vierbeinige Gehen von Maschinen stellt besondere Herausforderungen an die Technik dar. Trotz erheblicher Fortschritte im Bereich der Robotertechnik scheint die Forschung im Bereich des Gehens bei Robotern nur langsam voranzuschreiten, obwohl diese Art der Fortbewegung eine große Reihe an Einsatzmöglichkeiten birgt, etwa die Erforschung schwer zu erreichender Gebiete, wie Vulkane, ferne Planeten oder der Meeresgrund. Auch der Einsatz in gefährlichen oder lebensbedrohlichen Umgebungen wie etwa strahlungsbelasteten Gebieten oder Minenfeldern wäre sicher von unschätzbarem Vorteil. Auch in für Such- und Rettungsmissionen könnten gehende oder laufende Roboter zweifellos von größtem Nutzen sein. Roboter mit Beinen haben also einige Vorteile gegenüber Robotern mit Rädern:

- bessere Beweglichkeit in unterschiedlichsten Geländearten
- höhere Mobilität in alle Bewegungsrichtungen
- geringere mechanische Kopplung zwischen der Nutzlast und dem Gelände
- potentiell geringere Bodenzerstörung

Verglichen mit Rad- oder Kettenrobotern haben mit Beinen ausgestattete Robots geringere Umweltauswirkungen. Entsprechend ausgestattete Beinenden können im Vergleich zu Reifen oder Ketten eine sehr geringe Oberflächenbelastung aufweisen.

Nicht zuletzt führte aber auch der Wunsch, Roboter zu konstruieren, die dem Menschen möglichst ähnlich sind, zur Entwicklung von Maschinen, die sich auf Beinen anstelle von Rädern fortbewegen. In den folgenden Kapiteln soll daher näher auf diese Technologie eingegangen werden.

15.1 Von Krabben und Spinnen: Quadrupeds und Hexapods

Die Möglichkeit, auf Beinen laufende Maschinen zu konstruieren, besteht erst, seit Mikrocontroller und passende Servomotoren kostengünstig verfügbar sind. Ohne diese Technologien ist die effiziente Ansteuerung der vielfältigen Gelenke nicht möglich. Erst mit programmierbaren Komponenten konnten die Vorteile laufender Roboter gegenüber herkömmlichen Fahrzeugen real umgesetzt werden. Damit ist es dann jedoch entsprechend ausgestatteten Robotern in den letzten Jahren gelungen, viele Aufgaben zu lösen, die mit Rad- oder Raupen-Bots nicht erledigt werden konnten. Trotzdem ist ihre Verwendung in der Industrie und im Dienstleistungssektor derzeit noch recht begrenzt. Allerdings sind aktuell große Anstrengungen im Gange, um Laufroboter für reale Anwendungen einzusetzen

Aufgrund ihrer Vorzüge wurden an mehreren Forschungseinrichtungen die verschiedenartigsten, mit Beinen ausgestatteten Roboter gebaut. Insbesondere sechsbeinige Versionen, sogenannte Hexapoden, haben hierbei größere Aufmerksamkeit erlangt. Einer der großen Vorteile beim Einsatz von sechs Beinen ist, dass beim Gehen eine permanente statische Stabilität beibehalten werden kann. Zudem sind Hexapoden in der Lage, größere Lasten zu tragen als Zwei- oder Vierbeiner ähnlicher Baugröße. Anwendungsbeispiele für Hexapoden sind unter anderem Inspektions- und Baustellenroboter. Ein Spezialfall ist der AQUA-Robot, der sogar im Unterwasserbetrieb eingesetzt wird.

Hexapoden können auch in unebenem Gelände mit unvorhersehbaren Hindernissen arbeiten. So bereitet einem Sechsbeiner etwa das Treppensteigen in einem Haus oder in industrieller Umgebung kaum Probleme. Diese Robotervariante ist daher für Such- und Rettungsmaßnahmen in Katastrophengebieten hervorragend geeignet.

Roboter mit Rädern sind zwar in flachen und ebenen Gelände schneller als Laufroboter, allerdings erreichen auch diese recht beachtliche Geschwindigkeiten. Studien haben gezeigt, dass die höchste Laufgeschwindigkeit mit sechs Beinen erreicht wird. Noch mehr Beine führen zu unnötig komplexen Bewegungsabläufen. Bei weniger als sechs Beinen dagegen treten häufig Balance-Probleme auf, da die Beine für ein dynamisches Gleichgewicht nicht rasch genug bewegt werden können. Die Gangart eines Hexapoden ist zudem sehr stabil, da während des gesamten Bewegungsablaufs bis zu fünf Beine mit dem Boden in Berührung bleiben. Selbst beim Gehen im Tripod-Modus, bei dem sich drei Beine gleichzeitig bewegen, bleibt der Schwerpunkt eines Hexapods immer innerhalb der Standfläche, sodass stets ein stabiler Gleichgewichtszustand erhalten bleibt.

Auch hinsichtlich der Redundanz ist ein Hexapod im Vorteil. Er kann sich immer noch fortbewegen, selbst wenn eines oder sogar zwei seiner Beine gestört oder beschädigt sind. Dies kann insbesondere bei Einsätzen in unzugänglichen Gebieten, wie etwas der Antarktis oder sogar auf anderen Planeten von entscheidender Bedeutung sein. Darüber hinaus ist es möglich, Hexapoden so zu konstruieren, dass beispielsweise die beiden vorderen Beinpaare auch als Greifwerkzeuge dienen können. Ein entsprechendes Verhalten ist auch von vielen Insektenarten bekannt. Damit können zusätzliche Greifarme eingespart werden.

Natürlich hat ein Hexapod auch einige Nachteile. So sind viele Hexapoden relativ schwer, da sie eine große Anzahl unabhängiger Aktuatoren erfordern.

Damit wir das Nutzlast/Gewicht-Verhältnis entsprechend schlecht. Bei gleichem Gewicht kann ein Hexapod also nur geringere Lasten tragen als ein vergleichbares Radfahrzeug.

Zudem sind Laufroboter kinematisch sehr komplex aufgebaut und erfordern somit entsprechend komplizierte und fehleranfällige Steuerungen. Entsprechende Konstruktionen ahmen oftmals die Mechanik von Insekten nach, und ihre Gangarten lassen sich dementsprechend einteilen:

- Einzelbeinbewegung als einfachste Gangart
- Wellengang als langsamste Gangart, bei dem sich Beinpaare wie in einer "Welle" von hinten nach vorne bewegen
- Stativgang oder Tripod-Modus: ein schnellerer Schritt, bei welchem drei Beine gleichzeitig bewegt werden. Die unbewegten Beine bilden ein dabei stets ein stabiles Stativ für den Roboter, sodass keine Balance-Probleme auftreten.

In dieser Komplexität liegt allerdings auch gerade wieder ein gewisser Ansporn für die Beschäftigung mit dieser Technologie. Ein Quadruped oder einen Hexapod eine Reihe kunstvoller Bewegungen ausführen zu lassen, macht das Studium entsprechender Roboter-Varianten geradezu zu einer intellektuellen Herausforderung. Insbesondere die Programmierung und Umsetzung verschiedener Gangarten zählt zu den interessantesten Gebieten der Robotik.

Abbildung 15.1: Quadruped und Hexapod

15.2 Vierbeiner in der Praxis: Quadruped

Da Hexapoden bereits eine recht komplexe Steuerung erfordern, soll hier das einfachere Beispiel eines Quadrupeds vorgestellt werden. Wenn jedes der vier Beine angehoben, gestreckt und gedreht werden soll, dann sind pro Bein drei, insgesamt also 4 x 3 = 12 Servos, erforderlich. Die folgende Abbildung zeigt ein entsprechendes Beispiel im Detail.

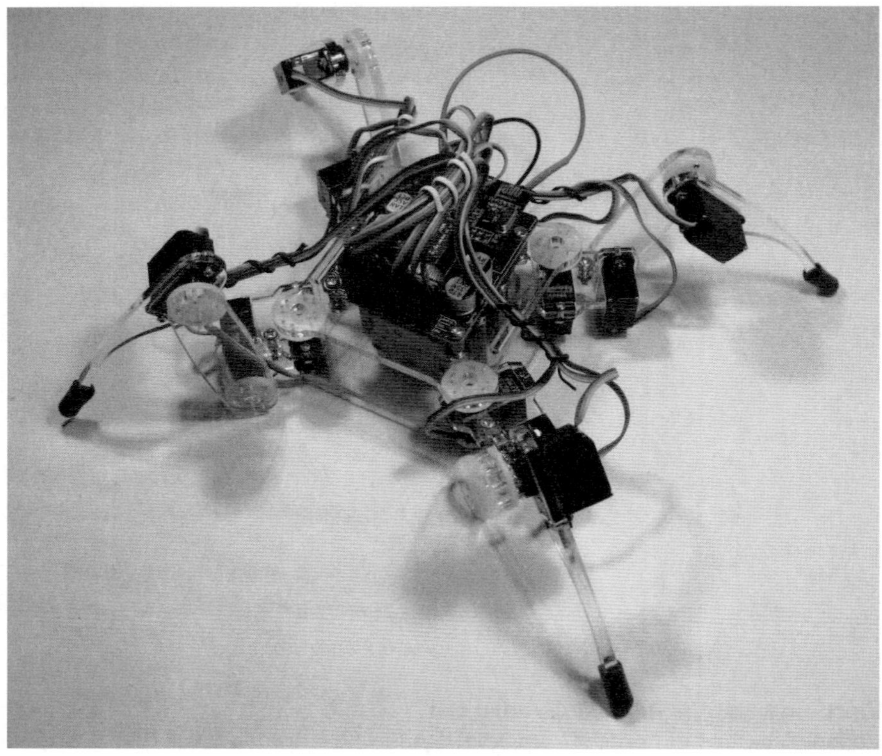

Abbildung 15.2: Quadruped mit 12 Servos

Für den Aufbau des Roboters werden die folgenden Komponenten benötigt:

- 1 x Arduino Nano
- 1 x Servo Control Board
- 12 x Microservos
- 1 x Akku (z. B. 7,4 V Li-Ionen)
- 2 Kunststoffplatten als Hauptträger
- 4 Kunststoffelemente als Servoverbinder
- 4 Kunststoffelemente als Beine
- Mechanische Kleinteile

Die Teil sind sind als kompletter Bausatz erhältlich (Remote Control Crawling Quadruped Robot). Der Bausatz enthält zusätzlich noch einen nRF24-Empfänger und einen zugehörigen Handsender. Alternativ können die Teile auch einzeln beschafft werden. Die Kunststoffelemente können dann beispielsweise im 3D-Druck erstellt werden.

Im Folgenden soll das Quadruped zunächst ohne Fernsteuerung betrieben werden, da es hier vor allem darum geht, die einfachste Gangart umzusetzen. Das vollständige Programm dazu findet sich im Download-Paket. Der folgende Ausschnitt zeigt die Bewegungssteuerung in der Hauptschleife:

```
void loop()
{ Serial.println("Step forward");

  Serial.println("move leg 2");
  set_leg(2, x0, y0, z_up);                          wait_all_reach();
  set_leg(2, x0, y0 + 2 * y_step, z_up);   wait_all_reach();
  set_leg(2, x0, y0 + 2 * y_step, z0);       wait_all_reach();

  Serial.println("move body");
  set_leg(0, x0, y0, z0);
  set_leg(1, x0, y0 + 2 * y_step, z0);
  set_leg(2, x0, y0 + y_step, z0);
  set_leg(3, x0, y0 + y_step, z0);
  wait_all_reach();

  Serial.println("move leg 1");
  set_leg(1, x0, y0 + 2 * y_step, z_up); wait_all_reach();
  set_leg(1, x0, y0, z_up);                          wait_all_reach();
  set_leg(1, x0, y0, z0);                            wait_all_reach();

  Serial.println("move leg 0");
  set_leg(0, x0, y0, z_up);                          wait_all_reach();
  set_leg(0, x0, y0 + 2 * y_step, z_up); wait_all_reach();
  set_leg(0, x0, y0 + 2 * y_step, z0);     wait_all_reach();

  Serial.println("move body");
  set_leg(0, x0, y0 + y_step, z0);
  set_leg(1, x0, y0 + y_step, z0);
  set_leg(2, x0, y0, z0);
  set_leg(3, x0, y0 + 2 * y_step, z0);
  wait_all_reach();

  Serial.println("move leg 3");
  set_leg(3, x0, y0 + 2 * y_step, z_up); wait_all_reach();
  set_leg(3, x0, y0, z_up);                          wait_all_reach();
  set_leg(3, x0, y0, z0);                            wait_all_reach();
}
```

Daraus ergibt sich der folgende Bewegungsablauf:

- zunächst wird das Bein Nr. 2 nach vorne bewegt
- dann wird der ganze Körper nachgezogen
- anschließend wird das Bein Nr. 1 bewegt
- dann wird Bein Nr. 0 nach vorne gesetzt
- es folgt wieder ein Nachziehen des Körpers
- schließlich wird noch das letzte Bein (Nr. 3) nachgesetzt

und der Bewegungsablauf beginnt von vorne. Damit ist gewährleistet, dass das Quadruped stets im Gleichgewicht bleibt. Zudem ergibt sich so eine flüssige Bewegung, die an die tatsächliche Fortbewegung einer Krabbe erinnert.

Durch entsprechende Ausgaben auf den seriellen Monitor kann der Ablauf dort exakt nachvollzogen werden:

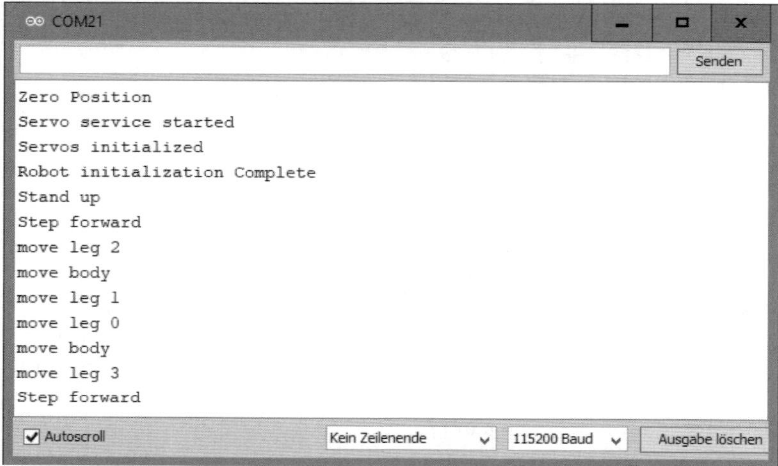

Abbildung 15.3: Bewegungssequenz des Quadrupeds

Die Stromaufnahme des Quadruped beträgt beim einfachen Vorwärtslaufen ca. 500 mA, sodass die Verwendung von Li-Ionen-Akkus empfehlenswert ist. Damit werden dann Laufzeiten von über einer Stunde erreicht.

15.3 Laufen auf zwei Beinen

Ein Ziel der modernen Robotik ist es, die mechatronischen Systeme immer menschenähnlicher werden zu lassen. Eines der charakteristischsten Merkmale des Menschen ist jedoch das Laufen auf zwei Beinen. Gerade diese Fähigkeiten bereitet den Maschinen aber immer noch große Probleme. Deshalb versuchen weltweit viele Forschergruppen, zweibeinigen Robots das flüssige Laufen beizubringen. Ein wichtiger Aspekt ist hier auch, dass die Ergebnisse dieser Studie auch zur Entwicklung von besseren Prothesen führen könnten. Angefangen vom Fußprothesen bis hin zum kompletten Exoskelett für Querschnittsgelähmte: Ein fundiertes Verständnis des aufrechten Gangs auf zwei Beinen würde entsprechende Technologien fraglos nach vorne katapultieren.

Vier- oder mehrbeinige Robots profitieren von einer erhöhten Stabilität gegenüber Zweibeinern, insbesondere während der Bewegung. Bei langsamen Geschwindigkeiten kann ein vierbeiniger Roboter nur ein Bein auf einmal bewegen, was ein permanent stabiles System gewährleistet. Vierbeinige Roboter profitieren zudem von einem niedrigeren Schwerpunkt als zweibeinige Systeme, sodass auch intrinsisch stabile Gangarten möglich sind. Auf diese Weise können auch komplizierte Geländeverläufe bewältigt werden. Wenn Menschen laufen, achten sie dagegen meist nicht bewusst auf die Struktur des Bodens. Das Gehirn hat die

Fähigkeit, kleine Unebenheiten automatisch auszugleichen. So wird ein Stolpern wirksam verhindert. Dieses unbewusste Reagieren wird auch als Stolperreflex bezeichnet. Bislang ist es nicht gelungen, dieses Regelkreis effizient auf humanoide Laufroboter zu übertragen. Aus diesem Grunde gehen Roboter, auch wenn sie dem Menschen vom Aussehen her sehr ähnlich sind, eher langsam und starr. Zudem stellte sich heraus, dass zweibeinige Roboter bislang für den Laufvorgang deutlich mehr Energie verbrauchen als der Mensch.

Ein zentrales Problem ist, dass der menschliche Gang zeitweise instabile Phasen durchläuft. Abrupte Unterbrechungen der Bewegungsabläufe führen daher oftmals zum Sturz. Die entsprechende Bewegungsdynamik ist bei Robotersystemen schwer zu implementieren. Um kontrollieren zu können, dass die Maschine stets stabil ist und nicht umfällt, muss zu jedem Zeitpunkt bekannt sein, in welcher exakten Lage sich der Roboter befindet und wo sein Schwerpunkt liegt. Dies erfordert zeitaufwändige sensorische Messwerterfassungen, was dazu führt, dass die Laufbewegungen sehr "mechanisch" wirken. Zudem sind die meisten Maschinen lediglich dazu in der Lage, in einfachen Laborumgebungen und auf ebenen, hindernisfreiem Gelände zu agieren. Nur wenige zweibeinige Robots in einigen Spitzenforschungseinrichtungen sind in der Lage, Hindernissen auszuweichen, Treppen zu erklimmen oder unwegsames Gelände zu durchqueren

Neueste Entwicklungen sollen zu Zweibeinern führen, die dreimal so effizient laufen wie andere Humanoide. Auch Krafteinwirkungen von außen, Stöße oder Bodenunebenheiten sollen sie nicht aus der Balance bringen. Das Ziel ist hier wieder, dass zweibeinige Bots in naher Zukunft als Helfer beim Katastrophenschutz oder bei der Feuerwehr eingesetzt werden können. Aber auch Anwendungen zur Gangrehabilitation oder für Beinprothesen stehen im Focus.

Ob als Retter in Katastrophengebieten, als Helfer im Haushalt oder als "Kollegen" in modernen Arbeitsumfeldern, die Einsatzgebiete für humanoide Zweibeiner sind vielfältig. Eine der großen Herausforderungen auf dem Weg dorthin ist es, Roboter in die Lage zu versetzen, sich in verschiedenen Situationen auf zwei Beinen fortzubewegen. Weder unbekannte Untergründe noch andere eventuelle Störfälle dürfen zu einem Sturz führen. Erst dann werden die Robots Alltagsaufgaben zuverlässig und sicher übernehmen können.

15.4 Bipeds in der Praxis

Das Design eines einfachen Biped-Roboters beinhaltet hauptsächlich die Kontrolle der Balance. Die entsprechende Steuerung eines zweibeinigen Laufroboters bedeutet typischerweise, die menschliche Form und ihre Gehbewegung nachzubilden. Obwohl der Ansatz der menschlichen Fortbewegung als Referenz gilt, können auch Gangarten mit weniger ausgefeilten Methoden entwickelt werden. Das Ziel ist es, einen aufrechten Gang zu ermöglichen und dabei ein Bein kontinuierlich vor das andere zu setzen.

Die mechanische Struktur zwingt dazu, eine Vielzahl von Faktoren zu berücksichtigen. Ein Biped-Roboter muss mindestens zwei Freiheitsgrade aufweisen. Damit kann ein Bein angehoben und in einer Drehbewegung vor dem anderen platziert werden. Mit zunehmenden Freiheitsgraden wird der Robotergang zwar immer flüssiger und menschenähnlicher, allerdings wird die Steuerung auch überproportional komplexer.

Für einen einfachen Biped-Roboter werden mechanische Verbindungen, Servos, Servocontroller und eine Stromquelle benötigt. Die erforderlichen Komponenten können in verschiedenen Konfigurationen angeordnet werden. Allerdings haben sich einige grundlegende Konzepte herauskristallisiert, die sich als besonders geeignet herausgestellt haben,

Im Folgenden werden grundlegende Überlegungen behandelt, eine passende Hardware vorgestellt und ein einfacher Gangalgorithmus entwickelt. Bereits einfache Bipeds sind in ihren Bewegungsmöglickeiten Fahrrobotern deutlich überlegen. Sie können bereits eine Vielzahl von Bewegungen ausführen. Neben dem einfachen Gehen sind auch simple Gesten wie Zeigen oder Kippen möglich. Sogar der Ausdruck einfacher Emotionen kann durch Bewegungen wie Strecken oder Tanzen umgesetzt werden. Die Königsdisziplin ist die Programmierung einfacher sportlicher Bewegungsabläufe wie etwa das Treten nach einem Ball.

Zweibeiner sollten in der Lage sein, die Position ihrer mechanischen Elemente so zu kontrollieren, dass sie ihren eigenen Schwerpunkt kontinuierlich verschieben. Diese Fähigkeit ist die Basis für den zweibeinigen Gang. Ein Roboter in einer statischen Position bleibt stabil, wenn sein Schwerpunktslot stets auf die horizontale Standfläche fällt. Diese wird durch die Stütz- bzw. Auflagepunkte des Roboters begrenzt. Dazu ist es erforderlich, dass der Robot sein Gewicht von einem auf den anderen Fuß übertragen kann.

Bei Verwendung von vier Servos ist der Aufbau von zwei symmetrischen Beinen möglich. Im einfachsten Fall werden diese im 90°-Winkel miteinander verbunden. Damit ist dann ein Anheben und eine Drehung der Beine möglich. Der nächste Abschnitt befasst sich genauer mit dieser Variante.

15.5 GoGoBot als zweibeinige Experimentierplattform

Ein wesentliches Merkmal eines humanoiden Roboters ist der Gang auf zwei Beinen. Science-Fiction-Filmen liefern dafür einige bekannte Beispiele wie etwa den beliebten C-3PO aus der "Star-Wars"-Reihe. Da die technischen Möglichkeiten für einen realistisch wirkenden Humanoiden bis heute nicht ausreichend für eine überzeugende Darstellung sind, wurde C3PO jedoch noch durch einen menschlichen Schauspieler verkörpert.

Im Gegensatz zum hohen technischen Aufwand, der für einen überzeugenden Humanoiden Roboter erforderlich ist, kann ein einfacher zweibeiniger Laufroboter recht einfach realisiert werden. Bereits wenige Komponenten wie

- ein Arduino NANO
- vier Servomotoren
- ein Akkupack
- zwei kleine Breadboards und
- mechanische Kleinteile

sind dafür vollkommen ausreichend. Eine passende Software sogt dafür, dass der GoGoBot laufen lernt. Doch damit ist noch nicht das Ende der Möglichkeiten erreicht, auch komplexere Bewegungsarten wie Tanzen oder Fußballspielen können ihren Grundzügen umgesetzt werden.

Mit dem Arduino ergibt sich zudem die Möglichkeit, noch weitere Sensoren auszuwerten. Auch weitere Körperteile wie Arme können noch ergänzt werden. Der "GoGoBot" eignet sich daher bestens als Basisplattform für weiterführende Projekte. Aufgrund des einfachen und kostengünstigen Aufbaus kann das System auch hervorragend dazu genutzt werden, Kinder und Jugendliche an des Thema Robotik heran zu führen.

Die folgende Abbildung zeigt das Innenleben des GoGoBot:

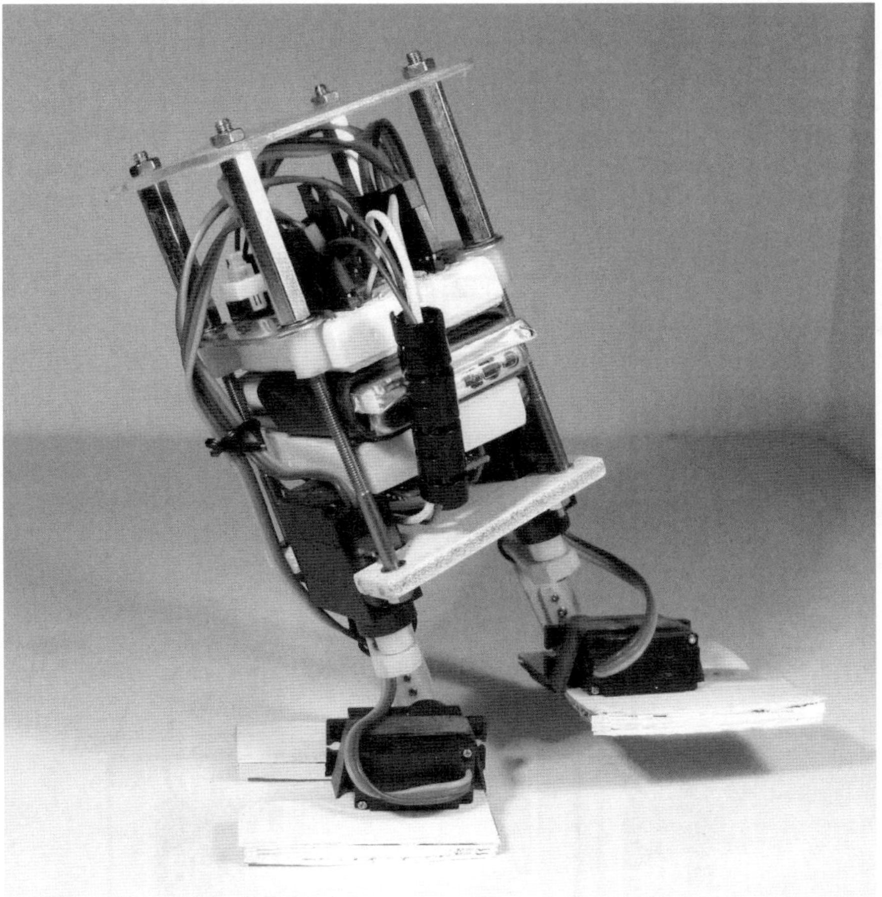

Abbildung 15.4: Innenleben des GoGoBots

Der mechanische Aufbau kann gemäß der folgenden Skizze erfolgen:

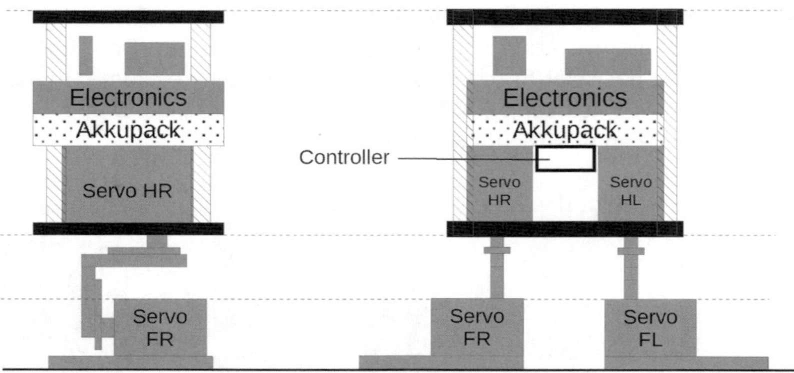

Abbildung 15.5: GoGoBot-Mechanik

Der elektrische Aufbau dazu sieht so aus:

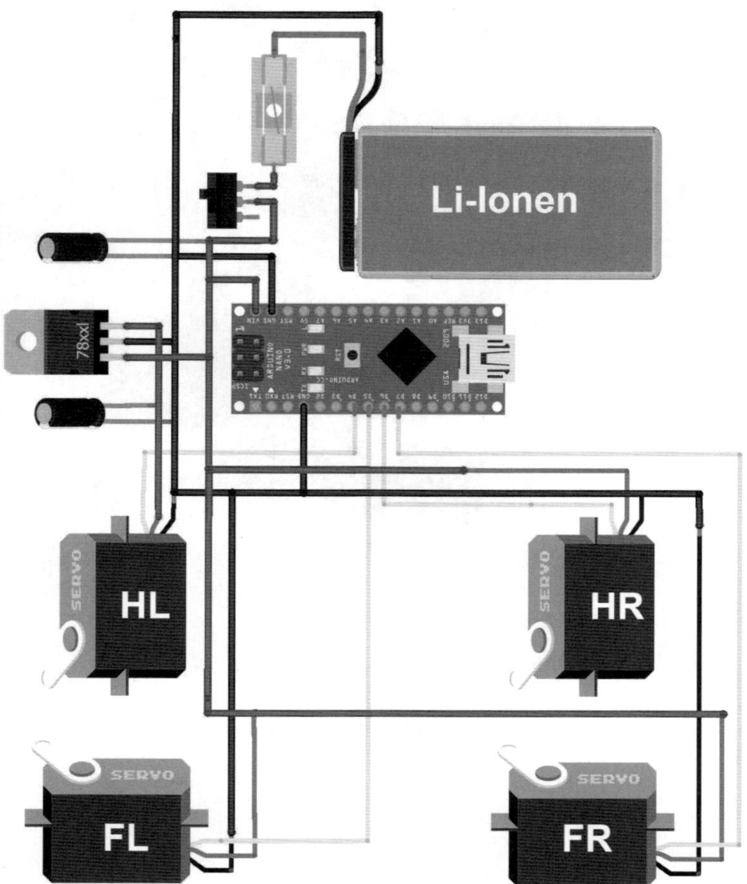

Abbildung 15.6: Schaltplan zum GoGoBot

Die Versorgungsspannung der Servos wird über einen 7805-Konstantspanungsregler zur Verfügung gestellt. Damit ist ein sicherer Betrieb auch bei bereits schwächeren Akkus möglich.

Der folgende Sketch sorgt dafür, dass sich der Robot auf zwei Beinen fortbewegen kann:

```
// GoGoBot.ino
// NANO @ IDE 1.8.5

#include <Servo.h>
Servo foot_left; Servo hip_left;
Servo foot_right; Servo hip_right;

const int foot_left_pin = 5, hip_left_pin = 4, foot_right_pin = 6, hip_
                                                            right_pin = 7;
const int foot_left_Center = 75, hip_left_Center = 85, foot_right_Center =
                                                  80, hip_right_Center = 95;

const int tiltAngle_foot_left = 23, tiltAngle_hip_left = 20, tiltAngle_foot_
                                       right = 23, tiltAngle_hip_right = 20;
const int foot_leftD = foot_left_Center-tiltAngle_foot_left, foot_leftU =
                                       foot_left_Center+tiltAngle_foot_left;
const int hip_leftOut = hip_left_Center+tiltAngle_hip_left, hip_leftIn =
                                         hip_left_Center-tiltAngle_hip_left;
const int foot_rightD = foot_right_Center+tiltAngle_foot_right, foot_rightU
                                   = foot_right_Center-tiltAngle_foot_right;
const int hip_rightOut = hip_right_Center-tiltAngle_hip_right, hip_rightIn =
                                       hip_right_Center+tiltAngle_hip_right;

float foot_leftPos, hip_leftPos, foot_rightPos, hip_rightPos;
float foot_leftSend = foot_left_Center, hip_leftSend = hip_left_Center;
float foot_rightSend = foot_right_Center, hip_rightSend = hip_right_Center;
float foot_leftStep, hip_leftStep, foot_rightStep, hip_rightStep;

const int N_step = 20;
int T_step = 20, my_step = 1, C_step = 1;
unsigned long Tend, MilS, timer;

void setup()
{ foot_left.write(foot_left_Center);  foot_left.attach(foot_left_pin);  hip_
                 left.write(hip_left_Center); hip_left.attach(hip_left_pin);
  foot_right.write(foot_right_Center);  foot_right.attach(foot_right_pin);
hip_right.write(hip_right_Center); hip_right.attach(hip_right_pin);
  delay(1000);
}
```

```
void loop()
{ MilS = millis();
  if (MilS >= timer)
  { timer = timer + T_step;
    C_step = C_step + 1;
    if (C_step == N_step + 1) C_step = 1;
    if (C_step == 1)
    {  foot_leftStep = (foot_leftPos - foot_leftSend) / N_step;
       hip_leftStep = (hip_leftPos - hip_leftSend) / N_step;
       foot_rightStep = (foot_rightPos - foot_rightSend) / N_step;
       hip_rightStep = (hip_rightPos - hip_rightSend) / N_step;
    }
    foot_leftSend = foot_leftSend + foot_leftStep;
    hip_leftSend = hip_leftSend + hip_leftStep;
    foot_rightSend = foot_rightSend + foot_rightStep;
    hip_rightSend = hip_rightSend + hip_rightStep;
  }

  if (MilS >= Tend)
  { Tend = Tend + (N_step*T_step);
    my_step = my_step + 1;
    if (my_step == 7) my_step = 1;
  }

  switch (my_step)
  { case 1: {foot_leftPos = foot_leftU;  foot_rightPos = foot_rightD;
    break;}
    case 2: {hip_leftPos  = hip_leftOut; hip_rightPos  = hip_rightIn;
    break;}
    case 3: {foot_leftPos = foot_left_Center;  foot_rightPos = foot_right_
    Center;  break;}
    case 4: {foot_leftPos = foot_leftD;  foot_rightPos = foot_rightU;
    break;}
    case 5: {hip_leftPos  = hip_leftIn;  hip_rightPos  = hip_rightOut;
    break;}
    case 6: {foot_leftPos = foot_left_Center;  foot_rightPos = foot_right_
    Center;  break;}
    break;
  }

  foot_left.write(foot_leftSend);  hip_left.write(hip_leftSend);
  foot_right.write(foot_rightSend);  hip_right.write(hip_rightSend);
}
```

Das vollständige Programm findet sich im Download-Paket.

Die Steuerung der Servos wird über Mikroschritte ausgeführt. Dazu wird der Millisekunden-Timer des Controllers eingesetzt. Die Anzahl N der Schritte und die Zeit T zwischen den Schritten wird mit den Variablen N_step und T_step definiert. Durch die Reduktion der Schrittzahlen und kurze Schrittzeiten kann der Bewegungsablauf des GoGoBots beschleunigt werden. Zu schelle Bewegungen führen jedoch zu instabilem Verhalten. Die Variablen Tend, MilS und timer steuern die Zeitsequenz.

Die Bewegungsablauf ist in sechs Einzelschritte unterteilt. Zunächst wird der linke Fuß angehoben und der rechte abgesenkt. Dadurch verschiebt sich der Schwerpunkt des Robot nach links (s. Abb. 15.7). Danach wird der linke Hüftservo aus- und der rechte Hüftservo eingedreht und der Roboter bewegt sich einen Halbschritt nach vorne. Anschließend werden die Servos in die Nullposition zurückgesetzt, und die analoge Bewegungssequenz für den zweiten Halbschritt beginnt mit dem Anheben des rechten Fußes.

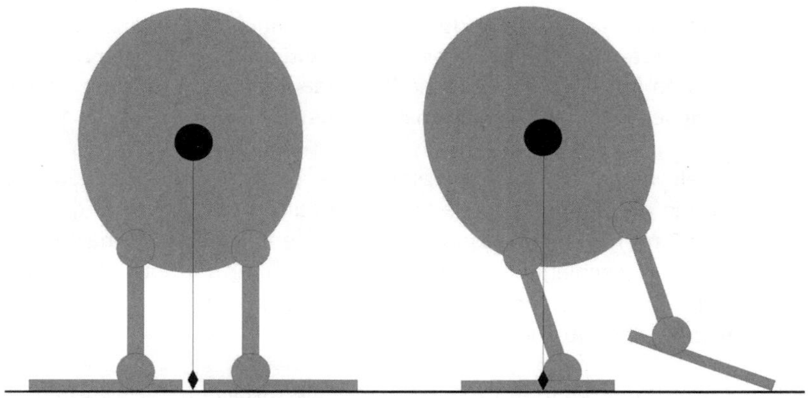

Abbildung 15.7: Schwerpunkt-Verlagerung beim zweibeinigen Gang

Dieses Verfahren ermöglicht die Fortbewegung in einer Richtung auf glatten und ebenen Oberflächen. Kommen natürliche Geländeformen ins Spiel, treten rasch Probleme auf, welche mit rein deterministischen Programmabläufen kaum lösbar sind. Hier zeichnet sich bereits die Notwendigkeit des Einsatzes selbstlernender Systeme ab. Erst mit den Mitteln der Künstlichen Intelligenz wie etwa neuronalen Netzstrukturen können hier durchgreifende Erfolge erzielt werden. Die folgenden Kapitel geben eine Einführung in diese bahnbrechende Technologie

Kapitel 16 • Künstliche Intelligenz

Die wissenschaftliche Erforschung der Künstlichen Intelligenz wird bereits seit Jahrzehnten vorangetrieben. Die Intelligenz und ihre künstliche oder technische Nachbildung ist eines der komplexesten und interessantesten Teilgebiete in der Informatik. Das Thema ist zum einen sehr umfangreich und andererseits auch nur schwer einzugrenzen. Man kann sogar soweit gehen und behaupten, dass alle nicht-mechanischen Fähigkeiten von Maschinen als KI angesehen werden können. Beginnend mit einfachen Taschenrechnern über hochentwickelte Suchalgorithmen, vom Schach- oder Damespielen bis hin zum autonomen Autofahren oder dem Lösen komplexer Denkaufgaben: Immer ist eine gewisse Form von Intelligenz erforderlich, um die entsprechenden Aufgaben zu meistern.

In dieser Hinsicht ist die KI auch ein durchaus bewegliches Ziel. So war selbst das Ausführen der Grundrechenarten lange Zeit ein Privileg gebildeter Bürgerschichten, die sich selbst zweifelsfrei ein hohes Maß an Bildung und eben auch Intelligenz zusprachen. Seit dem Aufkommen der ersten Taschenrechner wurden Addieren, Subtrahieren, Multiplizieren und Dividieren dagegen nur noch als einfache Routineaufgaben angesehen. Die Arithmetik wurde also im wörtlichen Sinne zur reinen maschinellen Rechenleistung.

Das Schachspiel galt lange als Königsdisziplin des strategischen Denkens. Exzellente Schachmeister wurden als Musterbeispiele für hochintelligenter Denker angesehen, die einen hervorragenden Sinn für Spielplanung und Strategie haben. Seit Schachcomputer den amtieren Schachmeister geschlagen haben, gilt das Spiel aber nur noch als rechenintensive Planungsaufgabe, die letztendlich keine Intelligenz erfordert. Wieder wurde eine ehemalige Intelligenzleistung zur reinen Rechenarbeit degradiert.

Sprach- und Handschriftenerkennung galten immer als Intelligenz erfordernde Aufgaben. Seit Maschinen auch hier praktisch menschliches Niveau erreichen, werden diese Fähigkeiten als reine Mustererkennung aufgefasst, lösbar durch – reine Rechenleistung.

Die Vorstellung darüber, was unter "echter KI" zu verstehen ist, hat sich zudem im Laufe der Jahre immer wieder verändert. Generell besteht die Tendenz, ehemals als intelligente Leistungen angesehene Fähigkeiten nur noch als reine Rechenpower zu betrachten, sobald sie von Maschinen erledigt werden können. In diesem Sinne wird vielleicht immer unklar bleiben, wo die reine algorithmische Rechenarbeit endet und die "echte" Intelligenzleistung beginnt.

16.1 Ein kurzer Blick in die Geschichte

Der Begriff Künstliche Intelligenz tauchte erstmals 1956 auf einer wissenschaftliche Konferenz in Dartmouth (USA) auf. Die Frage, ob Maschinen wirklich denken können, wurde aber bereits viel früher diskutiert. In einem vielzitierten Artikel mit dem Titel "As We May Think" wurde bereits 1945 ein System vorgeschlagen, welches Wissensverarbeitung und das Verständnis für tiefer gehenden Denkweisen des Menschen verbessern sollte. Wenige Jahre später schrieb Alan Turing einen Artikel darüber, dass Maschinen Menschen emulieren könnten und in der Lage sein sollten, auch Aufgaben zu übernehmen, die ein hohes Maß an Intelligenz erfordern. Turing nannte in diesem Zusammenhang auch ausdrücklich das Schachspiel.

Seitdem sind die Fähigkeit eines Computers zu extremen Rechenleistungen zwar unbestritten, dennoch wird bis heute bezweifelt, ob eine Maschine wirklich "intelligent denken" kann. Dies ist allein schon darin begründet, dass die genaue Definition der Begriffe "Denken" und "Intelligenz" problematisch ist. Die wichtigsten Fortschritte in den letzten sechzig Jahren lagen im Bereich der Algorithmen für maschinelles Lernen. Viele Durchbrüche in der KI sind für die meisten Menschen gar nicht erkennbar. KI wird häufig auf sehr subtile Weise eingesetzt, beispielsweise zur Untersuchung der Kaufhistorie und anschließenden Beeinflussung von Kaufentscheidungen.

Wie in der Einleitung bereits angedeutet, existiert durchaus die Tendenz, jeweils neu zu definieren, was "intelligent" bedeutet, sobald Maschinen eine bestimmte Aufgabe oder ein Problem gemeistert haben. Dieser sogenannte "KI-Effekt" führte in den 1980er Jahren sogar beinahe zum Untergang der KI-Forschung. Der sogenannte erste "KI-Winter" war die Folge. Im Bereich der KI schienen die Erwartungen immer die Realität zu übertreffen. Nach jahrzehntelanger Forschung hat noch kein Computer den Turing-Test wirklich bestanden. Es ist also noch keinem KI-System gelungen, sich in einem Dialog als Mensch auszugeben, ohne dass andere Menschen dies bemerken würden. Sogenannte Expertensysteme konnte sicher gewisse Erfolge verbuchen, wirklich durchgesetzt haben sie sich aber nicht.

Um die Zukunft der KI besser verstehen zu können, ist es daher sicherlich nützlich, einen Blick auf ihre Geschichte zu werden. Im Folgenden sind daher einige wichtige Meilensteine der KI-Historie zusammen gefasst:

1956: Der Begriff "KI" taucht erstmals auf
Wissenschaftler prägen den Begriff auf einer Konferenz am Dartmouth College in New Hampshire. Man geht davon aus, dass Computer menschliche Intelligenz "simulieren" können. Der "Logic Theorist", ein Programm, das mathematische Theoreme beweisen kann, wird während der Konferenz weiterentwickelt.

1966: Erster "Chatbot"
Am MIT (Massachusetts Institute of Technology) entsteht ein Computerprogramm, das über Tastatur und Bildschirm mit Menschen kommunizieren kann. "ELIZA" hat die Aufgabe, einen Psychotherapeuten zu simulieren. Viele Gesprächspartner sind davon überrascht, wie gut ELIZA die Illusion eines menschlichen Gesprächspartners erzeugt.

1972: Erste medizinische Anwendungen
Expertensysteme werden zur Diagnose und Behandlung von Krankheiten eingesetzt. Computerprogramme, die umfangreiches Wissen über ein medizinisches Spezialgebiet in einer Datenbank speichern, werden in Kliniken und Arztpraxen eingesetzt.

1986: Computer lernen sprechen
Über Phonemketten sind Rechner erstmals in der Lage, Wörter sowohl zu lesen als auch verständlich auszusprechen. Dabei kommt eine frühe Version eines künstlichen neuronalen Netzes zum Einsatz.

1997: Ein Computer schlägt den Schachweltmeister
Der KI-Schachcomputer "Deep Blue" von IBM besiegt den amtierenden Schachweltmeister Garry Kasparov in einem regelkonformen Turnier. Dies gilt als historischer Erfolg in einem Gebiet, das zuvor von Menschen dominiert wurde. Kritiker bemängeln jedoch, dass Deep Blue nur durch Berechnung sehr vieler möglicher Spielzüge und nicht durch kognitive Intelligenz gewonnen hat.

2011: AI tritt in den Alltag ein
Technologiesprünge im Hard- und Softwarebereich ebnen der künstlichen Intelligenz den Weg in den Alltag. Leistungsstarke Prozessoren und Grafikkarten in Computern, Smartphones und Tablets bieten Verbrauchern Zugriff auf KI-Anwendungen. "Intelligente" Digitale Assistenten erfreuen sich zunehmender Beliebtheit: Apples "Siri" kommt 2011 auf den Markt, Microsoft zieht 2014 mit der "Cortana"-Software nach und Amazon stellt 2015 den Sprachdienst "Alexa" vor.

2011: AI "Watson" gewinnt Quizshow
Das Computerprogramm "Watson" konkurriert in einer US-amerikanischen TV-Quizshow in Form eines animierten Bildschirmsymbols und gewinnt gegen die menschlichen Spieler. Damit beweist Watson, dass er natürliche Sprache versteht und schwierige Fragen schnell beantworten kann.

2018: AI diskutiert über Raumfahrtprojekte und vereinbart Friseurtermine
Zwei Beispiele im Bereich der Alltagskommunikation zeigen das Potential künstlicher Intelligenz: Der "Project Debater" von IBM diskutierte komplexe Themen mit Experten und glänzte mit bemerkenswerten Argumentationsketten. Google demonstrierte auf einer Konferenz, wie das AI-Programm "Duplex" bei einem Friseur anruft und einen Termin vereinbart. Die Gesprächspartnerin am anderen Ende der Leitung bemerkte dabei offensichtlich nicht, dass sie mit einer Maschine sprach.

Trotz dieser jahrzehntelanger Forschung steckt die KI in vielen Bereichen immer noch in den Kinderschuhen. Sie muss wesentlich zuverlässiger, manipulationssicherer und fehlertoleranter werden, bevor so sensible Bereiche wie autonomes Fahren oder die medizinische Diagnostik von Computersystemen übernommen werden können. Ein weiteres wichtiges Ziel besteht darin, dass KI-Systeme soweit transparent werden, dass ihre Entscheidungen von Menschen nachvollzogen werfen können. Falls von KI-Systemen getroffene Entscheidungen, beispielsweise über die Vergabe eines Kredits oder die Diagnose eines Krebserkrankung, anhand eines Computertomogramms nicht detailliert nachvollziehbar sind, wird die KI niemals eine wirkliche Akzeptanz im Alltagsleben erreichen.

16.2 Anwendungen und Errungenschaften der KI

Ob Maschinen irgendwann menschliches Intelligenzniveau erreichen, bleibt wohl noch eine hochgradig umstrittene Frage. Vielleicht noch interessanter ist die Überlegung, ob der technologische Fortschritt sogar einmal dazu führt, dass eine Maschinenintelligenz die gesamte Intelligenz der Menschheit übertrifft. Dieses Ereignis wird häufig auch als "Technologische Singularität" bezeichnet. Vorläufig wird dieser Gedanke oft noch als Science-Fiction abgetan. Es ist jedoch fraglich, wie lange diese Ansicht noch vertreten werden kann. Mit dem

Erreichen der "Technologischen Singularität" wird eine explosionsartige Verbesserung der Künstlichen Intelligenz erwartet. Sind intelligente Maschinen oder Roboter erst einmal in der Lage, sich selbst weiter zu entwickeln und zu optimieren, ist eine "Intelligenzexplosion" unter ungünstigen Umständen eventuell gar nicht mehr aufzuhalten.

Die zentrale Frage ist, ob sich eine Künstliche Intelligenz alle intellektuellen Fähigkeiten des Menschen aneignen kann. Wenn diese Möglichkeit wirklich real wird, wäre dies mit gewaltigen Auswirkungen auf unser Leben, die Gesellschaft und die Menschheit insgesamt verbunden. Inzwischen ist vollkommen klar, dass KI-Systeme viele einzelne Aufgaben besser lösen als der Mensch. Hier wird meist von schwacher KI gesprochen. Starke KI hat dagegen das Ziel, die Fähigkeiten des menschlichen Gehirns mit allen Details nachzuahmen. Bis hin zu einem eigenen Bewusstsein sollen sämtliche kognitive Eigenschaften auch auf emotionaler Ebene implementiert werden. Dazu sind aktuell weltweit Forschungsaktivitäten im Gang, die den menschlichen Verstand entschlüsseln und so die letzten Rätsel des Geistes lüften sollen.

Als interessante Beispiele für schwache KI gelten gewonnene Spielpartien gegen die jeweils in ihren Disziplinen führenden menschlichen Spieler. Hier sind es vor allem vier historische Meilensteine, die besondere Beachtung gefunden haben:

- Im Jahr 1997 verlor Garry Kasparow in einem regulären Schachturnier gegen den Supercomputer "Deep Blue".

- 2011 triumphierte der IBM-Computer "Watson" über seine menschlichen Gegenspieler in der US-amerikanischen Quizshow Jeopardy. Bei diesem Spiel mit drei Kandidaten gewinnt, wer als Erster einen Knopf betätigt und dann dann richtig antwortet. Dabei spielen nicht nur Allgemeinwissen, sondern auch das Erkennen komplexer Zusammenhänge und geistige Assoziationen sowie Ironie und Sprachwitz eine entscheidende Rolle. Watson schlug seine Konkurrenten mit großem Abstand.

- Das jahrtausendealte asiatische Brettspiel "Go" war in der westlichen Welt kaum bekannt, bis Software mit der Bezeichnung "AlphaGo" im Jahr 2015 den amtierenden Weltmeister schlug. Das Spiel ist weist deutlich mehr Varianten auf als Schach. Mit einer simplen Vorausberechnung von Spielzüge hat man daher kaum Erfolgsaussichten. Mit Hilfe von KI-Methoden gelang dann jedoch das scheinbar Unmögliche. Von besonderer Bedeutung war ein sehr spezieller Spielzug, bei welchem erst viel später klar wurde, wie brillant er war. In diesem Zusammenhang sprechen viele Experten bereits von Kreativität und Intuition seitens der Maschine.

- Nur wenig später erlernte ein Nachfolgesystem das Spiel sogar ohne jegliche menschliche Unterstützung. Damit erreichten selbstlernende Maschinen eine ganz neue Ebene. Nun war kein aufwändiges Training mit menschlichen Gegenspielern mehr nötig. Das neue System erschloss sich die Möglichkeiten des Spiels, erzeugte eine Statistik zielführender Züge und entwickelte sogar eine eigene Strategie.

Schach und Go ist gemeinsam, dass den Spielern alle Informationen offen vorliegen. Prinzipiell ist zumindest beim Schachspiel reine Rechenleistung ausreichend, um zu gewinnen. Beim Poker dagegen handelt es sich um ein Spiel mit unvollständigen Informationen. "Intuition" und die Einschätzung anderer Spieler sind hier von besonderer Bedeutung. Dennoch gelangen den Maschinen auch hier entscheidende Erfolge. Das System hat sich das Spiel ebenfalls wieder selbst beigebracht und entwickelte sogar vollkommen eigenständig die Fähigkeit zu bluffen.

Die beim Poker gewonnenen Einsichten können auch in anderen Bereichen wie der medizinischen Diagnostik oder in professionellen Verhandlungstechniken eingesetzt werden. Die Intuition spielt auch hier häufig eine entscheidende Rolle. So sind Medizinstudenten erfahrenen Ärzten bei der Diagnose von Krankheiten deutlich unterlegen. Auch in der Finanzwirtschaft und in der Wertpapieranlage finden sich zunehmend Anwendungen für die Erkenntnisse aus den Siegen der Computer im Pokerspiel. Aber auch in anderen Gebieten werden die KI-Resultate inzwischen täglich eingesetzt, u. a.

- in der Spracherkennung und maschinellen Sprachübersetzungen
- in der medizinischen Diagnose
- in Suchmaschinen
- zur Optimierung von Verkaufsstrategien
- in wissenschaftlich-technischen Anwendungen in der Astro- und Geophysik
- zur Prognose vom Aktien- und Devisenkursen
- zur Handschrifterkennung
- in der Gesichts- und Fingerabdruckerkennung

Erst die Zukunft wird zeigen, ob überhaupt geistige Leistungen existieren, welche nicht auch von technischen Systemen erbracht werden können.

16.3 KI-Praxis mit Python

Einige grundlegende Beispiele für KI-Anwendungen können bereits mit vergleichsweise einfacher Hardware durchgeführt werden. Zu den klassischen Beispielen gehört dabei die Objekt- und Gesichtserkennung. Diese beiden Aufgaben können schon mit der Rechenleistung eines Raspberry Pi gelöst werden.

Wird Python als Programmiersprache verwendet, stehen umfangreiche Bibliotheken wie etwa

openCV (cv2)
numpy

zur Verfügung. Damit können mit geringem Programmieraufwand bereits recht anspruchsvolle Projekte umgesetzt werden. Im Folgenden sollen zwei Anwendungen näher vorgestellt werden, zum einen die allgemeine Objekterkennung und zum anderen die Gesichtserkennung.

16.4 Objekterkennung

Eine wichtige Anwendung der KI ist die Bild- und Objekterkennung. Diese Technologie wird insbesondere auch in der Robotik verwendet. Mit einer simplen Kamera wie etwa einer WebCam oder der RasPi-Cam können bereits einfachere Computer-Visions-Projekte realisiert werden. Die Kamera wird dabei zu einem ganz speziellen Sensor, mit dem die Umgebung eines Roboters schnell und effizient abgescannt werden kann. In autonomen Fahrzeugen werden häufig Weitwinkelkameras verwendet, um Schlüsselobjekte oder Straßenmarkierungen zu identifizieren. In diesem Kapitel soll ein System aufgebaut werden, das ausgewählte Objekte erfassen und verfolgen kann.

In einer späteren Anwendung soll das Projekt dann so erweitert werden, dass ein Roboterfahrzeug wie etwa der PiCar-V einem Objekt, beispielsweise einem auffälligen roten Ball, folgen kann. Das erste Ziel besteht darin, die relative Position des Objekts in einem Kamerabild zu erfassen. Diese Daten können später für die Objektverfolgung durch einen Roboter verwendet werden. Mit der entsprechenden Software ist eine an den Raspberry angeschlossene Kamera somit auch für Sensorik- und insbesondere auch für Robotikzwecke verwendbar.

Neben dem passenden Treiber für die Kamera wird nur noch die Software für das Auslesen und Verarbeiten der Bildinformationen benötigt. Mit der OpenCV-Bibliothek steht ein Softwarepaket zur Verfügung, das für Muster und speziell Gesichtserkennungs-Anwendungen bestens geeignet ist. Die Bezeichnung OpenCV steht dabei für Open **C**omputer **V**ision. Die Funktionen dieser Bibliothek erlauben auch den direkten Zugriff auf die Kamera unter Python.

Das OpenCV-Paket kann mit den folgenden Anweisungen installiert werden:

```
sudo -i
apt-get update
apt-get install libopencv-dev
apt-get install python-opencv
```

Das Paket umfasst einige 100 MByte, sodass der Download einige Zeit in Anspruch nehmen kann.

Anhand von zwei Python-Programmen (s. a. Downloadpaket) können nun die Bilderkennungsverfahren genauer betrachtet werden. Das erste Programm (ball_tracker_video.py) erlaubt die Verfolgung eines roten Balles mit Hilfe einer Webcam:

```
# ball_tracker_video.py
# Python V2.7
# for Pi-Car cam

from time import sleep
import cv2
import cv2.cv as cv
```

```
import numpy as np

# set parameter
show_image_enable    = True
draw_circle_enable   = True

kernel = np.ones((5,5),np.uint8)
img = cv2.VideoCapture(-1)

SCREEN_WIDTH = 160
SCREEN_HIGHT = 120
img.set(3,SCREEN_WIDTH)
img.set(4,SCREEN_HIGHT)
CENTER_X = SCREEN_WIDTH/2
CENTER_Y = SCREEN_HIGHT/2
BALL_SIZE_MIN = SCREEN_HIGHT/10
BALL_SIZE_MAX = SCREEN_HIGHT/3

# Filter settings
hmn = 12
hmx = 37
smn = 96
smx = 255
vmn = 186
vmx = 255

follow_mode = 0
# 0 = step by step(slow, stable),
# 1 = calculate the step(fast, unstable)

CAMERA_STEP = 2
CAMERA_X_ANGLE = 20
CAMERA_Y_ANGLE = 20

def nothing(x):
    pass

def main():
    print "Begin!"
    while True:
        x = 0             # x initial in the middle
        y = 0             # y initial in the middle
        r = 0             # ball radius initial to 0 (no balls if r <
                          # ball_size)

        for i in range(10):
```

```
            (tmp_x, tmp_y), tmp_r = find_blob()
            if tmp_r > BALL_SIZE_MIN:
                x = tmp_x
                y = tmp_y
                r = tmp_r
                break

        print x, y, r

def destroy():
    img.release()

def test():
    fw.turn(90)

def find_blob() :
    radius = 0
    # Load input image
    _, bgr_image = img.read()
    orig_image = bgr_image
    bgr_image = cv2.medianBlur(bgr_image, 3)
    hsv_image = cv2.cvtColor(bgr_image, cv2.COLOR_BGR2HSV)
    lower_red_hue_range = cv2.inRange(hsv_image, (0, 100, 100), (10, 255,
    255))
    upper_red_hue_range = cv2.inRange(hsv_image, (160, 100, 100), (179, 255,
    255))
    red_hue_image = cv2.addWeighted(lower_red_hue_range, 1.0, upper_red_hue_
    range, 1.0, 0.0)
    red_hue_image = cv2.GaussianBlur(red_hue_image, (9, 9), 2, 2)
    circles = cv2.HoughCircles(red_hue_image, cv.CV_HOUGH_GRADIENT, 1, 120,
    100, 20, 10, 0);

    # Loop over all detected circles and outline them on the original image
    all_r = np.array([])
    if circles is not None:
        for i in circles[0]:

            all_r = np.append(all_r, int(round(i[2])))
        closest_ball = all_r.argmax()
        center=(int(round(circles[0][closest_ball][0])),
        int(round(circles[0][closest_ball][1])))
        radius=int(round(circles[0][closest_ball][2]))
        if draw_circle_enable:
            cv2.circle(orig_image, center, radius, (0, 255, 0), 5);

    # Show images
```

```
        if show_image_enable:
            cv2.namedWindow("Threshold lower image", cv2.WINDOW_AUTOSIZE)
            cv2.imshow("Threshold lower image", lower_red_hue_range)
            cv2.namedWindow("Threshold upper image", cv2.WINDOW_AUTOSIZE)
            cv2.imshow("Threshold upper image", upper_red_hue_range)
            cv2.namedWindow("Combined threshold images", cv2.WINDOW_AUTOSIZE)
            cv2.imshow("Combined threshold images", red_hue_image)
            cv2.namedWindow("Detected red circles on the input image", cv2.
            WINDOW_AUTOSIZE)
            cv2.imshow("Detected red circles on the input image", orig_image)

        k = cv2.waitKey(5) & 0xFF
        if k == 27:
            return (0, 0), 0
        if radius > 3:
            return center, radius;
        else:
            return (0, 0), 0


    if __name__ == '__main__':
        try:
            main()
        except KeyboardInterrupt:
            destroy()
```

Nach dem Start des Programms werden vier Kamera-Fenster geöffnet:

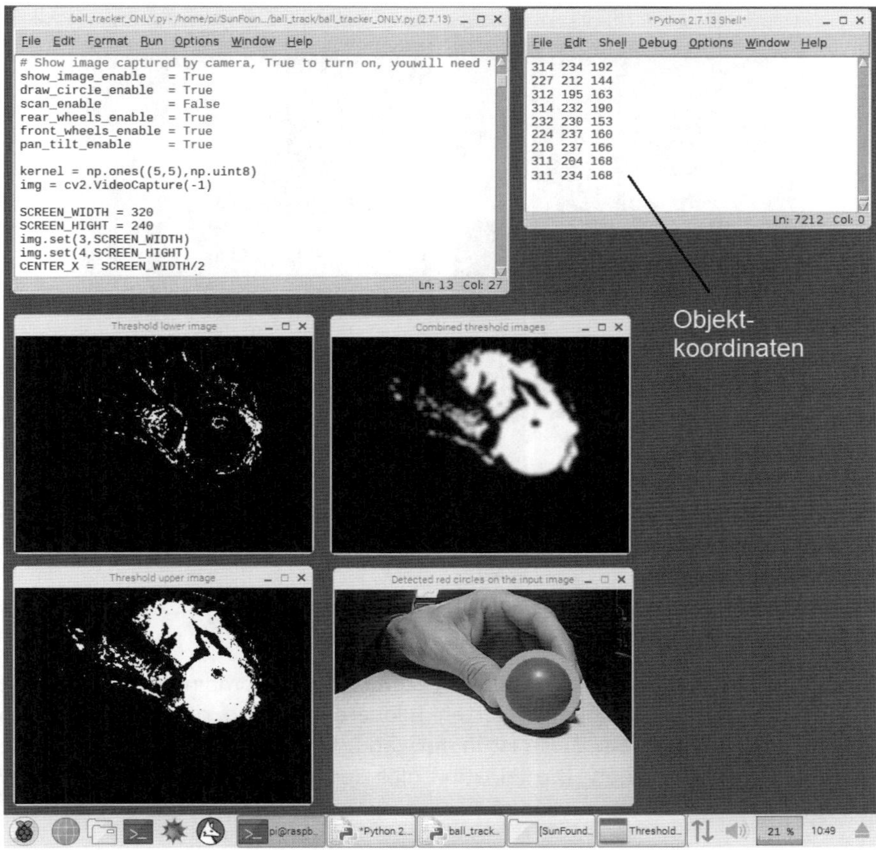

Abbildung 16.1: Objekterkennung in Aktion

Die einzelnen Fenster verdeutlichen die Einzelschritte der Bildverarbeitung:

1. Threshold lower image
2. Threshold upper image
3. Combined threshold images
4. Detected red circles on the input image

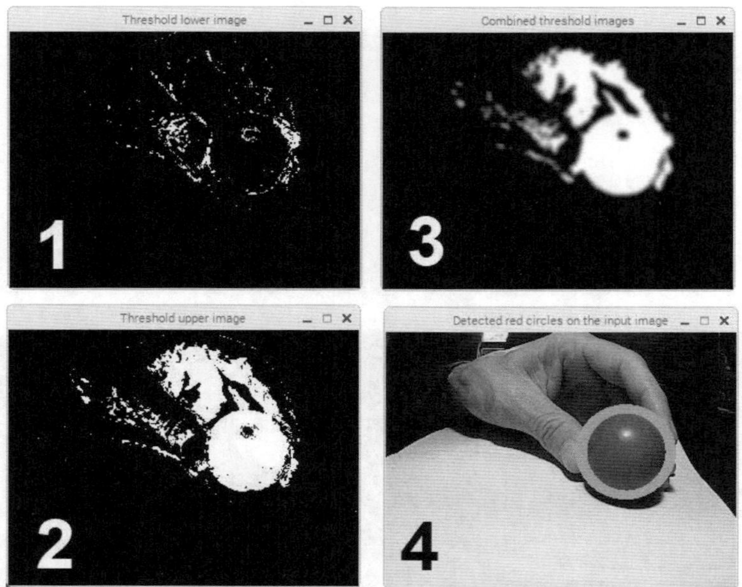

Abbildung 16.2: Bildverarbeitungsschritte

Die Einzelschritte stellen den unteren, den oberen und den kombinierten Schwellwert für die Objekterkennung dar. Die kombinierten Bilddaten werden dann einer Hough-Circle-Transformation unterworfen. Diese ist in der Lage, kugel- bzw. kreisförmige Objekte in Bild- und Videodaten zu finden. Die Funktion gibt den Mittelpunkt des Kreise (x, y) und seinen Radius zurück.

Diese Daten werden schließlich in der Shell ausgegeben (s. Abb. 16.1). Hier kann man so die Bewegung des Balls anhand von numerischen Daten nachverfolgen. Im nächsten Kapitel werden diese Daten dann zur Steuerung eine autonomen Fahrzeugs herangezogen.

16.5 Gesichtserkennung

Einfachere KI-Anwendungen benötigen keine exorbitanten Rechenleistungen. Bereits auf einem Raspberry Pi sind Anwendungen wie Muster- und Gesichtserkennung bis hin zur Gesichtswiedererkennung möglich. Gesichtserkennung bedeutet dabei, dass der Rechner in der Lage ist, ein Gesicht in einem Bild zu finden und zu markieren. Die Gesichtswiedererkennung ist bereits deutlich aufwändiger und erlaubt es, das Gesicht einer bestimmten Person auf einem Bild oder in einer Videosequenz zu erkennen. Hierfür sind allerdings umfangreiche Trainingsdatensätze erforderlich.

Um einen Eindruck der Fähigkeiten der Raspberry Pi in der Gesichtserkennung zu erhalten, kann man das folgende Python-Programm starten (s. auch Downloadpaket):

```
import io
import picamera
import cv2
```

```
import numpy

#Create a memory stream so photos doesn't need to be saved in a file
stream = io.BytesIO()

#Get the picture (low resolution, so it should be quite fast)
#Here you can also specify other parameters (e.g.:rotate the image)
with picamera.PiCamera() as camera:
    camera.resolution = (320, 240)
    camera.capture(stream, format='jpeg')

#Convert the picture into a numpy array
buff = numpy.fromstring(stream.getvalue(), dtype=numpy.uint8)

#Now creates an OpenCV image
image = cv2.imdecode(buff, 1)

#Load a cascade file for detecting faces
face_cascade = cv2.CascadeClassifier('/usr/share/opencv/haarcascades/
haarcascade_frontalface_alt.xml')

#Convert to grayscale
gray = cv2.cvtColor(image,cv2.COLOR_BGR2GRAY)

#Look for faces in the image using the loaded cascade file
faces = face_cascade.detectMultiScale(gray, 1.1, 5)

print "Found "+str(len(faces))+" face(s)"

#Draw a rectangle around every found face
for (x,y,w,h) in faces:
    cv2.rectangle(image,(x,y),(x+w,y+h),(255,255,0),2)

#Save the result image
cv2.imwrite('result.jpg',image)
```

Nach dem Start des Programms nimmt die PiCam ein Bild auf. Falls sich darauf ein Gesicht in Frontalansicht befindet, wird dieses erkannt und markiert. Die Variable faces wird für jedes gefundene Antlitz um den Wert 1 erhöht. Die Position und Größe jedes Gesichts wird in den folgenden Parametern gespeichert:

x: Position in x-Richtung
y: Position in y-Richtung
w: Breite des Gesichts
h: Höhe des Gesichts

Damit wird das Gesicht mit einem grünen Rechteck markiert. Die folgende Abbildung zeigt ein entsprechendes Ergebnis.

Abbildung 16.3: OpenCV: Gesicht erkannt!

OpenCV verwendet für die Gesichtserkennung sogenannte Beschreibungsdateien. Diese basieren auf einer großen Anzahl von Bildern und enthalten die charakteristischen Merkmale eines Musters, also beispielsweise eines menschlichen Gesichts. OpenCV enthält mehrere solcher Dateien. Für die Gesichtserkennung wird die Version

```
'/usr/share/opencv/haarcascades/haarcascade_frontalface_alt.xml'
```

verwendet, die sich für Frontalaufnahmen eignet.

Die Funktionsweise der Bilderkennung beruht darauf, dass zunächst ein sogenannter Klassifikator eintrainiert wird. Dies ist ein klassisches Verfahren der KI. Dazu wird eine Datenbank mit mindestens 1.000 Bildern von Gesichtern in Frontaldarstellung erstellt. Diese Bilder werden entsprechend als positive Ergebnisse markiert. Zusätzlich kann auch noch eine Reihe von Bildern ohne Gesichter als Negativergebnisse verwendet werden. Nach Abschluss der Trainingsphase ist das Programm dann in der Lage, auch Gesichter auf Bildern zu erkennen, die auf keinem der Abbildungen des Trainingssatzes vorhanden waren.

Datensätze als Basis für die Bilderkennung sind in großem Umfang vorhanden. Sie existieren nicht nur für Gesichter, sondern auch für den gesamten menschlichen Körper oder auch für Fahrzeuge oder Nummernschilder. Ist damit erst einmal ein Training durchgeführt und die entsprechende XML-Datei vorhanden, ist es für den Raspberry kein Problem mehr, die entsprechenden Muster in einem Bild zu erkennen.

Kapitel 17 • Intelligente Roboter

Ob Roboter ohne jegliche Intelligenz bereits echte Roboter sind oder eher einfache Maschinen, wird immer eine vieldiskutierte Frage bleiben. Ohne Zweifel werden Roboter in naher Zukunft aber über immer mehr eigene Intelligenz verfügen. Sowohl im Bereich der Sensorik und der Datenerfassung als auch in der Motorik und in der Kommunikation werden intelligente Subsysteme immer größere Bedeutung erlangen.

Die Sensortechnik hat in den letzten Jahrzehnten enorme Fortschritte gemacht. Vor der Jahrtausendwende wurden die verschiedenen Sensoren meist einzeln ausgewertet. Erst als die entsprechende Computertechnologie und leistungsfähige Analog/Digitalconverter zu moderaten Preisen verfügbar wurden, konnten Messwerte in größerem Umfang aufgezeichnet werden. Nun wurde es möglich, ganze Sensor-Arrays schnell und effizient auszulesen. Anstelle einzelner Photodioden werden nun ganze Kamerabilder erfasst und ausgewertet. In diesem Kapitel soll daher der Schritt vom einfachen Lichtsucher (s. Abschnitt 12.3) zur Objektverfolgung dargelegt werden.

17.1 Der elektronische Jagdhund: Verfolgung eines rollenden Balls

Die meisten Hunde haben einen ausgeprägten Jagdtrieb. Sie verfolgen daher alle flüchtigen Objekte, egal ob es sich um Hasen oder um Gummibälle handelt. Die Verfolgung eines Balles kann dabei in recht aufschlussreicher Weise als Musterbeispiel für die Objekterkennung und -verfolgung dienen.

In diesem Kapitel soll daher ein Roboterfahrzeug vorgestellt werden, das in der Lage ist, einen rollenden Ball zu verfolgen. Als Roboterbasis kann wieder das Pi-Car V Chassis dienen. Der Hardware-Aufbau ist dabei identisch zum bereits im Kapitel 12.8 dargelegten Kamera-Mobil.

Zunächst soll jedoch näher auf die Bilderkennung eingegangen werden. Dazu muss der Raspberry Pi jedoch mit einem HDMI-Bildschirm verbunden werden. Die Raspberry-Platine muss hierfür vom Chassis abmontiert werden, da sonst der HDMI-Stecker nicht eingesteckt werden kann. Alternativ kann das Controllerboard auch mit längeren Abstandshaltern befestigt werden. Zusätzlich sollten auch eine USB-Tastatur und eine Maus angeschlossen werden. Nun kann man den Pi sehr komfortabel bedienen und zusätzlich das Video-Bild der WebCam direkt betrachten.

Über Idle kann man dann das folgende Python2-Programm starten (s. a. Downloadpaket). Die Hinterräder des Pi-Cars sollten dabei noch nicht den Boden berühren, um ein unerwünschtes Anfahren des Fahrzeugs zu verhindern. Gegebenenfalls ist hier ein geeigneter Holzblock oder Ähnliches unterzulegen. Zudem ist darauf zu achten, dass der Parameter

```
show_image_enable   = True
```

im Programm korrekt gesetzt ist, da ansonsten die Videobilder nicht ausgegeben werden:

```
# ball_tracker.py
# python 2.7
# Pi-Car follows a red ball

from picar import front_wheels, back_wheels
from picar.SunFounder_PCA9685 import Servo
import picar
from time import sleep
import cv2
import cv2.cv as cv
import numpy as np
import picar

picar.setup()
# Show image captured by camera, True to turn on, youwill need #DISPLAY and
# it also slows the speed of tracking
show_image_enable   = True
draw_circle_enable  = True
scan_enable         = False
rear_wheels_enable  = True
front_wheels_enable = True
pan_tilt_enable     = True

kernel = np.ones((5,5),np.uint8)
img = cv2.VideoCapture(-1)

SCREEN_WIDTH = 160
SCREEN_HIGHT = 120
img.set(3,SCREEN_WIDTH)
img.set(4,SCREEN_HIGHT)
CENTER_X = SCREEN_WIDTH/2
CENTER_Y = SCREEN_HIGHT/2
BALL_SIZE_MIN = SCREEN_HIGHT/10
BALL_SIZE_MAX = SCREEN_HIGHT/3

# Filter setting, DONOT CHANGE
hmn = 12
hmx = 37
smn = 96
smx = 255
vmn = 186
vmx = 255

# camera follow mode:
# 0 = step by step(slow, stable),
# 1 = calculate the step(fast, unstable)
```

```
follow_mode = 1

CAMERA_STEP = 2
CAMERA_X_ANGLE = 20
CAMERA_Y_ANGLE = 20

MIDDLE_TOLERANT = 5
PAN_ANGLE_MAX   = 170
PAN_ANGLE_MIN   = 10
TILT_ANGLE_MAX  = 150
TILT_ANGLE_MIN  = 70
FW_ANGLE_MAX    = 90+30
FW_ANGLE_MIN    = 90-30

SCAN_POS = [[20, TILT_ANGLE_MIN], [50, TILT_ANGLE_MIN], [90, TILT_ANGLE_
MIN], [130, TILT_ANGLE_MIN], [160, TILT_ANGLE_MIN],
            [160, 80], [130, 80], [90, 80], [50, 80], [20, 80]]

bw = back_wheels.Back_Wheels()
fw = front_wheels.Front_Wheels()
pan_servo = Servo.Servo(1)
tilt_servo = Servo.Servo(2)
picar.setup()

fw.offset = 0
pan_servo.offset = 10
tilt_servo.offset = 0

bw.speed = 0
fw.turn(90)
pan_servo.write(90)
tilt_servo.write(90)

motor_speed = 60

def nothing(x):
    pass

def main():
    pan_angle = 90              # initial angle for pan
    tilt_angle = 90             # initial angle for tilt
    fw_angle = 90

    scan_count = 0
    print "Begin!"
    while True:
```

```
x = 0              # x initial in the middle
y = 0              # y initial in the middle
r = 0              # ball radius initial to 0(no balls if r <
                   # ball_size)

for i in range(10):
    (tmp_x, tmp_y), tmp_r = find_blob()
    if tmp_r > BALL_SIZE_MIN:
        x = tmp_x
        y = tmp_y
        r = tmp_r
        break

print x, y, r

# scan:
if r < BALL_SIZE_MIN:
    bw.stop()
    if scan_enable:
        #bw.stop()
        pan_angle = SCAN_POS[scan_count][0]
        tilt_angle = SCAN_POS[scan_count][1]
        if pan_tilt_enable:
            pan_servo.write(pan_angle)
            tilt_servo.write(tilt_angle)
        scan_count += 1
        if scan_count >= len(SCAN_POS):
            scan_count = 0
    else:
        sleep(0.1)

elif r < BALL_SIZE_MAX:
    if follow_mode == 0:
        if abs(x - CENTER_X) > MIDDLE_TOLERANT:
            if x < CENTER_X:                              # Ball is on left
                pan_angle += CAMERA_STEP
                #print "Left   ",
                if pan_angle > PAN_ANGLE_MAX:
                    pan_angle = PAN_ANGLE_MAX
            else:                                        # Ball is on right
                pan_angle -= CAMERA_STEP
                #print "Right  ",
                if pan_angle < PAN_ANGLE_MIN:
                    pan_angle = PAN_ANGLE_MIN
        if abs(y - CENTER_Y) > MIDDLE_TOLERANT:
            if y < CENTER_Y :                            # Ball is on top
```

```
                tilt_angle += CAMERA_STEP
                #print "Top    "
                if tilt_angle > TILT_ANGLE_MAX:
                    tilt_angle = TILT_ANGLE_MAX
            else:                                      # Ball is on bottom
                tilt_angle -= CAMERA_STEP
                #print "Bottom "
                if tilt_angle < TILT_ANGLE_MIN:
                    tilt_angle = TILT_ANGLE_MIN
    else:
        delta_x = CENTER_X - x
        delta_y = CENTER_Y - y
        #print "x = %s, delta_x = %s" % (x, delta_x)
        #print "y = %s, delta_y = %s" % (y, delta_y)
        delta_pan = int(float(CAMERA_X_ANGLE) / SCREEN_WIDTH *
        delta_x)
        #print "delta_pan = %s" % delta_pan
        pan_angle += delta_pan
        delta_tilt = int(float(CAMERA_Y_ANGLE) / SCREEN_HIGHT *
        delta_y)
        #print "delta_tilt = %s" % delta_tilt
        tilt_angle += delta_tilt

        if pan_angle > PAN_ANGLE_MAX:
            pan_angle = PAN_ANGLE_MAX
        elif pan_angle < PAN_ANGLE_MIN:
            pan_angle = PAN_ANGLE_MIN
        if tilt_angle > TILT_ANGLE_MAX:
            tilt_angle = TILT_ANGLE_MAX
        elif tilt_angle < TILT_ANGLE_MIN:
            tilt_angle = TILT_ANGLE_MIN

    if pan_tilt_enable:
        pan_servo.write(pan_angle)
        tilt_servo.write(tilt_angle)
    sleep(0.01)
    fw_angle = 180 - pan_angle
    if fw_angle < FW_ANGLE_MIN or fw_angle > FW_ANGLE_MAX:
        fw_angle = ((180 - fw_angle) - 90)/2 + 90
        if front_wheels_enable:
            fw.turn(fw_angle)
        if rear_wheels_enable:
            bw.speed = motor_speed
            bw.backward()
    else:
        if front_wheels_enable:
```

```
                    fw.turn(fw_angle)
                if rear_wheels_enable:
                    bw.speed = motor_speed
                    bw.forward()
        else:
            bw.stop()

def destroy():
    bw.stop()
    img.release()

def test():
    fw.turn(90)

def find_blob() :
    radius = 0
    # Load input image
    _, bgr_image = img.read()

    orig_image = bgr_image

    bgr_image = cv2.medianBlur(bgr_image, 3)

    # Convert input image to HSV
    hsv_image = cv2.cvtColor(bgr_image, cv2.COLOR_BGR2HSV)

    # Threshold the HSV image, keep only the red pixels
    lower_red_hue_range = cv2.inRange(hsv_image, (0, 100, 100), (10, 255,
    255))
    upper_red_hue_range = cv2.inRange(hsv_image, (160, 100, 100), (179, 255,
    255))
    # Combine the above two images
    red_hue_image = cv2.addWeighted(lower_red_hue_range, 1.0, upper_red_hue_
    range, 1.0, 0.0)

    red_hue_image = cv2.GaussianBlur(red_hue_image, (9, 9), 2, 2)

    # Use the Hough transform to detect circles in the combined threshold
    image
    circles = cv2.HoughCircles(red_hue_image, cv.CV_HOUGH_GRADIENT, 1, 120,
    100, 20, 10, 0);

    # Loop over all detected circles and outline them on the original image
    all_r = np.array([])
    if circles is not None:
        for i in circles[0]:
```

```
                all_r = np.append(all_r, int(round(i[2])))
            closest_ball = all_r.argmax()
            center=(int(round(circles[0][closest_ball][0])),
            int(round(circles[0][closest_ball][1])))
            radius=int(round(circles[0][closest_ball][2]))
            if draw_circle_enable:
                cv2.circle(orig_image, center, radius, (0, 255, 0), 5);

        # Show images
        if show_image_enable:
            cv2.namedWindow("Threshold lower image", cv2.WINDOW_AUTOSIZE)
            cv2.imshow("Threshold lower image", lower_red_hue_range)
            cv2.namedWindow("Threshold upper image", cv2.WINDOW_AUTOSIZE)
            cv2.imshow("Threshold upper image", upper_red_hue_range)
            cv2.namedWindow("Combined threshold images", cv2.WINDOW_AUTOSIZE)
            cv2.imshow("Combined threshold images", red_hue_image)
            cv2.namedWindow("Detected red circles on the input image", cv2.
            WINDOW_AUTOSIZE)
            cv2.imshow("Detected red circles on the input image", orig_image)

        k = cv2.waitKey(5) & 0xFF
        if k == 27:
            return (0, 0), 0
        if radius > 3:
            return center, radius;
        else:
            return (0, 0), 0


    if __name__ == '__main__':
        try:
            main()
        except KeyboardInterrupt:
            destroy()
```

Nach dem Start werden wieder die bereits aus dem Kapitel 16.4 bekannten Fenster auf dem Bildschirm geöffnet. Man kann nun überprüfen, ob ein roter Ball vom System erkannt wird. Die Markierung des Balles erfolgt wieder mit einem grünen Kreis. Gegebenenfalls kann man nun die Parameter

```
# camera follow mode:
# 0 = step by step(slow, stable),
# 1 = calculate the step(fast, unstable)
```

anpassen.

Sobald der Ball erkannt wurde, sollten sich die Antriebsräder des Fahrzeugs in Bewegung setzen. Zudem folgt die Kamera über die Tilt/Pan-Servosteuerung dem Ball. Auch der Lenkservo sollte bereits Steuerbewegungen ausführen. Man kann den Ball nun manuell bewegen und beobachten, ob die Antriebs- und Servosteuerung ordnungsgemäß reagiert.
Falls alles erwartungsgemäß arbeitet, kann das Programm angehalten werden. Nun muss der Parameter

```
show_image_enable   = False
```

gesetzt werden. Damit wird die Ausgabe des Videobildes auf die HDMI-Schnittstelle unterbunden. Ansonsten würde das Programm mit der Fehlermeldung "kein Monitor vorhanden" abgebrochen. Nun kann man den Pi herunterfahren und Maus, Tastatur sowie das Monitorkabel vom Raspberry Pi trennen. Nach einem Neustart wird über WLAN eine putty-Verbindung aufgebaut und das Programm über

```
python ball_tracker.py
```

erneut gestartet.

Jetzt kann man wieder den roten Ball in das Blickfeld des Kamera bringen und der Pi-Car wird automatisch den Ball verfolgen, wenn dieser über den Boden rollt.

17.2 Autonomes Fahren mit Kamera-Unterstützung

Bereits im Abschnitt 12.2 wurde gezeigt, wie man ein Fahrzeug dazu bringen kann, einer auf dem Boden aufgemalten Linie zu folgen. Dieses Verfahren ist gut geeignet, um beispielsweise Transportroboter in einer Fabrikhalle zu steuern. Hier ist es kein Problem, gut sichtbare Linien auf dem Hallenboden aufzubringen, so dass die Fahrzeuge klaren Konturen folgen können.

In der realen Welt außerhalb einer Werkshalle liegen die Dinge etwas anders. Dort ist das Ziel eines autonomen Fahrzeugs, dass es selbständig seinen Weg auf einer bereits vorhandenen Straße findet. Die Steuerung soll also möglichst ohne spezielle Markierungen auskommen. Denn neben dem beträchtlichen Kostenfaktor für derartige Kennzeichnungen kommen hier noch weitere Nachteile ins Spiel:

- Die Markierungen können leicht verwischt werden. Bremsspuren oder Abrieb führen rasch dazu, dass die Linien nicht mehr erkennbar sind.

- Bei Eis oder Schnee können die Markierungen ebenfalls nicht mehr erkannt werden.

Wesentlich besser geeigneter sind hier also Verfahren, die ohne spezielle Optosensoren auskommen. Als Alternative bietet sich der Einsatz einer Kamera an. Die Verwendung bildgebender Verfahren hat wesentliche Vorteile:

Es sind keine Sensoren in der Nähe des Bodens erforderlich. Die Anfälligkeit dieser bodennahen Sensoren gegenüber Hindernissen und Straßenunregelmäßigkeiten ist sehr hoch, so dass sie im allgemeinen Straßenverkehr kaum praxistauglich sind.

Eine Kamera liefert ein vollständiges Bild von allem, was sich vor dem Roboterfahrzeug befindet. Man erhält also die komplette Informationen über die tatsächliche Position des Roboters relativ zu beliebigen Orientierungspunkten. Bereits vorhandene markante Linien wie etwa vorhandene Leitplanken oder aber auch der Straßenrand selbst etc. können als Orientierungshilfen dienen.

Orientierungspunkte oder -linien können nicht nur punktuell direkt am Sensor ausgewertet werden. Vielmehr kann eine Kamera auch den Verlauf und die Krümmung der Fahrbahn erfassen. Damit stehen wesentlich mehr Informationen für die Fahrzeugsteuerung zur Verfügung.

Durch die Verwendung spezieller Algorithmen, wie z. B. zur Kantenerkennung anstelle von Graustufen-Schwellenwertbildung, kann das optische System unempfindlich gegenüber Schattenbildung und Grauzonen im Erfassungsbereich gemacht werden.

Als Anwendungsbeispiel soll ein Roboterfahrzeug vorgestellt werden, das einer Markierungslinie über eine Kamera erkennt und dieser folgt. In einem nächsten Schritt könnte das System dann so erweitert werden, dass es "Straßenränder" oder Hindernisse selbständig erfasst und auswertet. Als Basissystem kann wieder das PiCar-V dienen, allerdings wird nun die Original-Raspberry Pi-Kamera eingesetzt, da diese eine bessere Bildqualität liefert als die WebCam des Pi-Cars. Die Kamera wird wie üblich mit einem Flachband-Kabel über den CAMERA-Stecker (J3) mit dem Raspberry Pi verbunden.

Abbildung 17.1: Pi-Car mit PiCam

Das zugehörige Python-Programm ist bereits recht umfangreich und wird deshalb hier nur auszugsweise wiedergegeben. Das vollständige Programm findet sich wieder im Downloadpaket.

```
#!/usr/bin/python
# Pi-Car line follower using PiCam

from picar import front_wheels, back_wheels
from picar.SunFounder_PCA9685 import Servo
import picar
from time import sleep

import io
import sys
import math

import picamera
import cv2
import numpy as np

picar.setup()

bw = back_wheels.Back_Wheels()
```

```
fw = front_wheels.Front_Wheels()

fw.offset = 12 # offset for front wheel servo

# initializing to norm position
bw.speed = 0
fw.turn(90+fw.offset)

motor_speed = 28

# set video output
VideoView = False     # or True
WINDOW_DISPLAY_IMAGE = 'robot view'

# controls to refine search
CONTROL_SCAN_RADIUS = 'Scan Radius'
CONTROL_NUMBER_OF_CIRCLES = 'Number of Scans'
CONTROL_LINE_WIDTH = 'Line Width'

# set resolution of camera image
RESOLUTION_X = 320
RESOLUTION_Y = 240

# define colors
blue  = (255, 0,0)
green = (0, 255,0)
red   = (0, 0,255)
white = (255,255,255)

# scan parameters
SCAN_RADIUS = RESOLUTION_X / 3
SCAN_HEIGHT = RESOLUTION_Y * 2 / 3
SCAN_POS_X = RESOLUTION_X / 2
SCAN_RADIUS_REG = 25
NUMBER_OF_CIRCLES = 5

def scanLine(image, display_image, point, radius):
        ...

        # baseline
        cv2.line(display_image, (scan_start, y), (scan_end, y), blue, 2)
        cv2.circle(display_image, (scan_start, y), 8, red, -1, 8, 0)
        cv2.circle(display_image, (scan_end, y), 8, green, -1, 8, 0)
        return data;

def coordinateFromPoint(origin, angle, radius):
```

```
        ...

def scanCircle(image, display_image, point, radius, look_angle):
        ...

def findInCircle(display_image, scan_data):                     ...
def inImageBounds(image, x, y):          ...
def findLine(display_image, scan_data, x, y, radius):    ...
def lineAngle(point1, point2):             ...
def      …
def      …
def      …
…


def main():

        bw.speed = motor_speed
        bw.backward()

        fw.turn(70+fw.offset)
        sleep(1)
        fw.turn(110+fw.offset)
        sleep(1)
        fw.turn(90+fw.offset)
        sleep(1)

        # Create the in-memory stream
        stream = io.BytesIO()
        # Create a window at 10,10
        if VideoView:
           cv2.namedWindow(WINDOW_DISPLAY_IMAGE)
           cv2.moveWindow(WINDOW_DISPLAY_IMAGE, 10, 10)

        # Open connection to camera
        with picamera.PiCamera() as camera:
                # Set camera resolution
                camera.resolution = (RESOLUTION_X, RESOLUTION_Y)

                # Start main loop
                while True:
                        e1 = cv2.getTickCount()
                        camera.capture(stream, format='jpeg',
                        use_video_port=True)
                        data = np.fromstring(stream.getvalue(), dtype=np.
                        uint8)
```

```
image = cv2.imdecode(data, cv2.CV_LOAD_IMAGE_COLOR)
stream.seek(0)
stream.truncate(0)

grey_image = cv2.cvtColor(image, cv2.COLOR_RGB2GRAY)
display_image = cv2.copyMakeBorder(image, 0, 0, 0,
0, cv2.BORDER_REPLICATE)
center_point = (SCAN_POS_X, SCAN_HEIGHT)

scan_data = scanLine(grey_image, display_image,
center_point, SCAN_RADIUS)
point_on_line = findLine(display_image, scan_data,
SCAN_POS_X, SCAN_HEIGHT, SCAN_RADIUS)
returnVal, scan_data = scanCircle(grey_image,
display_image, point_on_line, SCAN_RADIUS_REG, -90)
previous_point = point_on_line

last_point = findInCircle(display_image, scan_data)
actual_number_of_circles = 0
for scan_count in range(1, NUMBER_OF_CIRCLES):
         returnVal, scan_data = scanCircle(grey_
         image, display_image, last_point, SCAN_
         RADIUS_REG,
         lineAngle(previous_point, last_point))


        if returnVal == True:
                actual_number_of_circles += 1
                previous_point = last_point
                last_point = findInCircle(display_
                image, scan_data)
        else:
                break;

# Draw cirlc and line from the centre point to the
# end point where we last found the line we are
# following
cv2.line(display_image, (center_point[0], center_
point[1]), (last_point[0], last_point[1]), white, 1)
cv2.circle(display_image, (last_point[0], last_
point[1]), 3, white, -1, 8, 0)

# Display image
if VideoView:
  cv2.imshow(WINDOW_DISPLAY_IMAGE, display_image)
# This is the maximum distance the end point of our
```

```
                    # search for a line can be from the centre point.
                    line_scan_length = SCAN_RADIUS_REG * (NUMBER_OF_
                    CIRCLES + 1)

                    # This is the measured line length from the centre
                    # point
                    line_length_from_center = lineLength(center_point,
                    last_point)
                    center_y_distance = center_point[1] - last_point[1]
                    center_x_distance = center_point[0] - last_point[0]

                    # Stop counting all work is done at this point and
                    # calculate how we are doing.
                    e2 = cv2.getTickCount()

                    # debug output
                    returnString = "bearing: {}".
                    format(lineAngle(center_point, last_point) *-1 -90)
                    print(returnString)
                    print("SERVO set: ")
                    print(abs(lineAngle(center_point, last_point)))

                    # control direction of car
                    fw.turn(abs(lineAngle(center_point, last_point))+fw.
                    offset)
                    # sleep(1)

                    # Wait for ESC to end program
                    c = cv2.waitKey(7) % 0x100
                    if c == 27:
                        break

        print "Closing program"
        cv2.destroyAllWindows()
        print "All windows should be closed"
        return;

if __name__ == '__main__':
    try:
        main()
    except KeyboardInterrupt:
        #
        print "closing program"
        print "stop motors"
        bw.stop()
        print "set servo to norm position"
```

```
        fw.turn(90+fw.offset)
        # destroy()
```

Im Folgenden sollen die einzelnen Schritte der Bildverarbeitung etwas genauer betrachtet werden. Die erste Abbildung zeigt ein von der Fahrzeugkamera aufgenommenes Bild. Dieses enthält bereits einige zusätzliche Linien und Punkte, die vom Programm eingefügt wurden.

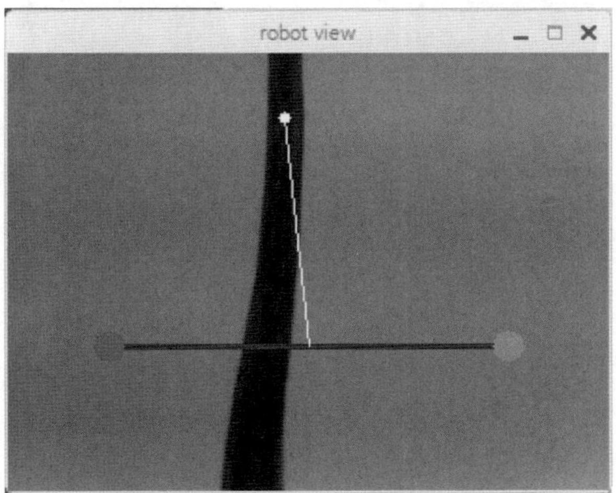

Abbildung 17.2: Kamerabild des Linienverfolgers

Zunächst wird das Farbbild in ein Graustufenbild konvertiert:

```
grey_image = cv2.cvtColor(image, cv2.COLOR_RGB2GRAY)
```

Dann werden die Pixelwerte auf einer horizontalen Linie im Bild extrahiert und in ein Array eingefügt. Über die Differenz aus jeweils zwei aufeinander folgenden Werten wird ein weiteres Array erzeugt. Dieses enthält mathematisch betrachtet die Ableitung des ursprünglichen Bildes:

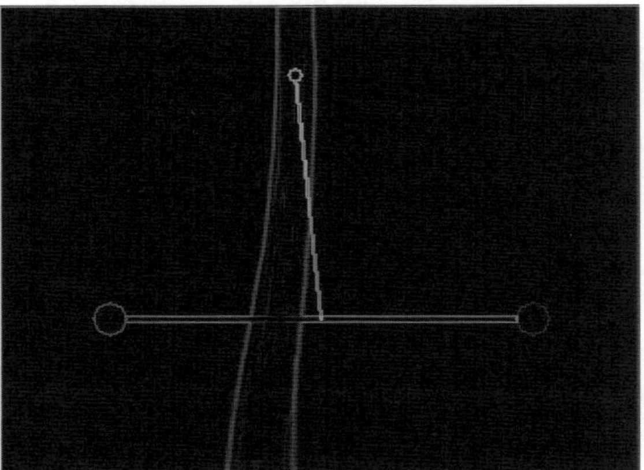

Abbildung 17.3: Kantenverstärkung

In dieser Darstellung treten Kanten und Linien besonders deutlich hervor. Das so erzeugte Bild bzw. das zugehörige Array wird nun zeilenweise abgescannt. Mit Hilfe von iterativen Schleifen wird dabei jeweils das Helligkeitsmaximum bestimmt. Dieses entspricht den Rändern der abzufahrenden Linie.

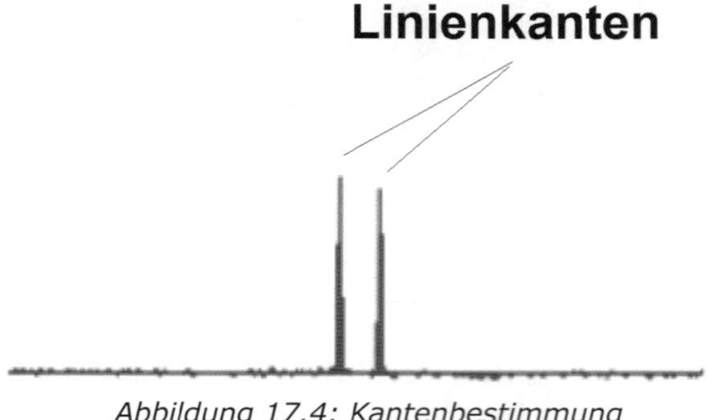

Abbildung 17.4: Kantenbestimmung

In die Mitte zwischen den so bestimmten Linienkanten wird dann der Zielpunkt eingesetzt. Aus der Gerade zwischen der Grundlinie und dem Zielpunkt ergibt sich der Steuerwinkel "alpha" des Fahrzeugs.

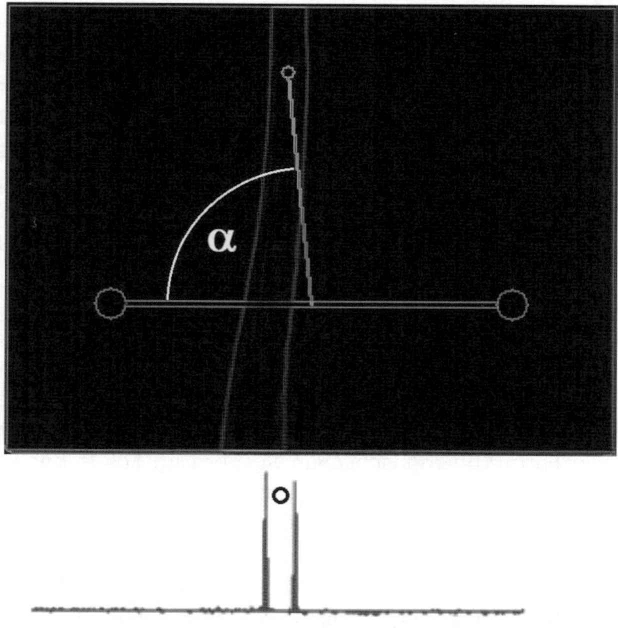

Abbildung 17.5: Berechnung des Lenkwinkels

Dieser wird schließlich an den Steuerservo für die Vorderradlenkung weitergegeben:

```
# control direction of car
fw.turn(abs(lineAngle(center_point, last_point))+fw.offset)
```

Über die Variable

```
VideoView = False      # or True
```

kann die Ausgabe des Videobildes an einen Monitor aktiviert werden. Im Normalbetrieb muss diese Ausgabe deaktiviert sein, ansonsten wird das Programm mit dem Hinweis "kein Monitor vorhanden" abgebrochen.

Das Programm kann wieder über die bekannte Weise mit putty gestartet werden. Sobald das Fahrzeug auf eine Ebene mit einer klar definierten Führungslinie gesetzt wird, beginnt es, dieser zu folgen. Unter Umständen muss man noch den fw.offset-Wert justieren und die Kamera korrekt auf die Bodenlinie ausrichten.

Kapitel 18 • Humanoide Roboter

Die Königsdisziplin in der Robotik ist zweifellos der Bau von humanoiden Robotern. Allerdings wird diese Sparte zunehmend das Ziel scharfer Kontroversen. Diese resultieren zum Teil aus der Angst, dass Humanoiden sich zu wahren Jobkillern entwickeln könnten. In zunehmend alternden Gesellschaften werden Roboter jedoch zweifellos früher oder später mit den Menschen koexistieren. Sie werden in Ämtern oder Versorgungseinrichtungen genau so selbstverständlich werden, wie es heute Bankautomaten oder Industrieroboter sind.

Um Roboter in Haushalten oder am Arbeitsplatz willkommen zu heißen, müssen Universalmaschinen entwickelt werden, die in der Lage sind, mit Menschen zu interagieren, ohne gefährlich zu werden. Deshalb müssen sich Roboter trotz ihrer komplexen Mechanik geschmeidig bewegen und bei unvorhergesehenen Ereignissen angemessen reagieren. Das Teilgebiet der Roboter-Forschung wird auch als "Soft Robotics" bezeichnet. Hier stehen modulare Systeme in Form von menschlichen Körpern im Fokus der Entwicklung. Diese lassen sich leicht in reale Umgebungen, die eigentlich für den Menschen optimiert wurden, einfügen und an verschiedene Gegebenheiten anpassen.

Einen Gegensatz dazu bilden die klassischen "Maschinenmenschen". So wurde ein von der vom US-amerikanischen Verteidigungsministerium finanzierter humanoider Roboter von internationalen Friedensorganisationen bereits als "Killer-Roboter" bezeichnet. Einige Experten gehen davon aus, dass spezielle humane Robotertypen tatsächlich für die zukünftige Kriegsführung entwickelt wurden.

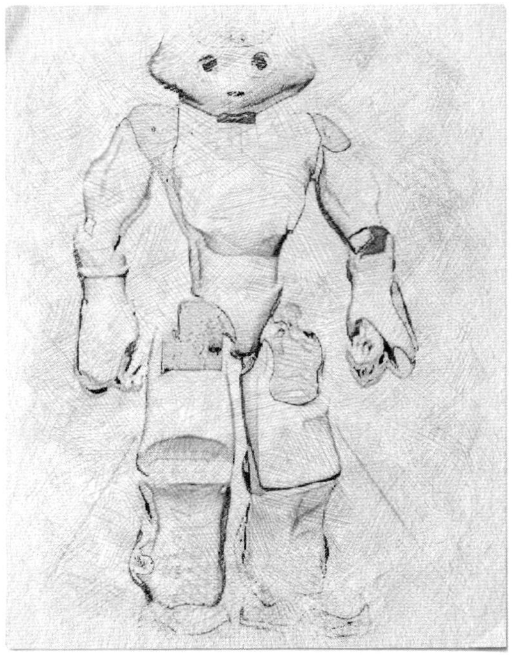

Abbildung 18.1: Humanoider Roboter

Humanoide Systeme sind zwar nicht die einzigen Robotervarianten, die direkt mit Menschen in Kontakt kommen. Allerdings ist es für Menschen im Allgemeinen einfacher, Roboter zu akzeptieren, wenn sie menschenähnliche Gesichter haben. Das wirkt offensichtlich einerseits beruhigend, hat aber auch seine Grenzen. Seit langem ist die Existenz eines "unheimliches Tales" (engl. uncanny valley) bekannt. Damit ist gemeint, dass Menschen positiv auf Roboter reagieren, wenn sie die klassischen menschlichen Körpermerkmale aufweisen. Allerdings beginnen die Maschinen unheimlich zu werden, wenn sie zu allzu große Ähnlichkeit mit dem Menschen aufweisen. Die Abneigung scheint wieder abzunehmen, wenn die Roboter praktisch nicht mehr von realen Menschen unterscheidbar sind.

Viele Forscher denken intensiv über die menschlichen Körper- und Bewegungsformen nach. Bis in das letzte Detail wird untersucht, wie Menschen sich bewegen und wie sie interagieren, um diese Eigenschaften an den Roboter weiter zu geben. Ein wichtiger Nebeneffekt ist, dass dadurch auch Erkenntnisse über das menschliche Verhalten selbst gewonnen werden. Beispielsweise wurde so die Bedeutung des Blicks in die Augen wissenschaftlich umfassend untersucht.

Die humanoide Robotik ist zu einem herausfordernden Forschungsfeld geworden, das in den letzten Jahren große Beachtung erlangt hat. Es wird sicherlich weiterhin in der Roboterforschung und in vielen technischen Entwicklungen des 21. Jahrhunderts eine zentrale Rolle spielen. Unabhängig vom Anwendungsbereich ist eines der häufigsten Probleme der humanoiden Robotik das Verständnis der menschenähnlichen Informationsverarbeitung. Bislang sind die zugrunde liegenden Mechanismen des menschlichen Gehirns bei der Erfassung der realen Welt kaum verstanden.

Die humanoide Robotik hat ehrgeizige Ziele. Es wird erwartet, dass menschenähnliche Robots im täglichen Leben als Begleiter und Assistenten für Menschen auftreten. Bei von Menschen verursachten Unglücksfällen oder auch bei Naturkatastrophen sollen sie als universelle Helfer eingesetzt werden. Sie haben das Potential, sowohl in radioaktiv verseuchten Umgebungen als auch bei großer Hitze oder Kälte besser agieren zu können als Menschen. Sogar in sportlicher Hinsicht werden große Erwartungen geweckt. So sollen im Jahr 2050 humanoider Roboter in der Lage sein, die amtierenden Fußballweltmeister zu schlagen.

Bereits heute sind in der Forschung beträchtliche Fortschritte zu verzeichnen. Eine ganze Reihe von humanoiden Robots ist jetzt schon in der Lage, sich in für Menschen gemachten Umgebungen autonom zu bewegen. Zudem werden bereits gut definierte Aufgaben zufriedenstellend gelöst. Durch interdisziplinäre Zusammenschlüsse hat sich in den letzten Jahren ein breites Spektrum in Wissenschaft und Technologieentwicklung herausgebildet. Damit wurde die Konstruktion mechatronischer Systeme mit komplexen sensomotorischen Fähigkeiten möglich.

Von großer Bedeutung ist hierbei die Verfügbarkeit von Hard- und Softwareplattformen, welche den Aufbau von universellen humanoiden Robotersystemen ermöglichen. Die bislang hauptsächlich in Universitäten, Forschungseinrichtungen und Unternehmen sichtbaren Entwicklungen werden in naher Zukunft zweifellos auch in Privathaushalten, Schulen, Kliniken oder Seniorenwohnheimen auftauchen.

18.1 Roboter, Androiden und Cyborgs erobern die Welt

Die Bezeichnungen "Android" und "Roboter" werden oft synonym verwendet. Bei genauerer Betrachtung treten allerdings klare Unterschiede zutage. Mit dem Begriff Roboter werden allgemein autonome Maschinen bezeichnet, die dafür konstruiert sind, diverse Aufgabe anstelle eines Menschen auszuführen. Dafür ist es nicht unbedingt erforderlich, dass diese Automaten die menschliche Körperform vollständig nachbilden. So spricht man beispielsweise von Industrie-"Robotern" wenn diese lediglich über einzelne armähnliche mechanische Einrichtungen verfügen.

Unter Androiden dagegen versteht man spezielle Roboterbauformen, die vollständig dem menschlichen Körperbau nachempfunden sind. Der Begriff leitet sich vom griechischen "andro" ab und bedeutet "Mann". Prinzipiell ist ein Android also ein Roboter, der einem Mann nachempfunden ist. Ein "Gynoid", würde dagegen eher weibliche Körperformen aufweisen. Der letztere Begriff wird allerdings kaum verwendet, so dass sich inzwischen die Bezeichnung "Android" für beide Geschlechter durchgesetzt hat.

Einige Definitionen gehen sogar soweit, dass Roboter nur als Androiden gelten, wenn sie von Menschen praktisch nicht mehr zu unterscheiden sind. Noch spezieller ist die Forderung, dass Androiden aus organischen Materialien bestehen müssten. Damit könnten also klassische Roboter, die mit elektrischen Antrieben oder elektronischen Sensoren und Steuereinheiten versehen sind, keine Androiden sein. Vielmehr wären Androiden dann künstliche Menschen mit synthetischen Muskeln, biologisch gezüchteten Organen und synthetischen, nicht-elektronischen Gehirnen. Allerdings ist man in der aktuellen Forschung von derartigen Kunstwesen noch sehr viel weiter entfernt als von Androiden mit rein technischen Komponenten.

Eine dritte Variante ist der Cyborg. Darunter versteht man einen kybernetischen Organismus (engl. "**Cyb**ernetic **Org**anism"), also eine Mischform aus menschlichen und künstlichen Organismen bzw. Organen oder Sensoren. Die Entwicklung von Cyborgs führt seit langem auch auf ethische und philosophische Fragen. Raumfahrtprojekte für Menschen mit hochspezialisierten künstlichen Sinnesorganen wurden bereits intensiv diskutiert. Dabei sollen innere Organe wie das Herz oder das Verdauungssystem durch stärker belastbare, künstliche Versionen ersetzt werden. Schließlich kommt man auf diese Weise zu Kreaturen, die über vollkommen künstliche und optimierte Körper verfügen, bei welchen eventuell nur noch das Gehirn einen menschlichen Ursprung hat.

Zweifellos ist die aktuelle Forschung davon noch weit entfernt. Einzelne Körperfunktionen können dagegen bereits heute durch künstliche Sensoren und Aktoren ersetzt werden. Ein wichtiges Beispiel hierzu ist das Cochlea-Implantat. Damit können Gehörlose, deren Hörnerv noch funktionsfähig ist, wieder Schallsignale wahrnehmen. Das Implantat nimmt die Schallsignale über ein Mikrophon auf und leitet sie an einen digitalen Sprachprozessor weiter. Dieser erzeugt geeignete elektrische Signale, die direkt in den Hörnerv eingespeist werden können.

Auch vollständig erblindete Menschen können mit modernen Sensoren wieder ein gewisses Sehvermögen zurückzugewinnen. Die sogenannten Netzhaut-Chips können als eine Art

Sehprothese betrachtet werden. Selbst wenn die Netzhaut der betroffenen Personen dauerhaft geschädigt ist, können die Implantate einen gewissen Seheindruck vermitteln. Dazu wandeln die Chips optische Signale in elektrische Impulse um, die dann wiederum direkt in den Sehnerv eingespeist werden. Insbesondere bei erblich bedingten Erkrankungen kann damit ein rudimentäres Sehen ermöglicht werden. Viele Experten gehen davon aus, dass in einigen Jahren auch das praktisch vollständige Sehvermögen zurück erlangt werden kann.

Abbildung 18.2: Cyborg

Die Beispiele zeigen, dass "Cyborgs" keine reine Zukunftsmusik mehr sind. Wichtige Sinnesorgane können bereits durch technische Systeme ersetzt werden. Hier taucht natürlich schnell die Frage auf, ob man die Fähigkeiten des Menschen nicht auch über das natürliche Maß hinaus steigern könnte. Beim Cochlea-Implantat ist man keineswegs auf den klassischen Audiofrequenzbereich von 20 Hz bis 20 kHz beschränkt. Es wäre problemlos möglich, auch Ultraschall "hörbar" zu machen. Im visuellen Bereich könnten auch ultraviolette oder infrarote "Licht"-Wellen detektiert werden. So wäre es möglich, Implantate zu schaffen, die ein gewisses Nachtsichtvermögen verleihen.

Diese Erweiterungen sind nicht allein auf die Sensorik beschränkt. Aus technischer Sicht wäre es durchaus möglich, etwa Armprothesen herzustellen, die über ein Vielfaches der natürlichen Muskelkraft verfügen. Dies wäre beispielsweise für Soldaten im Kampfeinsatz oder für Industriearbeiter ein klarer Vorteil. Hier wird deutlich, dass in diesem Bereich nicht nur technische Probleme zu lösen sind. Vielmehr kommen auch wieder philosophische und ethische Fragestellungen ins Spiel.

18.2 Schöne neue Welt? – Die Zukunft der Robotik

Die aktuellen Entwicklungen von Digitalisierung und Automatisierung über die Robotik bis hin zur Künstlichen Intelligenz haben in vielen Lebensbereichen bereits für umwälzende Veränderungen gesorgt. Oft wird hier auch von "disruptiven Technologiesprüngen" gesprochen. Die Entwicklung wird sich sicher auch in Zukunft fortsetzen. Inzwischen wurden nach allgemeiner Auffassung bereits drei industrielle Revolutionen durchlaufen:

Erste industrielle Revolution:	Einführung der Dampfkraft
Zweite industrielle Revolution:	Einsatz elektrischer Maschinen
Dritte industrielle Revolution:	Computersteuerungen und Informationstechnologie (IT)

Diese waren jeweils auch immer mit großen sozialen Umwälzungen verbunden. Viele klassische Arbeitsaufgaben und sogar ganze Berufsfelder verschwanden praktisch vollständig. Dafür entstanden aber auch immer neue Aufgabenbereiche. Dennoch wurde das Wesen der Arbeit häufig grundlegend verändert, was für einzelne Menschen oder ganze Berufsgruppen oft eine große Herausforderung darstellte.

Heute werden immer mehr auch Aufgaben, die bislang als intellektuell äußerst anspruchsvoll galten, auf Maschinen und Systeme übertragen. Komplexe Netzwerke können so ganze Fabrikhallen oder Produktionsstätten vollautomatisch steuern. Die sogenannte

Vierte industrielle Revolution:	Vernetzung und Digitalisierung

die auch unter dem Schlagwort "Industrie 4.0" bekannt wurde, hat die vollständige Automatisierung der gesamten industriellen Produktion zum Ziel. Maschinelle Steuerungen, Logistik-Aufgaben und Verwaltung sollen mit Hilfe der Informations- und Kommunikationstechnik eng und nahtlos miteinander verbunden werden. Durch die elektronische Vernetzung können vollständige Wertschöpfungsprozesse praktisch ohne menschliche Eingriffe arbeiten. Einzelne Industrieroboter werden so durch vernetzte und flexible Fertigungssysteme ersetzt und komplette, autonome Fertigungssysteme werden in naher Zukunft Produktionshallen und Logistikzentren steuern.

Robotersysteme werden jedoch künftig nicht nur in Industriehallen und Fertigungsstandorten zu finden sein. Experten prognostizieren, dass in naher Zukunft in jedem Haushalt, in jeder Klinik und in allen Büros Roboter zu finden sein werden, genauso wie heute Wasch- und Spülmaschinen, Kernspintomographen oder Computersysteme. Dabei steht nicht nur die Unterstützung bei Haus- und Gartenarbeiten im Blickfeld der Entwickler. Potentielle Anwender sind der Meinung, dass ein Heimroboter täglich bis mehrere Stunden Hausarbeit übernehmen könnte. In der Kranken- und Altenpflege werden Robots körperlich anstrengende Routinearbeiten übernehmen. Im Büroalltag werden die Grenzen zwischen dem klassischen Computer und robotischen Systemen immer mehr verschwimmen. Darüber hinaus wird aber auch die Kameradschaft zum Roboter immer wichtiger. Heim- und Haushaltsroboter sollen nicht nur alltägliche Arbeiten übernehmen, sondern auch in der Lage sein, als Gesellschafter und Partner zu fungieren. Sogar soziale Kontakte zu Freunden und Familie könnten verbessert werden, wenn Roboter als Kommunikationsplattformen eingesetzt werden. Ähnlich wie aktuelle Netzwerke wie WhatsApp oder Instagram die zwischenmenschliche Kommunikation revolutioniert haben, könnten auch Roboter zu intensiverem Informationsaustausch beitragen.

Genau wie die Verbreitung von Mobiltelefonen und Smartphones könnte die Einführung solcher Roboter innerhalb sehr kurzer Zeiträume erfolgen. Sobald erste "Killer-Applikationen" verfügbar werden, ist eine Verbreitung der zugehörigen Systeme kaum mehr aufzuhalten. Erste Roboter mit eigener "Persönlichkeit" stehen schon zur Verfügung. Einige Systeme sind bereits in der Lage, sich vollständig autonom in Räumen und Gebäuden zu bewegen. Die permanente Kommunikation über WLAN mit einer Cloud sorgt für immer aktuelle Informationen. In diesem Sinne läuft die Roboter-Revolution bereits auf Hochtouren. Reinigungs- und Rasenmäherroboter waren hier nur der Anfang. Verschmelzen erst einmal Spracherkennungssysteme wie Siri oder Alexa mit mobilen Haushalts- oder Staubsaugerrobotern, dann werden persönliche Heimrobots nicht mehr aufzuhalten sein.

Natürlich werden genau diese Systeme auch für weniger optimistische Erwartung sorgen. Bestrebungen in der Politik, diese Haushaltsroboter auch als Abhöreinrichtungen zu nutzen, sorgen bereits für ernsthafte Bedenken bei vielen potentiellen Anwendern. Aber nicht nur staatliche Eingriffe in die Privatsphäre sorgen für ungute Erinnerungen an totalitäre politische Strukturen. Etwa 30 % der künftigen Anwender befürchten, dass ihre neuen Helfer gehackt werden könnten. Das entsprechende Gefahrenpotential ist deutlich umfangreicher als bei gehacken PCs oder Smartphones. Im Gegensatz zu diesen Geräten kann ein gehackter und umprogrammierter Roboter seinem Besitzer durchaus auch physischen Schaden zufügen. Prinzipiell sind hier sogar Tötungsdelikte nicht ausgeschlossen. Auch die Angst, dass Roboter ihren Job übernehmen, ist bei vielen Arbeitnehmern verbreitet. Fast die Hälfte der arbeitenden Bevölkerung befürchtet, dass ihren Aufgaben bald von einem Robot übernommen werden könnten. Noch einen Schritt weiter gehen die Bedenken, dass sich Roboter irgendwann gegen die gesamte Menschheit auflehnen könnten. Prinzipiell wären physisch und "geistig" überlegene Maschinen sicher in der Lage, die Macht über die Weltbevölkerung zu übernehmen. Eine solche Revolution muss nicht unbedingt allein von den Maschinen selbst ausgehen. Regierungen oder sogar einzelne Machthaber könnten intelligente und allgegenwärtige Roboter für ihre Ziele missbrauchen. Geraten diese Machenschaften außer Kontrolle, ist die zerstörerische Wirkung unter Umständen nicht mehr aufzuhalten. Vollkommene Vernetzung und praktisch verzögerungsfreie Datenübertagung könnten sich dabei als katastrophale Einrichtungen entpuppen. Insbesondere der Mobilfunk-Standard der 5. Generation ("5G") mit seinen Datenraten von bis zu 20 Gbit/s und Latenzzeiten von unter 1 ms stellen hier eine erhebliche Gefahr dar. Denn das System wird nicht nur zur Echtzeitübertragung von weltweit über 100 Milliarden Mobilfunkgeräten dienen, sondern es soll auch die mobilfunkgerechte Kompatibilität von Maschinen und Geräten gewährleisten. Der Roboterkommunikation sind damit praktisch keine Grenzen mehr gesetzt.

Respekt bzw. Bewunderung einerseits und Sorge oder Angst andererseits prägen die Einstellung zur modernen Robotertechnik. Das erklärte Ziel der Robotik ist es, das Leben einfacher, angenehmer und sicherer zu gestalten. Andererseits sind mit diesen Bestrebungen aber auch nicht zu unterschätzende Gefahren verbunden. Da humanoide Roboter nach menschlichen Vorbildern konstruiert werden, bleibt stets die Befürchtung, dass sie den Menschen auch vollständig ersetzen könnten. In vielen Bereichen ist dies bereits geschehen oder die Einführung entsprechender Systeme steht in nächster Zukunft bevor. Eines der am häufigsten diskutierten Einsatzgebiete ist die öffentliche Sicherheit. Vollautomatisierte Drohnen haben das Potential, die Aufklärung oder sogar Vorhersage von Verbrechen zu ermöglichen. Die Erkennung verdächtiger Aktivitäten durch Überwachungskameras wird bereits in erheblichem Umfang eingesetzt. Automatische Bilderkennungs- und -verarbeitungsmethoden gehören längst zum Standardrepertoire der Sicherheitsbehörden. Die aus diversen Science-Fiction-Filmen bekannten "RoboCops" könnten bald Realität werden.

Auch in Schule und Ausbildung kommen immer häufiger Roboter zum Einsatz. Deutschland und Europa hinken in diesem Bereich zwar hinterher, in vielen anderen Ländern verändert computergestütztes Lernen jedoch bereits heute die Klassenzimmer. Noch sind Lehrer, Ausbilder und Professoren nicht vollständig ersetzt. Der bei Schülern und Studenten in aller Welt bekannte und beliebte humanoide NAO zeigt allerdings, wie die Zukunft aussehen könnte. Neuartigen Lehrmethoden fördern nicht nur die natürliche Interaktion, sondern bieten auch bei Bewegung, Zuhören und Sprache neue Möglichkeiten.

Im Haus- und Heimbereich vollzieht sich der Umbruch eher kontinuierlich. Während Sprachassistenten bereits in vielen Wohnungen ihren Einzug gehalten haben, sind echte, vernetzte Heimroboter noch vergleichsweise selten anzutreffen. Lediglich Japan spielt hier eine gewisse Vorreiterrolle. Staubsauger- oder Rasenmäherrobots setzen sich zwar immer mehr durch, allerdings zählen diese kaum zu den universellen oder gar humanoiden Robots. Jedoch werden sich in naher Zukunft sicher auch Universalsysteme wie etwa der Care-O-bot immer mehr durchsetzen.

In der Arbeitswelt wird "Kollege Roboter" zunehmend auch in bislang unbesetzte Bereiche eindringen. Dies wird viele Arbeitsplätze nachhaltig beeinflussen. Die Roboter werden die Fabrikhallen verlassen und in Ämtern, Restaurants und Büros Einzug halten. Die Grenzen zwischen dem klassischen PC und dem Robotermitarbeiter werden immer mehr verschwimmen. So haben etwa Bankomaten und Kassensysteme den menschlichen Angestellten im Bargeld- und Zahlungsverkehr bereits vollständig verdrängt. Arbeitsplätze in Büroverwaltung, Logistik und Transport werden diesem Vorbild folgen.

Man erwartet zwar, dass durch neue Märkte auch wieder Arbeitsplätze geschaffen werden. Ob diese die alten Jobs sowohl qualitativ als auch quantitativ ersetzen können, bleibt jedoch abzuwarten. Humanoide Roboter-Kollegen werden nicht mehr allzu lange auf sich warten lassen und umwälzende Veränderungen in der Arbeitswelt sind damit kaum vermeidbar. Wiederum in Japan sind beispielsweise Roboterdamen im Empfangsbereich großer Konzerne und Hotels längst keine Sensation mehr.

Auch im Gesundheitswesen sind die Roboter kaum mehr aufzuhalten. In vielen Arztpraxen übernehmen erste KI-Systeme die Terminabsprache mit den Patienten. Aber auch die ärztliche Arbeit selbst wird beeinflusst. Die Auswertung von Computertomogrammen oder Röntgenbildern kann von KI-Systemen bereits schneller und zuverlässiger erledigt werden als von ausgebildeten Ärzten. Insbesondere bei Massenscreening-Verfahren sind die maschinellen Systeme den menschlichen Ärzten überlegen, da Maschinen 24 Stunden am Tag und 365 Tage im Jahr ermüdungsfrei arbeiten können. Aber nicht nur in der Diagnose, auch in der Chirurgie wird Dr. Robot künftig immer häufiger zu finden sein. Neuartige Operationssysteme wie beispielsweise das Da-Vinci-OP-Robotersystem werden zunehmend menschenähnlicher. Noch sind Ärzte und Klinikpersonal nicht vollständig ersetzbar, entsprechende Entwicklungen in der Pflege und Patientenbetreuung sind aber längst im Fokus der Robotikentwicklung. Die Roboter werden praktisch unaufhaltsam in den Alltag vordringen. Es bleibt nur die Hoffnung, dass diese "schöne neue Welt" der Menschheit die erwünschten Vorteile bringt und nicht zu ihrem Untergang führt.

18.3 Wer bin ich? – Maschinenbewusstsein

Einige Robotik-Experten sind der Meinung, dass es nur eine Frage der Zeit sei, bis Maschinen ein eigenes Bewusstsein entwickeln. Eine der zentralen Fragen ist dabei, ob Bewusstsein einfach entsteht, sobald ein System komplex genug ist. Andere gehen davon aus, dass elektronische Systeme und Roboter Bewusstsein im besten Fall nur imitieren können und dass nur biologische Wesen sich ihrer selbst bewusst werden könnten.

Über Maschinenbewusstsein streiten sich Entwickler, Technologen, Neurowissenschaftler und Philosophen schon seit geraumer Zeit. Digitalisierung, Automatisierung und Vernetzung entwickeln sich immer schneller, ohne auf diese Fragen Rücksicht zu nehmen. Da bereits das menschliche Bewusstsein ein kaum erfassbares Phänomen ist, wird die Beantwortung dieser zentralen Fragen sicher noch einige Zeit in Anspruch nehmen.

Viele moderne Robotersysteme verfügen über hochentwickelte künstliche Sinnesorgane. Diese befähigen sie dazu, zu sehen, zu hören und sogar zu fühlen. Sie können ihre Lage und Bewegung im Raum wahrnehmen und über Gelenke steuern und verändern. So werden auch komplexe Bewegungsabläufe ermöglicht. Einige Robots lassen sich über Sprache steuern und können auch selbst sprechen. Die sprachliche Kommunikation zwischen Maschine und Mensch wird dabei immer besser. Mit manchen Humanoiden kann man sich inzwischen ähnlich gut unterhalten wie mit einem erwachsenen Menschen.

Mit Hilfe der KI sind Roboter in zunehmenden Maße in der Lage, zu lernen und ihre Fähigkeiten weiter zu entwickeln. Häufig erfolgt der Lernprozess inzwischen sogar nach dem Vorbild von Säuglingen oder Kindern. Bewegungen beispielsweise sind dann zunächst nur unkoordiniert und zufällig. Aber sie haben Auswirkungen, die beobachtet und ausgewertet werden können. Damit lässt sich das Verhalten des Bewegungsapparates optimieren. So entstehen Schritt für Schritt zunehmend komplexere Abläufe.

Die entscheidende Frage ist aber, ob sich Maschinen mit diesen Fähigkeiten ihres eigenen "Körpers" und dessen Rolle in der Welt bewusst sind. Dann hätte sich nach Meinung verschiedener Psychologen bereits ein "Selbstbewusstsein" ausgebildet. Das heißt, die Maschine hätte sich als eigenständige und vom Rest der Welt unabhängige Einheit erkannt und ein "Gefühl für den eigenen Körper" entwickelt. Das ist prinzipiell eine erste Etappe auf dem Weg zum Bewusstsein. Was dann aber noch fehlt, ist ein konzeptuelles Bewusstsein, zu welchem auch persönliche Ziele, Motivationen und Überzeugungen zählen.

Eine Umsetzung von Beobachtungen der eigenen Umwelt in ein Umgebungsmodell kann als eine erste Stufe zur bewussten Wahrnehmung angesehen werden. In diesem Sinne müssen sich bereits Reinigungs- oder Rasenmäherroboter ihrer Umgebung bewusst sein, da sie ihren Zweck sonst nicht korrekt erfüllen könnten.

Seine persönliche Überzeugungen und Ziele müsste ein Roboter zunächst nicht einmal selbst definieren. Die könnten auch als initialen Programmierung vorgegeben werden. Auch beim Menschen sind verschiedene Verhaltensweise angeboren. Hierzu zählen die Reaktionen auf Schmerz oder Hunger, die bereits im Säuglingsalter voll ausgebildet sind. Andere Handlungsweisen müssen erst erlernt werden. Prinzipiell könnten dem Roboter gewisse Rahmenbedingungen zugewiesen werden, die zu einem bestimmen Lernerfolg führen sollen. So könnte es sinnvoll sein, charakterliche Eigenschaften wie

Tatendrang
Wissbegier oder
Selbstschutz

in die Maschine zu implementieren. Ein gewisses Maß an Einfühlungsvermögen in andere künstliche oder biologische Wesen würde dann dazu führen, dass die Maschine einigen Definitionen von Bewusstsein sehr nahe kommt. Ein derart ausgestatteter Roboter könnte Eindrücke aus seiner Umgebung wahrnehmen, diese sinnvoll verarbeiten und schließlich intelligente Handlungen ausführen bzw. "vernünftig" mit der Umwelt interagieren.

Auf einer elementaren Ebene kann man sogar so abstrakte Begriffe wie eben das Bewusstsein bereits durch einfache Aspekte der Regelungstechnik beschreiben. Die einfachste Stufe wäre in diesem Sinne ein simpler Regelkreis. Ein Heizkörperthermostat kann beispielsweise die Temperatur in einem Raum weitgehend konstant zu halten. Durch die Erfassung der Umgebungstemperatur ist ihm zumindest ein Parameter seiner Umwelt "bewusst". Durch aktives Regelverhalten kann er die Temperatur beeinflussen und so seiner eignen "Vorstellung" anpassen.

Auch einfache Lebewesen wie Bakterien verfügen bereits über mehrere Rückkopplungsschleifen. Damit sind sie in z. B. der Lage, Gebiete mit ausreichendem Nahrungsangebot aufsuchen. Das Beispiel des Augentierchens "Euglena" zeigt dies in aller Deutlichkeit (s. Kapitel 12.3). Auch viele Pflanzen verfügen über komplexe Regelsysteme. So muss für ein nach oben ausgerichtetes Wachstum die Richtung der Schwerkraft sensorisch bestimmen werden. Sumpfgewächse wie Moose und verschiedene Farne können ihre Feuchtegehalt exakt regeln. Dazu können sie ihre Blätter bei Trockenheit einziehen oder zusammenrollen. Praktisch alle richten ihre Blätter und Blüten nach dem Sonnenstand aus. Damit sind sie sich gewissem Sinne über verschiedene Faktor ihrer Umwelt "bewusst". Experten bezeichnen dies als Bewusstsein der Stufe I.

Deutlich weiterentwickelte Regelsysteme finden sich in bewegungsfähigen Organismen. Die Erfassung von Umweltdaten und die Steuerung des Bewegungsapparates werden hier bereits von einen gemeinsamen Nerven-"Bus" übernommen. Dieser entwickelte sich später zum Zentralen Nervensystem weiter. Dutzende bis Hunderte von Regelungssystemen ermöglichen hier bereits komplexe Reaktionen auf die verschiedensten Umweltbedingungen. Diese Kategorie reicht von den Fadenwürmern bis zu den Reptilien wie Echsen, Krokodilen, Schlangen oder Schildkröten. Man spricht hier von einem Bewusstsein der Kategorie II.

Tiere, die ihre räumliche Position erkennen und andere Lebewesen als solche wahrnehmen, zählen zur Bewusstseinsstufe III. Die Entscheidung, ob es sich um Beutetiere, Paarungspartner oder Fressfeinde handelt, ist von überragender Bedeutung. Die Menge und Qualität der sensorische Daten steigt sprunghaft an und hochentwickelte Sinnesorgane liefern umfangreiche Umweltinformationen. Die Echtzeit-Informationsverarbeitung erfordert eine gewaltige Rechenleistung. Dazu wurde eine zentrale Einheit, das Gehirn, entwickelt. Dieses ermöglicht nicht nur eine hervorragende Bildverarbeitung, sondern trifft auch in kürzester Zeit lebenswichtige Entscheidungen.

In der höchsten Bewusstseinsstufe IV ist neben der räumlichen auch die zeitliche Dimension wichtig. Nicht nur das Hier und Jetzt spielt eine wichtige Rolle. Vorausschauendes Verhalten und das Konzept einer "Zukunft" kommen ins Spiel. Längere Zeiträume von Minuten über Stunden, Tage und oder sogar Jahre müssen erfasst werden. Wiederkehrende tägliche oder jahreszeitliche Änderungen werden berücksichtigt. Dadurch können Fähigkeiten wie "Erfahrungen sammeln" und "Lernen" effizient genutzt werden. Auch diese Errungenschaften können als Regelkreise mit großem Speichervolumen gedeutet werden.

In der folgende Tabelle sind die klassischen Bewusstseinsstufen noch einmal zusammengefasst:

Stufe	Beispiele	Regelungen	Anzahl der Regelkreise
I	Einzeller und Pflanzen	Temperatur, Licht, Gravitation	1 ... 10
II	Amphibien, Reptilien	Orientierung, visuelle Wahrnehmung	10 ... 100
III	Säugetiere	Partner-/Feinderkennung komplexe Bildverarbeitung	100 ... 1000
IV	Menschenaffen, Menschen	Zeitbewusstsein Zukunftsplanung, adaptive Regelungen	> 1000 Regelungen und Simulationen

Roboter werden künftig in alle Bewusstseinskategorien vordringen. Die Grenzen zu Bereichen, die nur den Lebewesen oder sogar dem Menschen vorbehalten waren, werden immer mehr verschwinden. Dennoch wird es sicherlich noch lange eine Streitfrage bleiben, ob Roboter oder intelligente Maschinen tatsächlich über ein vollständiges und "echtes" Bewusstsein verfügen werden oder ob sie dieses lediglich immer besser simulieren.

Kapitel 19 • Ausblick: Neuromorphe Chiptechnologie

Auch heute noch arbeiten die meisten Rechner, Prozessoren und Controller mit einer Von-Neumann-Struktur und sequenzieller Datenverarbeitung. Die Basis dieser Systeme sind zwei Komponenten, zum einen die CPU, die Daten verarbeitet, und zum anderen der Arbeitsspeicher (RAM), welcher die Daten speichert. Zunächst lädt die CPU ihre Befehle aus dem Speicher und holt dann die Daten, die verarbeitet werden sollen. Sobald ein Befehl abgearbeitet wurde, wird das Ergebnis in den Speicher zurückgeschrieben und der nächste Arbeitszyklus beginnt. Ein gemeinsamer Speicher enthält also sowohl die Programmanweisungen als auch die Daten. Diese Rechnerarchitektur ist in der Lage, Zahlen zu verarbeiten und deterministische Programme auszuführen. Andere Aufgaben wie etwa die Bilderkennung können damit jedoch nicht effizient gelöst werden. Selbst bei einfachen Aufgaben, die jedes Kleinkind beherrscht, sind die klassischen Rechner schnell überfordert. So waren für ein Bilderkennungssystem bis zu 16.000 Prozessorkerne erforderlich, um Hunde, Katzen oder andere Tiere in Videos zu erkennen.

Anders als in einem Computer erfolgt die Speicherung und Verarbeitung von Informationen im Gehirn in einer einzigen untrennbare Einheit. Beide Funktionen sind eng benachbart und intensiv miteinander verflochten. Basierend auf diesen Erkenntnissen, wurden ab der Jahrtausendwende extrem leistungsfähige Grafikprozessoren verwendet, um neuronale Netze für die Muster- und Spracherkennung zu nutzen. Diese vernetzten Strukturen lernten aus einer Fülle von Beispielen die Regeln, welche später in der aktiven Phase angewendet werden sollten. Allein die für diese Aufgabe erforderlichen enormen Datenmengen wären in einer Zeit ohne Internet nicht verfügbar gewesen. Inzwischen stehen dank Google, YouTube, Facebook oder Instagram jedoch Daten in nahezu unbegrenztem Umfang zur Verfügung. Dank entsprechender Nutzungslizenzen dürfen diese von den Konzernen nahezu ohne Einschränkungen verwertet werden, ohne dass dies den meisten "Datenlieferanten" überhaupt bewusst ist.

Die ersten vielversprechenden Ergebnisse auf der Softwareseite führten schließlich dazu, dass auch in der Hardwaretechnik neue Ziele verfolgt wurden. Es entstanden Komponenten und Bauelemente, welche so weit wie möglich an menschliche Gehirnstrukturen angelehnt waren. Die bislang mangels Alternativen verwendeten Grafikprozessoren wurden durch neuartige, lernfähige Hardware ersetzt. Biologische Hirnstrukturen fanden ihre Entsprechung in hochmodernen Chip-Architekturen. Diese Komponenten verfügen nach einer Lernphase über völlig neue Fähigkeiten und Eigenschaften. Dieses Konzept der "neuromorphen Chips" fand rasche Akzeptanz und wurde in vielen Bereichen umgehend eingesetzt.

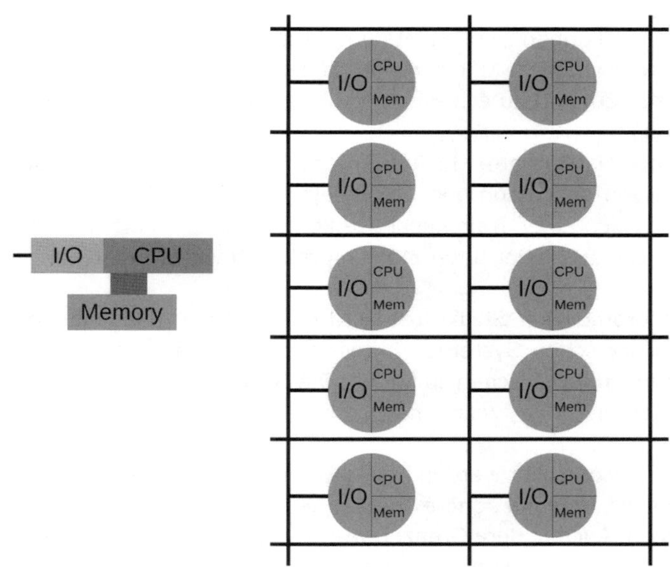

Abbildung 19.1: Klassische Rechnerstruktur und neuromorpher Chip

IBM und andere große Hersteller begannen umgehend mit der großtechnischen Produktion von Neuromorphen Chips ohne interne Von-Neumann-Architektur. Als es gelang, den für effizientes Lernen so wichtigen Backpropagation-Algorithmus auch auf Hardwareebene zu implementieren, stand den selbstlernenden Chips nichts mehr im Wege. Auch hier wurde wieder auf die inzwischen so umfangreich gewordenen Datensätze aus dem Internet zurückgegriffen. Mit Hilfe der Backpropagation wurden die Gewichtungen innerhalb der neuromorphen Verbindungen eingestellt und optimiert, so dass die Chips in vielen Anwendungsgebieten immer bessere Ergebnisse erzielten. Mit jedem weiteren Lernschritt nähern sich die Ausgaben so den korrekten Ergebnissen an. Die neuen Chips waren also in der Lage, bestimmte Zusammenhänge zu "lernen".

Neuromorphe Chips haben insbesondere in der Robotik ein hohes Anwendungspotential. Sie sind hervorragend dazu geeignet, sensorische Daten wie Bilder oder Sprache zu verarbeiten. Zudem ist die Technologie problemlos in klassische Siliziumchips integrierbar. Nach Abschluss des "Trainings" sind die Neuro-Komponenten in der Lage, ohne weitere spezielle Programmierung effizient auf Eingabedaten zu reagieren. Damit werden in der Robotik und insbesondere auch in der künstlichen Intelligenz völlig neue Möglichkeiten eröffnet. Maschinen werden künftig die Welt auf menschenähnliche Weise "verstehen" können und mit ihr interagieren. Neben der Robotik hat die Technik auch noch vielfältige weitere Anwendungsgebiete erobert:

- In der Medizin analysieren neuromorphe Chips bereits Röntgenbilder und Computertomogramme. Die Trefferquoten bei der Erkennung bestimmter Krebsarten liegen dabei häufig bereits besser als bei erfahrenen Fachärzten

- Schon heute können sich Tablets und Smartphones optimal an ihren Nutzer anpassen. Neuromorphe Chips werden dazu beitragen, dass diese Geräte in nicht allzu ferner Zukunft zu echten persönlichen Assistenten werden

- Intelligente Hausgeräte wie Rasenmäher- oder Reinigungsroboter können sich mit Hilfe von neuromorphen Chips selbständig ein "Bild" von ihrer Umgebung erstellen. Nach einer Trainingsphase können dann Probleme wie das Festfahren in einem Gebüsch oder unter Möbeln praktisch vollkommen vermieden werden.

Die Anwendung neuromorpher Strukturen wird dazu führen, dass die Grenzen zwischen technischen und biologischen Systemen immer mehr verschwimmen. Bislang sind diese Anwendungen nur in einigen Nischen zu finden. Die Gesichts- und Fingerabdruckerkennung im Smartphone zeigt allerdings, was in nächster Zukunft zu erwarten ist.

Prozessoren und Mikrocontroller werden irgendwann an ihre Leistungsgrenzen stoßen. Immer kleinere Chipstrukturen und höhere Taktfrequenzen führen nicht automatisch zu "intelligenteren" Systemen. Auch andere Grenzen wie etwa die zunehmende Verlustleistung oder quantenphysikalische Prozesse limitieren das Leistungspotential moderner Chips. Infolgedessen ist auch die Fähigkeit dieser Systeme begrenzt, sensorische Informationen oder Bilder und Sprache zu verarbeiten. Aufgaben wie Gesichts- oder Spracherkennung und autonome Roboter oder Fahrzeuge erfordern deshalb noch gebäudefüllende Supercomputer.

Dadurch sind sprachgesteuerte Assistenten wie Alexa oder wie Siri auf eine Online-Verbindung mit leistungsfähigen Computern in einer Cloud angewiesen. In neuromorphen Chips dagegen werden sensorische Daten aus einem Mikrophon oder einer Kamera nicht sequentiell, sondern hochgradig parallel verarbeitet. Genau wie im menschlichen Gehirn mit seiner massiv parallelen Funktionsweise und seiner Vielzahl von Neuronen können "Sinneseindrücke" schnell und effizient ausgewertet werden. Darüber hinaus können die Neuronen im Gehirn zudem sehr flexibel auf rasch veränderliche Töne, Bilder oder andere Sinneseindrücke reagieren. Zudem sind die Verbindungsstrukturen im Gehirn flexibel. Dies erleichtert eine kontinuierliche Anpassung an immer neue Situationen ganz erheblich. Auch dieser Prozess weist deutliche Analogien zum klassischen "Lernen" auf. Systeme mit gehirnähnlichen Strukturen können entsprechende Aufgaben daher prinzipiell wesentlich einfacher meistern als konventionelle Computer. Die neuromorphen Einheiten können komplexe Probleme aus der sensorische Datenverarbeitung wie Sprach- und Bilderkennung daher sehr effizient lösen.

Innerhalb der neuromorphen Chips findet sich eine große Anzahl von eigenständigen Untereinheiten mit eigener CPU und eigenem Speicher. Somit enthält diese Chip-Variante eine Vielzahl von klassischen Kernen und damit eine Fülle von individuell programmierbaren "Neuronen". Die einzelnen Kerne können über eine große Anzahl an frei konfigurierbaren Verbindungen kommunizieren. Bislang sind neuromorphe Chips in zweidimensionalen Strukturen angeordnet. Neueste Entwicklungen versuchen jedoch, auch die dritte Raumdimension zu nutzen. Ähnlich wie im menschlichen Gehirn entstünde dann ein kompaktes System mit hocheffizienter Vernetzung. Eine derartige Geometrie ist auf nahezu jede beliebige Größe skalierbar. Durch die Doppelfunktion der künstlichen Neuronen als Speicher und

CPU erreichen neuromorphe Chips eine hohe Rechenleistungsdichte und kommen zudem mit relativ geringen Strömen aus. Einige neuromorphe Chips benötigen weniger als einhundert Milliwatt elektrische Leistung. Die Neuro-Chips arbeiten also wesentlich effizienter als moderne Mikroprozessoren.

Gegenwärtig erreichen neuromorphe Chips nicht annähernd die Leistungsfähigkeit eines menschlichen Gehirns. Aktuelle Schätzungen gehen davon aus, dass die besten neuromorphen Strukturen in etwa das Potential eines Mäusegehirns haben könnten. Bei der Verarbeitung motorischer und sensorischer Daten sowie beim "Lernen" sind aktuelle Chips allerdings bereits deutlich schneller als Von-Neumann-Computer. Offensichtlich ist es nicht praktikabel, das Gehirn durch spezielle Software auf herkömmlichen Prozessoren zu emulieren. Die softwaregestützte Erkennung von Hunden oder Katzen in Videos hat dies klar aufgezeigt. Derartige Verfahren sind nicht geeignet, um Maschinen mit größerer "Intelligenz" zu entwickeln.

Klassische Computersysteme wurden auch niemals als intelligente Maschinen konzipiert. Ihre Aufgabe war immer das Verarbeiten numerischer Daten. In den letzten Jahren zeigten verschiedene Forschungsergebnisse immer deutlicher, dass sich die Chiptechnologie grundlegend verändern muss, wenn von den Maschinen intelligenteres Verhalten gefordert wird. Das Prinzip der neuromorphen Chiptechnologie ist seit über drei Jahrzehnten bekannt. Es wurde zum Ende der 1990er Jahre über diskrete analoge Schaltungen eingeführt. Diese konnten bereits die elektrische Aktivität von Neuronen und Synapsen im Gehirn simulieren. Entwicklungsaktivitäten mit dem Ziel, komplexe analoge Schaltungen in kompakte Chips zu integrieren, fanden in hochspezialisierten ICs zur Rauschunterdrückung ihre Anwendung. Diese kamen in den bereits in Abschnitt 18.1 erwähnten Cochlea-Implantaten zum Einsatz. Auch in Smartphones und anderen audiovisuellen Geräten werden entsprechende Technologien in zunehmendem Maße eingesetzt.

Beim maschinellen Lernen konnten in den letzten Jahren unübersehbare Fortschritte erzielt werden. Dennoch haben sich die Prozessoren und Controller, mit welchen Neuronale Netze bislang aufgebaut wurden, praktisch nicht verändert. Die prinzipiell unveränderten Chiparchitekturen wurden erst in den letzten Jahren an die aktuellen Anforderungen der Künstlichen Intelligenz angepasst. Seither werden jedoch in der Chipentwicklung völlig neue Wege beschritten. Die Chips und Prozessoren wurden inzwischen so modifiziert, dass sie biologischen Hirnstrukturen immer mehr ähneln. Die vollkommen neuen Chipversionen haben zudem den Vorteil, dass maschinelle Lernaufgaben mit einem wesentlich geringeren Energiebedarf bewältigt werden können. Dadurch werden KI-Fähigkeiten wie Sprach- und Bilderkennung auch in mobilen und akkubetriebene Geräten Einzug halten. Das menschliche Gehirn kommt mit etwa 20 bis 30 Watt Leistung aus. Aktuelle Computer nehmen im Vergleich dazu geradezu gigantische Energiemengen auf. Supercomputer benötigen die elektrische Leistung einer ganzen Kleinstadt.

Bislang werden für das Training und den Einsatz von KI-Algorithmen noch überwiegend digitale Prozessoren eingesetzt. Verschiedene Arbeitsgruppen gehen jedoch davon aus, dass neuromorphe Hardware-Strukturen KI-Anwendungen bis zu 10.000-fach beschleunigt könnten, wenn analoge Rechenelemente eingesetzt werden könnten. Diese stellen eine vielversprechende Alternative zur kostspieligen und leistungsintensiven digitalen Logik dar. Die internen Signalpegel liegen dann nicht mehr digital in Form von reinen Null- und Eins-Signalen vor. Vielmehr variiert die Intensität der Signale analog und stufenlos. Auch im Gehirn erfolgt die Datenverarbeitung und -übertragung in und zwischen den Synapsen mit analogen Signalen. Dies hat zur Folge, dass mehr Informationen pro Datenkanal übertragen werden können. So wird die benötigte Leistung deutlich reduziert. Der Unterschied ist gewissermaßen mit Morsecode und natürlicher Sprache vergleichbar. Der quasi-digitale Morsecode besteht nur aus zwei Zeichen, Punkten und Strichen. Die übertragenen Signale können auch noch bei starkem Hintergrundrauschen gut detektiert werden. Selbst in stark gestörten Rundfunkbändern ist deshalb noch eine Kommunikation möglich. Die Daten-Übertragungsrate wird allerdings deutlich geringer. Natürliche Sprache hat im Vergleich dazu eine wesentlich höhere Informationsdichte. Dafür kann sie aber in einem verrauschten Funksignal schwer verständlich sein. Allgemein kann gezeigt werden, dass analoge Signalübertragungen deutlich weniger Leistung erfordern als digitale Verfahren.

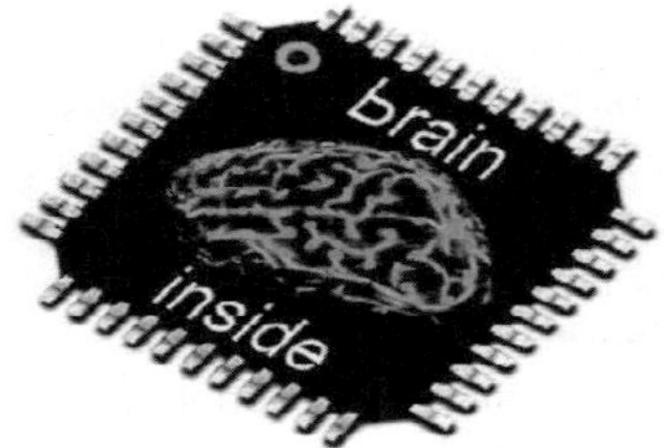

Abbildung 19.2: Brain Inside?

Neuromorphe Chips konnten in vielen Bereichen bereits erste Erfolge erzielen. So ist es u. a. gelungen, mit ihrer Hilfe Netzwerke aufzubauen und zu trainieren, welche Handschriften oder Bilder mit einer Fehlerquote von unter 10 % erkennen. Obwohl klassische Algorithmen bislang noch etwas bessere Werte erreichen, zeigen diese Anwendungen, dass die neue Technologie über ein vielversprechendes Potential verfügt.

Ohne Frage wir es noch einige Zeit in Anspruch nehmen, bis analoge neuromorphe Chips für den Einsatz im Massenmärkten zur Verfügung stehen. Für den Bau intelligenter Maschinen und Roboter ist diese Technologie aber zweifellos genauso wichtig wie für autonome Fahrzeuge oder hocheffiziente Diagnosesysteme in der Medizin.

Anhang: Bussysteme und Mikropowertechniken

Zwei Bussysteme haben in der Modernen Prozessor- und Controllertechnik weite Verbreitung gefunden:

I^2C	(Inter IC oder IIC)
SPI	(Serial Peripheral Interface)

Beide Systeme sind sowohl auf dem Arduino als auch auf dem Raspberry Pi verfügbar. Sie bieten interessante Möglichkeiten, wenn es um die Realisierung größerer Projekte geht. Falls ein Roboter mit mehreren Sensoren oder komplexeren Antriebstechniken ausgestattet werden soll, werden die verfügbaren I/O-Pins schnell knapp. Bussysteme bieten eine Lösung, die es gestattet, mit nur wenigen Pins eine große Anzahl von Sensoren oder Aktoren anzusteuern. Ein klassisches Beispiel für die Verwendung eines Bussystems ist der Einsatz eines I^2C-Displays. Dieses benötigt nur zwei Port-Pins im Gegensatz zu den sechs oder mehr Ports, die ein klassisches HD44780-LCD belegt (s. Abschnitt 8.3). Aber auch andere Sensoren wie etwa das DMP-Modul zur Lagebestimmung wird über die I^2C-Schnittstelle angesteuert. Die SPI-Schnittstelle hat zwar das Potential einer schnelleren Datenübertragungsrate, diese wird allerdings nur relativ selten benötigt. Deshalb spielt der I^2C-Bus in der Robotik auch eine größere Rolle als die SPI-Schnittstelle.

Im Folgenden wird daher nur die I^2C-Schnittstelle etwas näher betrachtet.

Schnell und Einfach: der I^2C-Bus

I^2C, meist als "I-squared-C-" oder deutsch "I-Quadrat-C-Bus" ausgesprochen, steht für **I**nter **I**ntegrated **C**ircuit. Seine geringen Kosten und die einfache Implementierung sorgten schnell für eine weite Verbreitung. Die Daten-Übertragungsrate liegt bei bis zu 3,4 MBit/s und ist damit für viele Robotik-Anwendungen vollkommen ausreichend. Der Bus ist sehr populär und wird in vielen Robotik-Systemen, aber auch in anderen Geräten, sowohl in Hobbyanwendungen als auch im professionellen professionellen Bereich, eingesetzt.

Durch das integrierte Übertragungsprotokoll und die Software-Adressierung sind für I^2C-Systeme lediglich zwei Verbindungsleitungen erforderlich:

- die Taktleitung SCL (**S**erial **Cl**ock)
- die Datenleitung SDA (**S**erial **Da**ta)

Mit diesen beiden Signalleitungen kann ein Mikrocontroller ein ganzes Netzwerk von Komponenten mit nur zwei Port-Pins ansteuern.

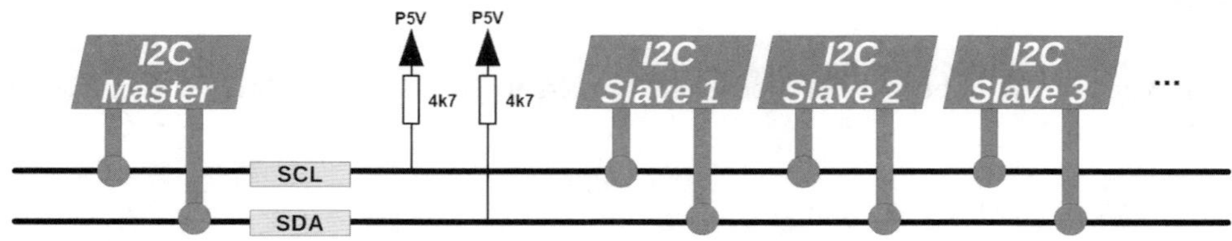

Abbildung 20.1: Prinzipieller Aufbau des I²C-Busses

Das I²C-System basiert auf einem Master-Slave-Bus-System. Die Datenübertragung wird immer durch einen sogenannten "Master" gestartet. Daraufhin reagiert der über seine Adresse angesprochene "Slave" auf die Anfrage. Es ist aber auch möglich, im sogenannten Multimaster-Mode mehrere Master an einem Bus zu betreiben. In diesem Fall können dann auch zwei Master direkt miteinander kommunizieren, indem ein Gerät kurzzeitig zum Slave umkonfiguriert wird. Diese spezielle Zugriffsregelung auf den Bus ist über eine entsprechende Spezifikation exakt geregelt. Allerdings handelt es sich hierbei um eine relativ selten genutzte Anwendung, die deshalb hier nicht weiter diskutiert werden soll.

Beide Busleitungen (Takt und Daten) liegen mit den Pull-up-Widerständen (typische Werte sind hier 4,7 kOhm bis 10 kOhm) an der Versorgungsspannung V_{dd}, die meist 5 V beträgt. Alle mit dem Bus verbundenen Komponenten und Geräte verfügen über Open-Collector-Ausgänge, sodass sich zusammen mit den Pull-up-Widerständen eine Wired-AND-Schaltung ergibt.

Jedes I²C-fähige IC hat eine vom Hersteller festgelegte Adresse, von der häufig drei Bits als Subadresse über drei Steuerpins individuell festgelegt werden können. In diesem Fall können bis zu acht ICs des gleichen Typs an einem I²C-Bus betrieben werden.

Die Erfassung von Sensorwerten zählt zu den wichtigsten Anwendungen des I²C-Busses. Hierfür steht eine fast unüberschaubare Vielfalt von Komponenten zur Verfügung. So lassen sich praktisch alle physikalischen Größen mit I²C-Sensoren erfassen. In der Robotik haben sich allerdings einige Komponenten besonders etabliert.
Um die Funktion des Bussystems zu testen, kann ein spezielles Programm verwendet werden. Dieses kann unter

http://playground.arduino.cc/Main/I2cScanner

aus dem Internet geladen werden. Sind alle Komponenten korrekt angeschlossen, erscheinen die jeweiligen Bus-Adressen im seriellen Monitor. Damit ist sichergestellt, dass das System korrekt arbeitet und alle Sensoren Daten liefern können.

Mikropowertechniken und Sleep-Modi

Roboter sind meist mobil und werden daher nicht an einem festen Standort betrieben. Ohne eine unschöne Kabelverbindung können sie nicht an einem Netzteil oder über einen USB-Port versorgt werden. Soll sich ein mobiler Robot frei bewegen können, muss man auf Akku- oder Batteriebetrieb zurückgreifen. Oftmals müssen robotische Systeme nur für relativ kurze Zeiten aktiv werden, um z. B. einen bestimmten Sensorwert aufzunehmen. Dazwischen sind häufig keinerlei Aktionen notwendig. Lässt man den Robot in diesem Fall im Normalbetrieb weiterlaufen, dann ist das mit erheblichem Energieverbrauch verbunden. Wesentlich günstiger ist es, wenn man das System in einen "Schlafmodus" versetzt, in welchem es nur eine sehr geringe Leistung aufnimmt.

Typische Akku- oder Batteriekapazitäten für mobile Robots liegen bei einigen Ampèrestunden. Für längere Betriebsdauern darf ein Robotiksystem durchschnittlich also nur wenige Milliampère aufnehmen. Mit modernen Mikrocontrollern ist dieses Ziel durchaus erreichbar. Diese verfügen über verschiedene Stromsparmodi:

- Idle
- Powerdown
- Powersave
- Standby

Im Normalbetrieb mit einer leeren Hauptschleife mit delay(1000) liegt der Stromverbrauch eines Arduinos bei etwa 30 mA. Dazu müssen alle externen Verbraucher ausgeschaltet sein. In dieser Stromaufnahme sind auch die Power-LED sowie der USB-Seriell-Wandler enthalten. Mit Hilfe der obengenannten Methoden kann der Strombedarf des Arduinos deutlich reduziert werden. Der folgende Sketch demonstriert die Funktion des Powerdown-Modus.

```
// sleep.ino
// IDE 1.8.5

#include <avr/sleep.h>
int k=0;

void setup()
{ pinMode(13, OUTPUT);
  MCUSR = MCUSR & B11110111;   // activate watchdog
  WDTCSR = WDTCSR | B00011000;
  WDTCSR = B00000110;
  WDTCSR = WDTCSR | B01000000;
  MCUSR = MCUSR & B11110111;
  ADCSRA = ADCSRA & B01111111; // ADC off, ADEN bit7 = 0
  ACSR = B10000000;            // analog comparator off, ACD bit7 = 1
  DIDR0 = DIDR0 | B00111111;   // Digital buffer off, analog input0-5 = 1
}

void loop()
{ digitalWrite(13, HIGH);
  delay(3000);
  digitalWrite(13, LOW);
  delay(3000);
  set_sleep_mode(SLEEP_MODE_PWR_DOWN);
```

```
    for(int i=0; i < 10; i++)
    { sleep_enable();
      sleep_mode();
      sleep_disable();
    }
  }

  ISR(WDT_vect)
  { }
```

Wird der Sketch geladen, beträgt die Stromaufnahme des Boards knapp 35 mA. Nach drei Sekunden wird die LED12 abgeschaltet und der Strom geht auf etwa 30 mA zurück. Nach weiteren drei Sekunden reduziert sich die Stromaufnahme auf ca. 22 mA. Dies zeigt, dass der Power-down-Modus aktiviert wurde. Die Verbrauch des Board liegt nun unterhalb der Stromaufnahme bei aktivem Betrieb einer leeren Hauptschleife.

Um die Leistungsaufnahme noch weiter zu reduzieren, wäre es notwendig, weiter Verbraucher wie etwa die Power-LED oder den FT232-Baustein abzutrennen.

Bei Messungen mit einem Mikrocontroller in Minimalbeschaltung, einzeln auf einer Platine oder einem Breadboard, zeigt sich, dass die Stromaufnahme im Powerdown-Modus auf unter 30 Micro-Ampère zurückgeht. Bei einem Betrieb des Controllers mit 3,3 V wird dann nur noch eine Leistung von 100 Mikrowatt aufgenommen.

Diese Werte liegen in der gleichen Größenordnung wie die Selbstentladungswerte von Akkus oder Batterien. Bei einer Kapazität der Spannungsversorgung von beispielsweise 3000 mAh wären nun Laufzeiten von 100.000 Stunden oder über 10 Jahren erreichbar. Dieser Zeitraum wird allerdings aufgrund anderer Effekte meist nicht erreicht. Laufzeiten von über einem Jahr sind jedoch durchaus realistisch. Dennoch können durch die Anwendung von Energiespar-Modi die Akkulaufzeiten von Robotern deutlich verbessert werden.

Um den Verbrauch eines kompletten batteriebetriebenen Robots weiter zu senken, sind u. U. recht weitgehende Maßnahmen notwendig. Auf Power-LED oder andere Betriebszustandsanzeigen sollte dann in jedem Fall verzichtet werden.

Zudem kann ein Betrieb mit 3,3 Volt in Betracht gezogen werden. Die Verlustleistungen elektronischer Bauelemente nehmen meist mit dem Quadrat der Betriebsspannung zu. Der **B**rown-**o**ut-**D**etector (BOD), welcher eine Unterspannung erkennt und dann einen Reset der CPU auslöst, muss entsprechend angepasst werden.

Auf digitale Sensoren sollte weitgehend verzichtet werden, da diese meist ebenfalls recht hohe Ruhestromaufnahmen zeigen. Hier ist den klassischen analogen Messwandlern (NTC, Photodiode) der Vorzug zu geben. Falls der Einsatz digitaler Sensoren dennoch nicht vermieden werden kann, sollte man in Erwägung ziehen, diese über I/O-Ports ein- und auszuschalten, so dass sie nur in Betrieb sind, wenn sie tatsächlich ihre Messaufgaben ausführen.

Bezugsquellen

Wenn man das Bauteilesortiment von Komplett-Kits ergänzen oder erweitern will, oder falls einmal ein Bauteil verlorengeht oder nicht mehr funktioniert, können bei den großen Elektronik-Versandhäusern Ersatzteile bestellt werden:

- Reichelt Elektronik: www.reichelt.de
- Conrad Electronic Versand: www.conrad.de
- ELV-Elektronik AG: www.elv.de
- Elektor-Web-Shop: https://www.elektor.de/

Zudem bieten die bekannten Online-Shops wie Amazon und Ebay in zunehmenden Maße elektronische Komponenten an. Hier erhält man zwar meist keine einzelnen Halbleiter, jedoch sind immer wieder Sortimente oder Bündel mit verschiedenen interessanten Bauelementen zu finden.

Literatur

In den nachfolgend genannten Büchern und Lernpaketen finden sich Einführungen in die Elektronik und die Programmierung von Controllern und Prozessoren. Sie stellen daher für Einsteiger eine ideale Ergänzung zum vorliegenden Buch dar.

- AVR-Microcontroller in C programmieren, Franzis, 2010
- C-Programmierung von AVR-Mikrocontrollern, Franzis, 2012, Lernpaket
- Coole Projekte mit dem Arduino Micro, Franzis, 2014
- Arduino-Projects, Franzis, 2014, Lernpaket
- Praxiskurs Mikrocontroller ATXmega, Elektor, 2014
- Lernpaket "AVR-Mikrocontroller in C programmieren", Franzis 2012
- Lernpaket Physical Computing, Franzis, 2015
- Lernpaket Sensoren und Motoren am Arduino, Franzis, 2016
- Smart-Home- und IoT-Technik für den Arduino, Elektor, 2017
- Praxisprojekte mit dem RFID-Starterkit für Arduino, Elektor, 2017
- Arduino – Schaltungsprojekte für Profis, 2. Auflage, Elektor, 2017

Ergänzende Informationen zum Thema Elektronik allgemein sind in den folgenden E-Books zu finden. Diese Reihe wird kontinuierlich ergänzt und erweitert:

- E-book Elektronik! - Transistortechnik http://www.amazon.de/dp/B00OXNCB02
- E-book Elektronik! - Audiotechnik https://www.amazon.de/dp/B013NSPPY6
- E-book Elektronik! - Messtechnik https://www.amazon.de/dp/B0753GXHVP

Einige grundlegenden Originalarbeiten zum Thema Robotik und KI finden sich in

- Grundlagen der Robotik (ELV 4/2018)
- Robotertechnik und künstliche Intelligenz (ELV 5/2018)
- Softwaretechnologien in der Robotik (ELV 06/2018)
- Autonome Fahrzeuge - Beispiele und praktische Anwendungen (ELV 01/2019)
- Einsatz und Anwendung Künstlicher Intelligenz (ELV 02/2019)
- Künstliche Intelligenz - Wo steht die Technik - wie sieht die Zukunft aus (ELV 03/2019)
- Humanoide Robotersysteme (ELV 04/2019)

Abbildungsverzeichnis

Index